전기철도설비공학

임 금 광 저

도서출판 태영문화사

머 리 말

1765년 James Watt가 증기기관을 발명하고, 1804년 2월 21일 영국의 리차드 트래버가 자신이 제작한 증기기관차 "패니다렌호"로 5량의 화차에 10톤의 철재와 70명을 태우고 공개주행시험 중 레일 파손으로 실패한지 200년, 1814년 G. Stephenson이 증기기관차 운행에 성공하고 "로코모션호"로 1825년 스톡톤~다아링톤간 세계 최초로 공공 철도를 개통한 이후 179년 동안 철도는 급속히 발달되었다.

한편, 1879년 5월 31일 독일의 Werner Von Siemens(1816~1892)가 Siemens And Halske 회사에서 제작한 DC 150[V], 제3궤조 급전방식, 3[HP] 직권 2극 전동기를 사용한 소형 전기기관차를 Berline 산업박람회에 출품하여 6인승 객차 3량에 18명의 승객을 탑승시켜 수송한 것이 전기철도의 탄생이며, 1881년 5월 12일 Berline 근교 리히테르펠테(Lich-terfelde)에서 전차에 의한 운송영업이 시작되었다. 이로부터 123년이 지난 오늘날 우리는 시속 300[km]를 달리는 고속철도시대에 살고 있다.

우리나라 철도는 1899년 5월 4일 직류 600[V], 가공전차선방식의 노면전차를 서대문(홍화문)-동대문간 약 4[km]를 개통하고 5월 20일부터 영업을 한 것이 철도의 효시이며, 그 후 청량리(홍능)간(약 4[km]) 연장하여 종로선이 완성되었고, 총 10개 노선 80[km]가 1968년 11월 29일까지 운행되었다. 한편 일반철도는 1899년 9월 18일 인천~노량진간 33.2[km] 구간의 경인선이 개통되어 영업을 개시한 것이 근대 수송수단의 탄생이며, 이로부터 105년이 되었으며 지난 4월 1일 경부고속철도 KTX가 개통되었다.

우리나라 철도 근대화는 1968년 5월 10일 박정희 대통령의 산업선 전철화 지시에 의거 1969년 9월 12일 중앙·태백·영동선 전철화를 착공하여 1972년 6월 9일 증산~고한간 10.7[km] 시험선을 완공, 8001호 전기기관차로 시운전을 개시함으로서 전철화시대가 개막되었다.

1973년 6월 20일 중앙선 청량리~제천간 155.2[km](현재 154.9[km])준공으로 전철 영업운전이 시작되고, 교류 25[kV], BT급전방식, 심플커티너리 가선방식의 현대적 전기철도가 탄생되었다.

1960년대 경제개발에 따른 수도권 인구집중과 자동차의 급속한 증가로 도로교통이 한계에 도달하였다. 수도권 교통량 완화와 도심지 인구의 근교분산책으로 1971년 4월 7일 인천공설 운동장에서 수도권 전철기공식을 갖고 공사에 착수한지 불과 3년여의 공사 끝에 1974년 8월 15일 교류 25[kV], AT급전방식의 국철과 직류 1,500[V] 방식의 서울지하철 1호선이 개통되었다. 30년이 지난 지금 수도권 전철은 서울 지하철 8호선까지 286.9[km] 국철 196.9[km]로 발전하였으며, 경부고속철도는 1992년 6월 30일 착공, 2004년 4월 1일 한국철도 KTX의 이름으로 성공적으로 개통하였다. 일본, 프랑스, 독일, 스페인에 이어 세계 5번째, 아시아에서 2번째 고속철도 보유국이 되었다. 한편, 지난해 9월 17일에는 국내기술개발 한국형 고속전철(G7)의 최고속도 300[km] 주파에 성공한 바 있으며 국산화율은 92[%] 수준이다.

경부고속철도 408.5[km](신설 223.6, 연결선 15.0, 기존선 전철화 152.2, 기존선 17.7) 및 호남선(대전조차장～목포 252.5), 광주선 11.9, 대전선(대전～서대전 5.7) 복선전철개통으로 총 영업거리는 3,129.0[km]에서 3,352.6[km]로, 8.0[%]증가, 전철영업거리는 674.7[km]에서 1,320.6[km](645.9[km]) 증)로 96.0[%] 증가되어 전철화율은 21.6[%]에서 40.0[%]로 신장되었다. 한편 2005년 1월 20일 경부선 병점～조치원 80.6[km], (수원～천안 2복선) 충북선(조치원～봉양) 115[km] 및 영동선(동해～강릉) 41.5[km] 개통으로 전철거리 1,627.3[km] 확장되었으며 전철화율은 48.2[%]로 선진국 대열에 진입하게 된다.

정부에서는 "21세기 국가 철도망 구축 기본계획(99. 6)"에서 2010년까지 철도영업거리 3,884.9[km]에서 전철영업거리 2,686.7[km]로 전철화율 69.9[%], 2020년까지 영업거리 5,170.9[km]에 전철영업거리 4,123.7[km]로 전철화율 79.7[%] 달성할 계획이며, 5대 도시 지하철망 확충과 중소도시의 교통난 해소 및 환경문제를 해결하고자 경전철을 추진 중에 있다. 한편, 2003년 6월 14일 역사적인 남북철도 연결식이 있었다. 남북분단으로 끊어진 경의선, 경원선, 금강산선 및 동해선이 복원 연결되어 TSR, TCR 및 TMR과 연결되면 한국철도가 국제 철도화 될 날도 멀지 않아 올 것이다. 그 때에는 낙후된 북한 철도(현재 총 영업거리 5,214[km] 중 전철화 거리 4,132[km])의 현대화도 우리 기술자의 몫이 될 것이다.

산업선전철과 수도권전철이 개통된지 33년, 한 세대가 지나고 고속철도가 개통된 지금 전기철도의 이론과 실무에 정통한 전문 인력은 매우 부족한 실정이다. 불행 중 다행으로 근래 전기철도기술자도 국가공인기술자로 자리매김하고 국내 여러 대학에서 전기철도과목을 개설하고 있어 매우 고무적이라고 하겠다.

문제는 국내에서는 아직 대학에서 강의할 만한 교재가 개발되어 있지 않아 충실한 강의를 할 수 있을지 걱정이지만 그 동안 철도공사나 철도시설공단에서 발간한 전철관련 자료와 30년간의 전철설계 · 시공 및 유지보수경험을 접목하여 최선을 다해 교재를 편찬하고자 했다.

부족한 부분은 앞으로 수정 보완할 것을 약속드립니다.

끝으로 선 · 후배님들의 충고와 조언을 부탁드리며, 그동안 자료 제공과 도움을 주신 모든 분들께 감사드리며, 이 책을 출판해 주신 도서출판 태영문화사 사장님 이하 임직원 여러분께도 고마움을 전합니다.

저자 씀

차 례

제1편 일반전기철도(전차선로)설비

제1장 총 론

제2장 일반사항

별표 풍압하중의 종별 및 적용방법

제3장 지지물

제4장 가공 전차선

제5장 급전선로 및 귀선로

제6장 섬락보호설비

제7장 제설비

제8장 검사 및 시험

제2편 전철설비 표준 그림기호(Symbol)

제3편 일반전기철도(변전)설비

제1장 총 론

제2장 변전소 등의 설비 계획

제3장 변전소 등의 설비

제4장 변전소 등의 용량 및 형태

제5장 시험 및 검사

제6장 안전대책

제4편 전차선로공사 표준 시방서

제1장 총 론

제2장 지지물

제3장 전차선

제4장 급전선, 보호선 및 귀선

제5장 섬락보호설비

제6장 보고 및 보고서식

제5편 고속철도(전철)설비

제1장 개 요

제2장 프랑스 전철화 소개

제3장 전철의 일반원리

제4장 25,000[V] 고속선의 전차선로

제5장 에어조인트와 에어섹션

제6장 변전설비

제7장 과선교 지역의 선로의 설비

제8장 교차설비

제9장 전차선로 지지물

제6편 부 록

제1편

일반전기철도(전차선로)설비

제 1 장

총 론

1. 목 적

일반전기철도의 건설 및 기존선 전철화에 따른 전차선로의 설계시공 표준을 습득함으로서 전철설비를 이해하고 실무에 적응하는데 목적이 있다.

주 이 표준은 수도권 전철화 설계시공표준을 최근 "전철·전력시설지침"을 적용 수정 보완한 것으로 전기철도설비의 기본이 된다.

2. 용어의 정의(전설 5조)

이 기준에 사용하는 용어의 정의는 다음 각 호와 같다.

① "전기설비"라 함은 발전·송전·변전·전철·배전 또는 전기사용을 위하여 설치하는 기계·기구·전선로·보안 통신선로 기타의 설비를 말한다.

② "전철설비"라 함은 전기철도에서 송전선로·변전설비·전차선로 및 전력설비와 이에 부속되는 설비를 총괄한 것을 말한다.

③ "수전설비"라 함은 타인의 전기설비로부터 전기를 공급받거나 구내 발전설비로부터 전기를 공급받아 구내 배전설비로 전기를 공급하기 위한 전기설비로서 수전지점으로부터 구내 배전설비에 전기를 공급하기 위한 배전반까지의 설비를 말한다. 다만, 전철설비는 제외한다.

④ “전기 수용설비”라 함은 수전설비와 구내 배전설비를 말한다.

⑤ “구내 배전설비”라 함은 수전설비의 배전반 이후로부터 전기기계 · 기구에 이르는 전선로 · 개폐기 · 차단기 · 분전반 · 콘센트 · 제어반 · 스위치 기타 부속설비를 말한다.

⑥ “수용장소”라 함은 전기 사용장소를 포함하여 전기를 사용하는 구내 전체를 말한다.

⑦ “변전소”라 함은 구외로부터 전송된 전기를 구내에 시설한 변압기 · 전동발전기 · 회전변류기 · 정류기 등 기타의 기계기구에 의하여 변성하는 곳으로서 변성한 전기를 다시 구외로 전송하는 곳을 말한다.

⑧ “급전구분소”라 함은 급전구간의 구분과 연장을 위하여 개폐장치를 시설한 곳을 말한다.

⑨ “보조급전구분소”라 함은 작업시 또는 사고시에 정전구간을 한정하거나 연장급전 할 목적으로 개폐장치를 설치한 곳을 말한다.

⑩ “단말 보조급전구분소”라 함은 급전구간의 말단에 가공전차선의 전압강하 보상과 유도장해의 경감을 위하여 단권변압기를 시설한 곳을 말한다.

⑪ “변전소 등”이라 함은 변전소 · 급전구분소 · 보조급전구분소 · 단말보조급전구분소 · 병렬급전소를 말한다.

⑫ “전기실 등”이라 함은 변전소 · 수전설비 이외의 장소에 개폐기 기타의 장치에 의하여 전로를 개폐할 수 있는 설비와 배전용 변압기 등이 설치되어 있는 역구내의 옥내 · 외 장소를 말한다. 다만, 변압기만 설비되어 있는 장소는 제외한다.

⑬ “전기사령”이라 함은 원격감시제어(이하 “원제장치”라 한다)에 의하여 변전소 등의 감시제어와 동시에 전기설비 전반에 대하여 지시와 통제를 하는 곳을 말한다.

⑭ “역소”라 함은 역 · 조차장 · 신호장 · 각 사무소, 기타 이와 유사한 장소를 말한다.

⑮ “구내”라 함은 벽 · 울타리 · 도랑 등으로 구분된 지역 또는 시설자 및 그 관계자 이외의 사람이 자유로이 출입할 수 없거나 지형상 및 사회통념상 이에 따르는 장소를 말한다.

⑯ “전선”이라 함은 강전류 전기의 전송에 사용하는 나전선 · 절연전선 · 코드선 · 케이블 등의 전기도체를 말한다. 또한, 부급전선 · 보호선 · 비절연보호선

및 가공공동지선 · 섬락보호지선도 전선으로 본다.

⑰ "전선로"라 함은 전기 사용 장소 상호간의 전선 및 이를 지지하거나 또는 보장하는 시설물을 말한다.

⑱ "전로"라 함은 보통의 사용상태에서 전기를 통하는 회로의 전부 또는 일부를 말한다.

⑲ "송전선로"라 함은 발전소 상호간 · 변전소 상호간 및 발전소와 변전소간에 시설된 전선로를 말한다.

⑳ "전차선"이라 함은 전기차량의 집전장치에 접촉하여 이에 전기를 공급하는 전선을 말한다.

㉑ "합성전차선"이라 함은 조가선(강체포함) · 전차선 · 행어 · 드로퍼 등으로 구성한 가공전선을 말한다.

㉒ "가공전차선"이라 함은 합성전차선과 이에 부속된 곡선당김장치 · 건넘선장치 · 장력조정장치 · 구분장치 · 균압장치 · 흐름방지장치 등을 총괄한 것을 말한다.

㉓ "가공전차선로"라 함은 가공전차선 및 이를 지지하는 설비(전주 · 빔 · 하수강 · 애자 · 브래킷 등)를 총괄한 것을 말한다.

㉔ "급전선"이라 함은 합성전차선에 전기를 공급하는 전선[AT급전방식의 경우 변전소 등 인출 전차선급전선(TF), 주변압기와 단권변압기간을 연결하는 단권변압기급전선(AF)과 BT급전방식에서 주변압기의 2차측 또는 BT에서 전차선에 이르는 정급전선(PF)을 포함한다.]을 말한다.

㉕ "급전선로"라 함은 급전선 및 이를 지지 또는 보장하는 설비(전주 · 완철 · 문형완철 · 애자 · 관로 등)를 총괄한 것을 말한다.

㉖ "부급전선"이라 함은 통신유도장해 경감을 위하여 귀선레일에 병렬로 시설하여 운전용 전기를 변전소로 통하는 전선을 말한다.

㉗ "귀선"이라 함은 운전용 전기를 통하는 귀선레일 · 보조귀선 · 부급전선 · 흡상선 · 중성선 및 변전소 인입귀선을 총괄한 것을 말한다.

㉘ "귀선로"라 함은 귀선 및 이를 지지 또는 보장하는 설비를 총괄한 것을 말한다.

㉙ "전차선로"라 함은 가공전차선로 · 급전선로 · 귀선로 및 이에 부속하는 설비를 총괄한 것을 말한다.

㉚ "급전회로"라 함은 전기철도에 있어서 급전선 · 합성전차선 · 귀선(부급전선

또는 귀선레일) 등으로 구성되는 전기회로를 말한다.

㉛ “배전선로”라 함은 전철설비 이외의 전선로 및 이에 속하는 개폐장치 등 기타의 시설물을 말한다.

㉜ “간선”이라 함은 인입구로부터 분기하여 과전류 차단기까지의 배선으로서 분기회로의 분기점으로부터 전원측의 부분을 말한다.

㉝ “분기회로”라 함은 간선으로부터 분기하여 분기 과전류 차단기를 거쳐서 부하에 이르는 사이의 배선을 말한다.

㉞ “제어회로”라 함은 계전기 또는 이와 유사한 기구를 통하여 다른 회로를 제어하는 회로를 말한다.

㉟ “약전류 전선”이라 함은 약전류 전기의 전송에 사용하는 전기도체, 절연물로 피복한 전기도체, 절연물로 피복한 위를 보호 피복으로 보호한 전기도체를 말한다.

㊱ “약전류 전선로”라 함은 약전류 전선 및 이를 지지하거나 보장하는 설비(조영물의 옥내 또는 옥측에 시설한 것 제외)를 말한다.

㊲ “급전구간”이라 함은 차단장치에 의하여 구분할 수 있는 급전회로의 1구간을 말한다.

㊳ “급전점”이라 함은 변전소의 전력을 급전회로에 공급하는 점을 말한다.

㊴ “병렬급전”이라 함은 1급전 구간에 2이상의 급전점을 가진 급전방식을 말한다.

㊵ “연장급전”이라 함은 2이상의 급전점에서 급전할 수 있는 급전구간을 1급전점에서 급전하는 방식을 말한다.

㊶ “흡상변압기”라 함은 통신유도장해 경감을 위하여 급전회로에 직렬로 연결하여 레일에 통하는 운전전류를 부급전선으로 흐르게 하는 변압기를 말한다.

㊷ “단권변압기”라 함은 교류전차선로에서 전압강하 및 유도장해 등을 경감시킬 목적으로 전차선로에 설치하는 변압기를 말한다.

㊸ “흡상선”이라 함은 흡상변압기 방식에서 부급전선과 귀선레일을 접속하는 전선을 말한다.

㊹ “중성선”이라 함은 단권변압기의 중성점과 귀선레일을 접속하는 전선을 말한다.

㊺ “보호선(PW)”이라 함은 단권변압기 방식에서 애자의 부측을 연접하여 귀선레일에 접속하는 가공전선으로서 대지에 대하여 절연한 전선을 말한다.

㊻ "비절연보호선(FPW)"이라 함은 단권변압기 방식의 지하구간 및 공용접지방식구간에서 섬락보호를 위하여 철재·지지물을 연접하여 귀선레일에 접속하는 가공전선으로서 대지에 대하여 절연하지 아니하는 전선을 말한다.

㊼ "섬락보호지선"이라 함은 섬락으로부터 여객 및 기타 전선로를 보호하기 위하여 빔·철주 등 철 지지물을 연접하여 접지시키는 가공전선을 말한다.

㊽ "가공지선"이라 함은 가공전선로의 뇌격방지를 위하여 전선로 상부에 설치하는 접지전선을 말한다.

㊾ "지락도선"이라 함은 애자의 부측을 섬락보호지선·부급전선 또는 보호선에 접속하는 전선(애자보호선)과 콘크리트주 등에 설치한 가동브래킷·빔 등의 설치밴드와 섬락보호지선·부급전선 또는 보호선에 접속하는 전선(지락 유도선)을 말한다. 또한, 섬락보호지선에 연결되지 아니한 인접 철 지지물 상호간을 연결하는 연접가공접지선(연접지선)을 포함한다.

㊿ "전차선로용 보안기"라 함은 한쪽은 대지와 접지 또는 섬락보호지선에 연결하고 다른 한쪽은 부급전선 또는 보호선에 접속하여 대지의 전위상승을 제한하기 위하여 삽입하는 일정한 간극을 유지한 방전간격장치를 말한다.

51 "인류구간"이라 함은 가공전차선의 한 인류지점에서 맞은편 인류지점까지의 구간(흐름방지장치 제외)을 말한다.

52 "장력구간"이라 함은 가공전차선의 한 인류지점에서 장력조정장치의 힘이 미치는 구간을 말한다.

53 "장력조정장치"라 함은 전차선과 조가선을 일괄 인류하는 장치와 전차선 또는 조가선을 개별로 인류하는 장치(자동식 및 수동식 포함)를 말한다.

54 "이행구간"이라 함은 커티너리 가선구간과 강체가선구간의 접속 구간을 말한다.

55 "가고"라 함은 합성전차선의 지지점에서 조가선과 전차선과의 수직중심간격을 말한다.

56 "보호선용 접속선"이라 함은 단권변압기 방식에서 보호선과 귀선레일을 접속하는 전선을 말한다.

57 "직렬콘덴서"라 함은 인덕턴스에 의한 전압강하의 경감을 위하여 급전선·부급전선 또는 전차선에 직렬로 접속하는 콘덴서 설비를 말한다.

58 "영구신장조성(Prestretch)"이라 함은 합성전차선을 정상적으로 인류하기 전에 합성전차선에 영구신장이 생기도록 미리 과장력을 가하여 주는 것을 말한

다.

⑲ "건식게이지(Gauge)"이라 함은 전주중심과 궤도중심과의 직선 이격거리를 말한다.

⑳ "보조조가선"이라 함은 합성전차선의 지지점에서 조가선의 가고를 조정하기 위하여 보조로 설치한 조가선을 말한다. 또한, 콤파운드 가선방식에서 본 조가선 밑에 설치한 조가선도 이에 포함한다.

㉑ "이중조가선"이라 함은 합성전차선의 지지점(과선교 하부 등)에서 조가선의 손상을 방지하기 위하여 2중으로 설치한 조가선을 말한다.

㉒ "보조곡선당김장치"란 곡선로의 경간내 또는 건넘선에서 중간편위를 조정하기 위하여 보조로 설치하는 곡선당김장치를 말한다.

㉓ "공용접지방식"이라 함은 레일과 병행하여 지중에 매설접지선을 포설하여 변전소로 돌아오는 전류의 귀환을 용이하게 하는 방식으로 모든 전기설비를 등전위 접지망으로 구성하여 레일 및 귀선을 연결시키는 접지방식을 말한다.

㉔ "횡단접속선"이라 함은 상하선 각 궤도에 대한 귀선전류 평형단락 또는 지락사고 발생시 대지전위의 감소를 목적으로 설치하는 전선을 말한다.

㉕ "매설접지선"이라 함은 공용접지방식에서 레일과 병행하여 양쪽 또는 한쪽에 매설하는 접지용 전선을 말한다.

㉖ "인입선"이라 함은 배전선로로 부터 분기하여 수용장소의 인입구에 이르는 부분의 전선을 말한다.

㉗ "인하선"이라 함은 배전선로의 지지점으로 부터 분기하여 지지물을 따라 옥외시설의 제표지등·역명표·외등 및 기타 시설물의 인입구에 이르는 부분의 전선을 말한다.

㉘ "옥내배선"이라 함은 옥내의 전기 사용장소에서 고정하여 시설하는 전선을 말한다.

㉙ "접지선"이라 함은 다음 각목에 열거한 것을 접지극 또는 접지단자함에 접속하는 금속선을 말한다.

㉠ 전기기계·기구의 금속제 프레임 또는 외함

㉡ 금속제의 전선관·덕트 등

㉢ 케이블의 금속피복

㉣ 전로의 중성점 1 단자

㉤ 피뢰기의 접지단자

ⓑ 변성기의 2차측 접지단자

ⓢ 기타 접지의 목적물

⑰ "절연전선"이라 함은 절연물로 피복한 전선을 말한다.

⑪ "지지물"이라 함은 목주 · 철주 · 강관주 · 콘크리트주 · 철탑 · 전주 대용물 및 이의 부속장치를 말한다.

⑫ "전주"라 함은 전선로에 사용하는 목주 · 철주 · 강관주 및 콘크리트주를 말한다.

⑬ "지중관로"라 함은 지중 전선로 · 지중 약전류 전선로 · 지중 광섬유 케이블 선로 · 지중에 시설하는 수관 및 가스관과 이와 유사한 것 및 이들에 부속되는 지중함 등을 말한다.

⑭ "건조물"이라 함은 사람이 거주하거나 근무하며 또는 빈번한 출입이 있고 사람이 모이는 건축물 등을 말한다.

⑮ "수전반"이라 함은 특별고압 또는 고압 수용가의 수전용 배전반을 말한다.

⑯ "배전반"이라 함은 개폐기 · 과전류 차단기 · 계기 · 보호계전기 등을 설비한 독립된 반으로서 구내 배전설비로 전기를 공급하는 전기설비를 말한다.

⑰ "조작반"이라 함은 특정의 전기기계 · 기구를 조작하기 위하여 필요한 기기를 설비한 독립된 반을 말한다.

⑱ "분전반"이라 함은 전로를 2이상으로 분기하기 위하여 필요한 기기를 설비한 독립된 반을 말한다.

⑲ "저압"이라 함은 직류에 있어서는 750[V] 이하, 교류에 있어서는 600[V] 이하의 전압을 말한다.

⑳ "고압"이라 함은 직류에 있어서는 750[V]를, 교류에 있어서는 600[V]를 넘고 7,000[V] 이하의 전압을 말한다.

㉑ "특별고압"이라 함은 고압의 한도를 넘는 전압을 말한다. 다만, 고압 또는 특별고압의 다선식 전로(중성선을 가지는 것에 의한다)의 중성선과 다른 1선을 전기적으로 접속하여 시설하는 전기 설비에 관하여는 그 사용전압 또는 최대 사용전압이 그 다선식 전로의 사용전압 또는 최대 사용전압과 같은 것으로 한다.

㉒ "정격전압"이라 함은 전기사용 기계 · 기구 · 배선기구 등에서 사용상 기준이 되는 전압을 말한다.

㉓ "공칭전압"이라 함은 그 전선로를 대표하는 선간전압을 말한다.

㉔ "최대 사용전압"이라 함은 보통의 사용상태에서 그 회로에 가하여지는 선간 전압의 최대치를 말한다.

㉕ "대지전압"이라 함은 접지식 전로에서는 전선과 대지 사이의 전압을 말하고, 비접지식 전로에서는 전선과 그 전로 중의 임의의 다른 전선 사이의 전압을 말한다.

㉖ "접촉전압"이라 함은 지락이 발생된 전기기계·기구의 금속제 외함 등에 사람이 닿았을 때 신체에 가하여지는 전압을 말한다.

㉗ "인입구"라 함은 옥외 또는 옥측으로 부터 전로가 가옥의 외벽을 관통하는 부분을 말한다.

㉘ "점멸기"라 함은 전등 등의 점멸에 사용하는 개폐기(텀블러 스위치 등)를 말한다.

㉙ "과전류"라 함은 과부하 전류 또는 단락전류를 말한다.

㉚ "과부하 전류"라 함은 기기에 대하여는 그 정격전류, 전선에 대하여는 그 허용전류를 초과하여 계속 흐르고 있을 때, 기기 또는 전선의 손상 방지상 자동 차단을 필요로 하는 전류를 말한다.

㉛ "단락전류"라 함은 전로의 선간이 임피던스가 적은 상태로 접촉되었을 경우에 그 부분을 통하여 흐르는 큰 전류를 말한다.

㉜ "지락전류"라 함은 지락에 의하여 전로가 대지로 유출되어 화재·감전 또는 전로나 기기의 손상 등 사고를 일으킬 우려가 있는 전류를 말한다.

㉝ "누설전류"라 함은 전로 이외를 흐르는 전류로서 전로의 절연체(전선의 피복·애자·붓싱·스페이서 및 기타 기기의 부분으로 사용하는 절연체 등)의 내부 및 표면과 공간을 통하여 선간 또는 대지 사이를 흐르는 전류를 말한다.

㉞ "과전류 차단기"라 함은 배선용 차단기 및 기중 차단기와 같이 과부하 전류 및 단락 전류를 자동 차단하는 기능을 가지는 기구를 말한다.

㉟ "배선용 차단기"라 함은 전자작용 또는 바이메탈의 작용에 의하여 과전류를 검출하고 자동으로 차단하는 과전류 차단기로서 그 최대 동작전류가 정격전류의 100[%]와 125[%] 사이에 있고 또한 외부에서 수동·전자적 또는 전동적으로 조작할 수 있는 것을 말한다.

㊱ "정격 차단용량"이라 함은 과전류 차단기가 어떤 정해진 조건에서 차단할 수 있는 차단용량의 한계를 말한다.

㊲ "지락 차단장치"라 함은 전로에 지락이 생겼을 경우에 부하기기 금속제 외

함 등에 발생하는 고장전압 또는 지락전류를 검출하는 부분과 차단기 부분을 조합하여 자동적으로 전로를 차단하는 장치를 말한다.

⑱ "누전 차단기"라 함은 누전 차단장치를 일체로 하여 용기 속에 넣어서 제작한 것으로서 용기 외로부터 수동으로 전로의 개폐 및 자동차단 후의 복귀가 가능한 것을 말한다.

⑲ "공해지역"이라 함은 아황산가스 오염도가 기준치(0.05[ppm])를 넘는 공해발생 장소를 말한다.

⑽ "염해지역"이라 함은 염수의 침입 및 해풍으로 해안지역의 식물이나 전기시설물의 피해 우려가 있는 지역을 말한다.

⑾ "가스절연개폐장치(GIS)"라 함은 SF_6 가스를 절연체로 하여 모선 개폐장치, 계기용 변성기, 변류기, 피뢰기 등을 내장한 금속 압력기기로 된 회로군을 말한다.

⑿ "병렬급전소(PP)"라 함은 전차선 상·하선을 병렬로 연결하기 위하여 개폐기를 설치한 장소를 말한다.

가공전차선로의 구성을 정리하면 표 1과 같다.

표 1 전차선로의 구성표(Overhead Contact Line Facilities)

전차선로

- (OCF-00) 공통사항
  - (S)지지물
    - (01)전주 : (1)콘크리트주, (2)H형강주, (3)조합철주〈일반철주, 4각철주〉, (4)강관주, (5)인류주
    - (02)애자 : (1)현수애자, (2)지지애자, (3)장간애자〈자기제〉 (4)장간애자〈폴리머제〉
- (OCF-01) 급전선로
  - (W)(01)급전선로〈AF · TF · PF〉, (02)급전선인류장치, (03)급전분기장치, (04)내장, 점퍼장치, (05)기타
  - (S)시지물
    - 콘크리트주, 철주(H형강주, 조합철주, 강관주 등) → 공통사항참조
    - (01)완철, (02)문형완철, 애자 → 공통사항
    - (03)지선, (04)기타
- (OCF-02) 가공전차선로
  - (W)가공전차선
    - (01)합성전차선
      - (1)조가선, (2)강체〈R-Bar, T-Bar〉
      - (3)보조조가선, (4)2중조가선
      - (5)전차선
      - (6)Hanger Ear
      - (7)Dropper〈균압Dropper포함〉
      - (8)무효 Dropper
    - (02)균압장치
    - (03)곡선당김장치(진동방지장치)
    - (04)보조곡선당김장치
    - (05)건넘선장치
    - (06)장력조정장치〈WTB〉
    - (07)장력조정장치〈KRSB등〉
    - (08)인류장치〈조정식포함〉
    - (09)흐름방지장치
    - (10)구분장치
      - (1)Dead〈Neutral〉 section 「교 · 직용 포함」
      - (2)Air section〈연속 Air section 포함〉
      - (3)Section insulator〈애자섹션〉
      - (4)비상용 section
      - (5)Air joint
      - (6)Expansion joint〈T-Bar〉
      - (7)신축장치〈Expansion element〉〈R-Bar〉
    - (11)기타
  - (S)지지물
    - 콘크리트주, 철주, 애자 → 공통사항
    - (01)Beam, (02)Bracket, (03)하수강
    - (04)지선, (05)기타
- (OCF-03) 귀선로
  - (W)귀 선
    - (01)귀선Rail〈Bond포함〉
    - (02)부급전선〈NF〉 〈BT급전방식〉
    - (03)흡전선〈CNF〉 〈BT급전방식〉
    - (04)중성선〈NW〉
    - (05)변전소 인입귀선〈보조귀선포함〉
  - (S)지지물
    - 콘크리트주, 철주, 애자 → 공통사항
    - (01)완철
    - (02)지선, (03)기타
- (OCF-04) 기기설비
  - (M)기 기
    - (01)흡상변압기〈BT〉
    - (02)단권변압기〈AT〉, (03)개폐기〈단로기〉, (04)기타
- (OCF-05) 보호설비
  - (W)보호선류
    - (01)AT보호선〈PW〉, (02)비절연보호선(FPW), (03)보호선용접속선〈CPW〉
    - (04)섬락보호지선〈GW〉, (05)차폐선
    - (06)지락도선〈애자보호선 포함〉
    - (07)보호망, 보호책
  - (P)보호장치류
    - (01)피뢰기〈LA〉, (02)보안기〈SG〉
    - (03)접지장치〈단독접지방식포함〉, (04)공용접지
    - (05)전주방호, (06)지선방호, (07)보호판, (08)고드름방지설비
    - (09)Trough, (10)Pit, (11)Duct, (12)Tray
    - (13)표지류, (14)기타

3. 전기방식, 급전방식, 급전계통 및 가선방식

① 가공전차선의 전기방식은 단상교류 60[Hz] 25,000[V]로 한다. 다만, 직류는 1,500[V]로 한다.

② 가공전차선의 급전방식은 단권변압기 방식(AT방식) 및 흡상변압기 방식(BT방식)으로 한다.

③ 급전계통은 방면별로 한다.

④ 가공전차선의 가선방식은 가공단선식으로 한다. 다만, 열차의 속도, 부하전류 특성에 따라 적합한 가선방식을 채택한다.

⑤ 대표적인 전차선의 가선방식은 표 2와 같다.

표 2 대표적인 전차선 가선방식 분류

Classification of Main Wiring Method

- 전차선 가선방식
  - 직접가선방식 (直接吊架式)
  - Catenary가선방식 (커티너리吊架式)
    - 수조식 (垂吊式)
      - Simple 가선방식
        - ① Simple Catenary
        - ② Heavy Simple Catenary
        - ③ 변형Y형 Simple Catenary
        - ④ Double(Twin) Simple Catenary
        - ⑤ Double Trolley
        - ⑥ Double Messenger Wire
        - ⑦ 합성 Simple Catenary
        - ⑧ 강성가선방식(급전조가선방식)
      - Compound 가선방식
        - ⑨ Compound Catenary
        - ⑩ 합성 Compound Catenary
        - ⑪ Heavy Compound Catenary
    - 사조식 (斜吊式)
      - 반사조식(반경사조가식)
      - 연사조식(연사조가식)
      - 경사조식(경사조가식)
  - 강체가선방식 (剛體吊架式)

⑥ 도시철도의 지하철도는 강체가선방식으로 한다. 다만, 토목구조물에 따라 가공단선식으로 할 수 있다.

주 수도권(당초와 변경)

① Heavy Simple Catenary(조가선 : 당초 St 135[mm^2], 개량 CdCu 80[mm^2], 전차선 : Cu 170[mm^2])

경인선 : 서울~구로(부하전류용량상) (현재 경부 #2번선)

경부선 : 구로~수원(고속도운전대응) (현재 경부 #1번선)

② Simple Catenary(조가선 : 당초 St 90[mm^2], 개량 CdCu 70[mm^2], 전차선 Cu 110[mm^2])

①항 이외의 전철화 선로. 다만, 경인선 구로~인천간 2복선화 구간의 본선은 Heavy Simple Catenary 방식으로 개량하고 있다.

주 수도권 전철 개통이후

대부분 Simple Catenary(조가선 : CdCu 70[mm^2], 전차선 Cu 110[mm^2])로 건설되고 있으며, 경부선 수원~천안 등 일부 부하용량이 큰 구간은 Heavy Simple Cate-nary(조가선 : CdCu 80[mm^2], 전차선 Cu 110[mm^2])로 건설하는 구간도 있다.

4. 표준장주

전차선로의 표준장주는 역간에서는 가동 브래킷, 역구내는 문형고정 빔(본선은 가동 브래킷) 및 평행구간은 복주방식을 원칙으로 한다. 다만 큰역구내 측선, 조차장, 차량기지 등은 빔하스팬선 방식으로 한다.

표준 장주도는 부도 OF-1301A내지 1307A에 의한다.(부록 참조)

주 평행구간 복주방식은 평행틀 방식 원칙으로 바꾸어야 할 것임.

제 2 장

일반사항

1. 기상조건

① 설계상 상정하는 표준온도 및 최고·최저온도는 표 1에 의한다.

표 1 온도 구분

표준온도	최고온도	최저온도
10[℃]	40[℃]	−20[℃]

② 설계상 상정하는 풍속 및 풍압하중은 다음에 의한다.

㉠ 풍속의 최대치는 평균속도 35[m/s]로 한다. 다만, 합성전차선의 편위계산에는 순시풍속 25[m/s]를 적용한다.

㉡ 풍압하중은 "전기설비기술기준"에 관한 규칙에 의한다.

주 풍압하중의 종별 및 적용방법(별표 참조).

③ 눈하중에 대해서는 특별히 고려하지 않는다.

④ 염해 및 오손대책에 대해서는 전설비에 대해서 현수애자 250[mm] 4개련으로 하고 중오손 설비를 고려한다.

주 현수애자 250[mm]×4개 대신 장간애자(건조섬락전압 230[kV]급)를 사용할 수 있다.

2. 이격거리

① 가공전차선의 가압부분과 접지부의 최소이격거리는 300[mm]로 한다.

② 급전선과 합성전차선의 최소이격거리는 550[mm]로 한다.

③ 가공전차선의 가압부분과 접지물간의 이격 및 급전계통이 다른 가압부분 상호간의 이격은 보수작업상의 보안을 고려해서 적어도 1[m] 이상으로 한다.

④ 급전선 상호의 수평, 수직 이격거리는 경간 및 전선상호간 장력의 상위등을 고려해서 혼촉되지 않도록 설비한다.

⑤ 급전선과 신호기의 이격거리는 1.5[m] 이상으로 한다.

⑥ 전차선로의 절연 이격거리는 표 2와 같다.

표 2 절연 이격거리

종 별	이격거리	부득이한 경우
급전선 및 합성전차선과 접지물간	300[mm] 이상	250[mm] 이상
급전선과 부급전선(보호선) 상호간	1,200[mm] 이상	-
급전선과 합성전차선 상호간	550[mm] 이상	-
이상 에어섹션	500[mm] 이상	-
동상 에어섹션	300[mm] 이상	250[mm] 이상
에어조인트	150[mm] 이상	100[mm] 이상
부급전선 또는 보호선과 접지물간	150[mm] 이상	70[mm] 이상

3. 열차속도

① 곡선 및 구배에서의 제한속도는 열차운전 시행절차에 의한다.

② 분기기에서의 제한속도는 표 3에 의한다.

표 3 분기기에서의 제한속도

전환기의 상태	환차번호 / 곡선 반경 및 속도	8	10	12	15	18.5	26	46
전환기 편개의 경우	곡선반경[m]	145	245	350	565	1,200	2,500	3,500
	속도[km/h]	25(25)	35(30)	45(40)	55	90	130	170
전환기 양개의 경우	곡선반경[m]	295	490	720	1,140			
	속도[km/h]	40(35)	50(45)	60(55)	70			
비 고	본 표는 직선에서 분기한 경우 및 2등분으로 양개 분기한 경우에 있어서 분기곡선반경 및 속도제한을 표시한 것으로 기타의 경우는 따로 곡선반경을 산출하여 표 3 "나"의 표에 의하기로 한다.							

주 열차운전시행절차 규정 제28조 참조.
표 3 "나" 표 : 본 표의 ( )안에 수치임.

4. 차량특성

① 팬터그래프의 형상 및 치수는 OF-8505 및 OF-8506에 의한다.(부록 참조)

② 차량동요에 의한 팬터그래프의 편위 및 캔트에 의한 편위는 표준도 OF-8301 및 8302에 의한다.(부록 참조)

③ 전기차의 집전전류는 표 4에 의한다.

표 4 전기차 집전전류

운행조건 종별	기동시			구배역행시(만차)			1시간 정격출력[kW]	보기 최고전류[A]
	공차	정원	만차	2[‰]	10[‰]	30[‰]		
전류[A]	65	74	86	28	38.5	62	960	100
속도[km/h]	-	-	-	110	84	57		

주 전류 및 정격은 1unit[mm′]당의 수치이므로 전 수를 산출하는 경우는 편성 unit수를 곱하여 계산할 것.(저항제어 전동차의 경우임)

5. 건축한계 및 차량한계

(1) 건축한계

① 건축한계는 차량한계 내의 차량이 안전하게 운행될 수 있도록 궤도상의 일정한 공간을 확보하는 공간을 말한다.

㉠ 직선로에 대한 건축한계 : 직선로에 대한 건축한계는 궤도중심에서 2,100[mm]이며, 레일면상 높이는 비전철구간에서는 5,150[mm], 전철 구간에서는 6,450[mm]이다. 다만, 철도를 횡단하는 시설물이 설치되는 구간의 건축한계의 높이는 전차선 가선높이에 지장이 없도록 건축한계의 높이를 7,010[mm] 이상 확보하여야 한다.

㉡ 곡선로에 대한 건축한계 : 곡선로에 있어서 차량의 중앙부는 곡선 안쪽으로 편위되므로 곡선 부근의 건조물과 차량의 간격을 차량의 편위만큼 곡선로의 건축한계 폭을 확대할 필요가 있다. 확대치수 $W=\dfrac{50,000}{R}$ 이며(전동차전용선인 경우 $\dfrac{24,000}{R}$), 곡선에는 캔트(Cant)를 붙이고 있으므로 곡선의 내측에 있어서는 캔트에 의한 차량 경사 때문에 확대치수를 고려해야 한다.

· 내곡선의 건축한계

$$E=2,100+\frac{50,000}{R}+\frac{3,600C}{1,500}+S\,[\text{mm}]$$

· 외곡선의 건축한계

$$F=2,100+\frac{50,000}{R}-\frac{1,250C}{1,500}$$

R : 곡선반경[m], C : 캔트량[mm], S : 슬랙[mm]

② 건축한계는 표준도 OF-8501에 의한다.

건 축 한 계

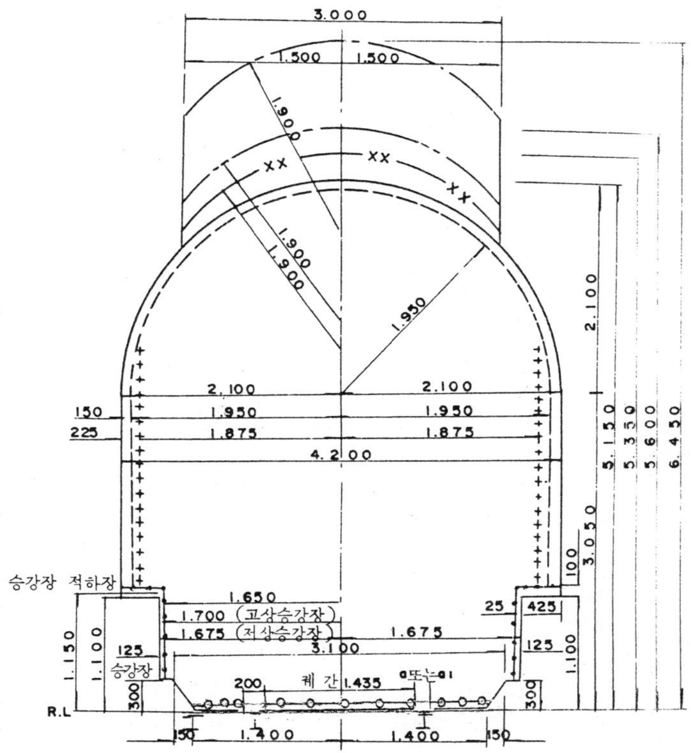

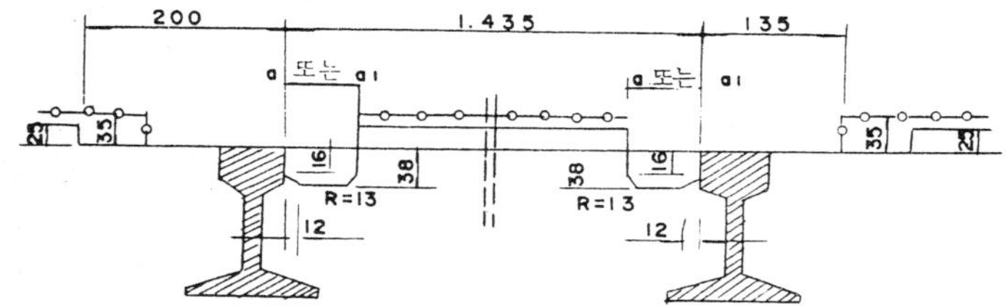

a, a_1 또는 a_2 ……………………… 후란지웨이(바퀴길)
s ……………………………………… 슬랙
1. 일반의 경우 …………………………… a = 75+S
2. 한쪽에 가아드레일이 있는 경우
가아드 레일이 있는 쪽 ……………… a = 40+S
가아드 레일이 없는 쪽 ……………… a = 75+S
3. 텀레일의 경우 …………………………… a = 70+S
4. 크로싱부의 경우
a_1 ……………… 크로싱가아드레일이 있는 쪽
a_2 ……………… 크로싱윙레일이 있는 쪽
a_1+a_2 ………… 90+28로서 a = 40+S
5. 가이드레일이 있는 건널목의 경우 a = 65+S

보 기

———— 일반의 경우에 대한 한계

—·—·— 전기운전을 하는 구간에 있어서 가공전차선 및 그 현수장치를 제외한 상부에 대한 건축한계(이 한계는 교량, 터널, 눈덮개, 구름다리 및 그 앞뒤에 있어서 필요한 경우에는 —·—·— 까지. 가설된 교량 3·4종 터널, 눈덮개, 구름다리 및 그의 앞뒤에 있어서 필요한 경우에는 개수할 때까지 잠정적으로 ——××—— 로서 표시된 한도까지 축소할 수 있다.)

— — — 측선에 있어서 급수, 급탄, 전차, 계중, 세차 등의 모든 설비, 신호주, 가공전차선지지주, 차고의 문 및 내부장치 또는 본선(중앙, 태백, 영동, 황지, 고한 및 함백선에 한한다.)에 있어서 기설된 교량 터널 구름다리 및 그 앞뒤에 있어서 부득이한 경우에 가공전차선 지지물에 대한 건축한계를 축소할 수 있는 한계.

+ + + 전철기 표지등에 대하여 건축한계를 줄일 수 있는 한계

●–●–● 승강장 및 적하장에 대하여 건축한계를 줄일 수 있는 한계

○–○ 타넘기 부분에 대하여 건축한계를 줄일 수 있는 한계(다만, $a_1=a_2=70$)

치수단위 : *mm*

1974. 6. . 개정

명칭	건 축 한 계	도면번호	OF-8501
		참 조	

차 량 한 계

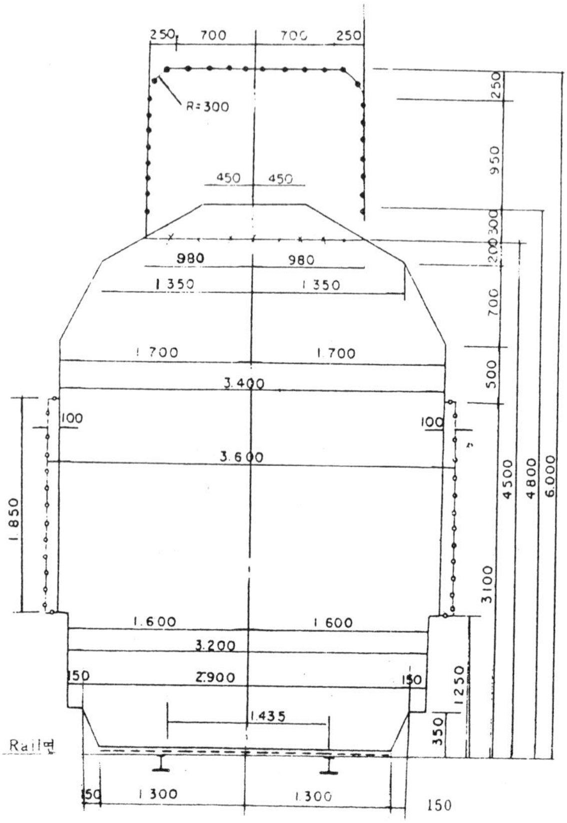

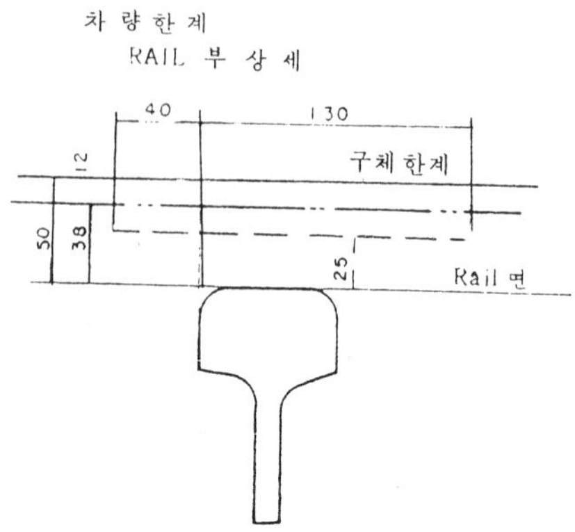

보기

일반 차량에 대한 구체한계
(이 한계는 전기운전을 하는 구간중 중앙, 태백, 영동, 황지 고한 각선과 함백선에 한해서 만 로서 표시된 한도까지 축소하여야 한다).
열차표지에 대한 한계
튀기의 작용에 의한 상하 움직이지 않는 부분에 대한 한계
세륜자 및 살사관에 대한 한계
전기운전을 하는 차량의 집전장치를 편 경우에 있어서 육상장치에 대한 한계

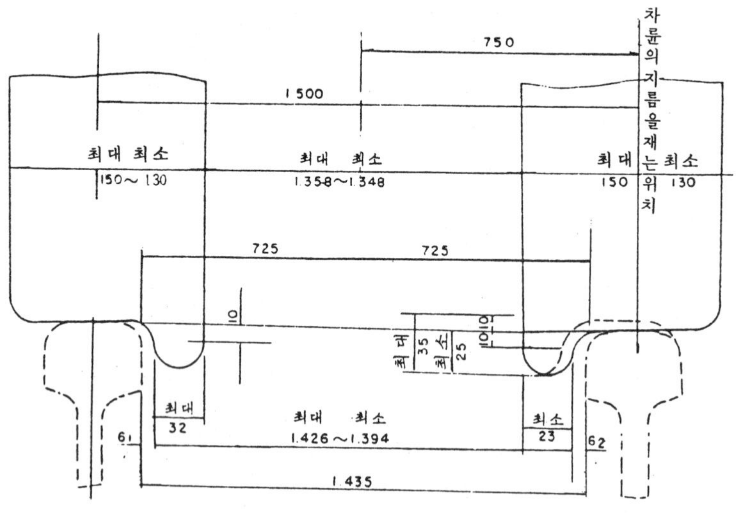

치수단위 : ㎜

1974. 6. . 개정

명칭	차 량 한 계	도 면 번 호	OF-8502
		참 조	

(2) 차량한계

① 차량한계는 차량의 안전을 확보하기 위하여 궤도 위에 정지된 상태에서 설정한 차량의 너비 및 높이의 한계를 말하며, 차량은 차량한계를 벗어나서는 안 된다. 다만, 다음 각 호에 해당하는 경우에는 그러하지 아니하다.

㉠ 차륜의 범위 이내에 있는 차량의 부분인 경우

㉡ 정차중에 개폐하는 차량의 문이 열려있는 경우

㉢ 제설장치, 기중기 기타 특수장치를 사용하고 있는 경우

② 직선구간에서의 차량한계는 표준도 OF-8502에 의한다.

③ 곡선구간에서의 차량한계는 직선구간의 차량한계에 곡선구간의 건축한계 확대량 $W=\dfrac{50,000}{R}$ (전동차인 경우 $\dfrac{24,000}{R}$)을 확대한다.

④ 차량한계는 차량 단면의 최대 치수를 제한한 것으로 국유철도건설규칙에 의하며 차량의 어떠한 부분도 이 한계에 저촉되어서는 안 된다. 철도의 궤도 중심에서의 차량한계는 좌, 우 1,700[mm]이며 열차표시에 대한 한계는 1,800[mm]이다. 궤도면상 높이의 차량한계는 일반 차량의 경우 4,800[mm]이며 전기 운전을 하는 차량의 한계는 집전장치를 편 경우에 있어서 6,000[mm]이다.

6. 전선특성 및 이도장력곡선

① 전차선로에 사용하는 전선의 특성은 표준도 OF-8101에 의한다.

② 급전선 및 보호선의 이도장력곡선은 표준도 OF-8402 내지 8404에 의한다.

③ 전차선의 잔존직경과 잔존단면적 및 항장력의 관계는 OF-8201 및 OF-8202에 의한다.(부록 참조)

④ 합성전차선의 허용전류는 표 5에 의한다.

표 5 합성전차선의 허용전류

합성전차선의 종별		전류용량 (마모후)[A]	허용잔존직경[mm]
조가선	전차선		
St 90[mm²]	Cu 110[mm²](67.6[mm²])	355	7.5
St 135[mm²]	Cu 170[mm²](87.6[mm²])	420	8.5

주 전차선의 ( )내는 허용한도까지 마모되었을 때의 단면적을 표시한 것임. 조가선의 선종이 다른 경우 그 전선의 허용전류를 가산하면 합성전차선의 허용전류가 됨.

7. 애 자

① 전차선로에 사용하는 애자는 현수애자, 장간애자 및 지지애자를 사용함을 원칙으로 한다.

② 애자의 사용구분은 표 6에 의한다.

㉠ 염해 우려지역, 공장지대 등 공해지역에는 내오손용 애자를 사용하거나 현수애자의 경우 그 수량을 늘려 설치한다.

㉡ 표 6에서 괄호내의 숫자는 2중 절연방식의 경우에 추가하여야 하는 애자의 수를 나타낸 것이다.

표 6 애자의 사용구분

사용설비 \ 애자종별		현수애자		장간애자		지지애자
		180[mm]	250[mm]	항압용	인장용	지지용
급전선	인 류	(1)	4		1	
	현 수	(1)	4			1
	이상구분		5			
부급전선 및 보호선	인 류	1				
	현 수	1				1
	흡상변압기 단자구분	2				
가공전차선	인 류		4		1	
	현 수		4		1	1
	곡선당김장치	(1)	4		1	
	스팬선	(1)	4		1	
	보조곡선당김장치	(1)	4		1	
	이상구분장치		5			
	흡상변압기 구분장치		2			
가동브래킷	수평파이프				1	
	경사파이프			1		
하수브래킷	하수파이프				1	

주 ( )는 설비 개량시 까지로 한다.

표 7 장간애자 성능표

<table>
<tr><th rowspan="2">항목
item
No</th><th rowspan="2" colspan="2">특 성
characteristics</th><th colspan="4">정격 : rating</th></tr>
<tr><th>T-a</th><th>T-b</th><th>T-c</th><th>T-d</th></tr>
<tr><td rowspan="3">1</td><td rowspan="3">치 수
Dimension</td><td>표면누설거리[mm]
Leakaqe distance between</td><td>A-B
1,180
C-D
226</td><td>A-B
1,208
C-D
237</td><td>A-B
1,220
C-D
239</td><td></td></tr>
<tr><td>직경허용차[mm]
Tolerance of diameters</td><td>±5[%]</td><td>±5[%]</td><td>±5[%]</td><td>±5[%]</td></tr>
<tr><td>층 수
Number of sheds</td><td>12+2</td><td>12+2</td><td>12+2</td><td>12</td></tr>
<tr><td rowspan="2">2</td><td rowspan="2">기계적 성능
Mechanical Values</td><td>인장내하중[N]
Routine test load</td><td>36,000</td><td>59,000</td><td>59,000</td><td></td></tr>
<tr><td>인장파괴하중(N)
Failing load minimal Value</td><td>80,000</td><td>100,000</td><td>100,000</td><td></td></tr>
<tr><td rowspan="5">3</td><td rowspan="5">전기적 성능
Electrical Values</td><td>건조섬락전압[kV]
Flashover Voltage, dry</td><td>A-B
230
C-D
70</td><td>A-B
230
C-D
70</td><td>A-B
230
C-D
70</td><td></td></tr>
<tr><td>주수섬락전압[kV]
Flashover Voltage, wet</td><td>A-B
185
C-D
50</td><td>A-B
185
C-D
50</td><td>A-B
185
C-D
50</td><td></td></tr>
<tr><td>주수내전압[kV]
Withstand Voltage, wet</td><td>168</td><td>168</td><td>168</td><td>168</td></tr>
<tr><td>50[%] 충격섬락전압[kV]
50[%] Impulse Voltage Pos.</td><td>380</td><td>380</td><td>380</td><td>380</td></tr>
<tr><td>충격내전압[kV]
Impulse Withstand Voltage</td><td>345</td><td>345</td><td>345</td><td>345</td></tr>
<tr><td>4</td><td>중 량</td><td>Weights[kg]</td><td>16</td><td>23.8</td><td></td><td>15</td></tr>
<tr><td></td><td></td><td></td><td></td><td></td><td>장력장치용</td><td></td></tr>
</table>

8. 방식 및 보호

① 철주, 빔 및 기타 철제품의 방식은 용융아연도금을 한다. 다만, 특별한 경우는 도색으로 할 수 있다.
② 전주 및 지선을 자동차 등에 접촉할 우려가 있는 장소에 설치할 때에는 각각 보호설비를 시설한다.

9. 너트의 이완방지

볼트, 너트의 풀림방지는 설비의 종류 시설장소를 고려하여 스프링와셔, 록 너트를 체결하거나 접착제(Lock Paint)를 바른다.

별표 풍압하중의 종별 및 적용방법

1.1 하중의 종별

지지물 등의 강도계산에 사용하는 하중의 종별은 다음에 의한다.

1. 수평하중

(1) 풍압하중

① 전선의 풍압하중
㉠ 갑종풍압하중
㉡ 을종풍압하중(피빙 6[mm]를 반경에 더한다.)
㉢ 병종풍압하중
② 지지물(전주)의 선로직각방향의 풍압하중
㉠ 갑종풍압하중
㉡ 을종풍압하중(지지물에는 피빙을 적용하지 않는다.)
㉢ 병종풍압하중
③ 지지물(전주)의 선로평행방향의 풍압하중
㉠ 갑종풍압하중
㉡ 을종풍압하중(지지물에는 피빙을 적용하지 않는다.)
㉢ 병종풍압하중
④ 빔의 풍압하중(선로에 평행방향)
㉠ 갑종풍압하중
㉡ 을종평압하중
㉢ 병종풍압하중

(2) 곡선로 등에 의한 수평장력

① 표준온도에서 수평장력
② −5[℃]에서의 수평장력
③ 최저온도에서의 수평장력

2. 수직하중

(1) 자 중

① 전선자중
② 빔 등의 자중
③ 전주자중
④ 전선부속물 중량
⑤ 작업원 중량

(2) 피빙하중

① 전선의 피빙중량

1.2 하중의 적용방법

전차선로 지지물의 강도계산에 적용하는 하중은 크게 수평하중과 수직하중으로 분리하며 그 적용 방법은 다음과 같다.

1. 수평하중

① 풍압하중은 갑종, 을종, 병종을 적용하여 하중이 큰 쪽을 선택한다.
② 지지물은 선로와 직각방향의 풍압하중을 적용하고 선로와 평행방향은 전선 자체가 지선의 역할을 하므로 풍압하중은 적용하지 않는다.
③ 곡선로 등의 수평장력
㉠ 표준온도에서 수평장력은 갑종풍압하중을 적용한다.

㉡ −5[℃]에서 수평장력은 을종풍압하중을 적용한다.

㉢ 최저온도에서 수평장력은 병종풍압하중을 적용한다.

2. 수직하중

① 수직하중은 전선, 빔, 전주, 완철, 애자 및 전선부속물의 중량을 적용한다.

② 작업원의 중량은 600[N] 기준 2인을 적용한다.

③ 전차선은 피빙중량을 제외한다.

3. 하중의 산출기준

① 수직하중 : 단위중량[N/m]×전주경간[m]×수량

② 갑종풍압하중 : 단위면적[m²/m]×적용풍압하중[N/m²]×전주경간[m]

③ 을종풍압하중 : $(d+12)\times 10^{-3}$[m²/m]×갑종적용풍압하중[N/m²]×전주경간[m] ×수량× $\frac{1}{2}$

④ 병종풍압하중 : 단위면적[m²/m]×갑종적용풍압하중[N/m²]×전주경간[m]×수량 × $\frac{1}{2}$

⑤ 가섭선의 단위피빙 수직하중 :

$$W_t = 1.696(d+6)\times 10^{-2} + W_o$$

W_t : 가섭선에 6[mm] 빙설이 부착한 경우 수직하중[N/m]

W_o : 가섭선의 단위중량[N/m]

d : 가섭선의 직경[mm]

⑥ 수평장력

㉠ 곡선로에서의 수평장력 : 곡선로에서는 전선의 장력에 따라 지지점에 곡선 안쪽 방향으로 수평장력이 발생한다.

$$P = \frac{S \cdot T}{R}\,[\mathrm{N}]$$

P : 수평장력[N], S : 전주경간[m], T : 전선의 장력[N], R : 곡선반경[m]

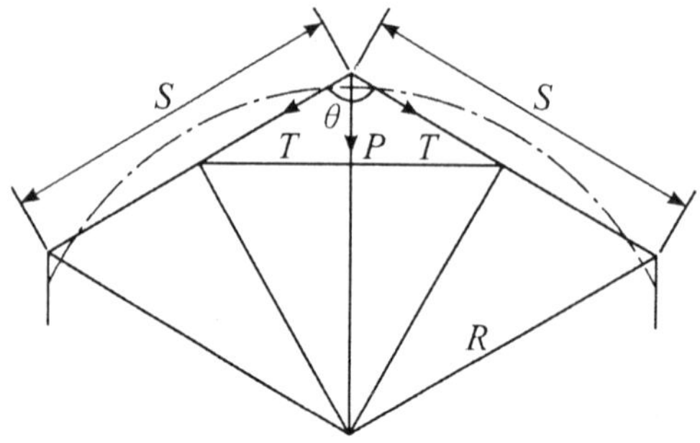

그림 1

㉡ 곡선로의 인류장소에서의 수평장력 : 곡선로에서 전차선을 인류하는 경우에는 그 분력에 따라 인류점의 1경간 앞 B점의 지지점에 수평방향의 하중이 가해진다.

$$P = P_1 + P_2 \text{[N]}$$

$$P_1 = \frac{S \cdot T}{R} \text{[N]} \text{ 또는 } P_1 = \frac{(S_1 + S_2)T}{2R} \text{[N]}$$

$$P_2 = \frac{(d \pm g)T}{S} \text{[N]} \text{ 또는 } P_2 = \frac{(d \pm g)T}{S_2} \text{[N]}$$

주 + : 인류가 선로의 안쪽인 경우, − : 인류가 선로의 바깥쪽인 경우

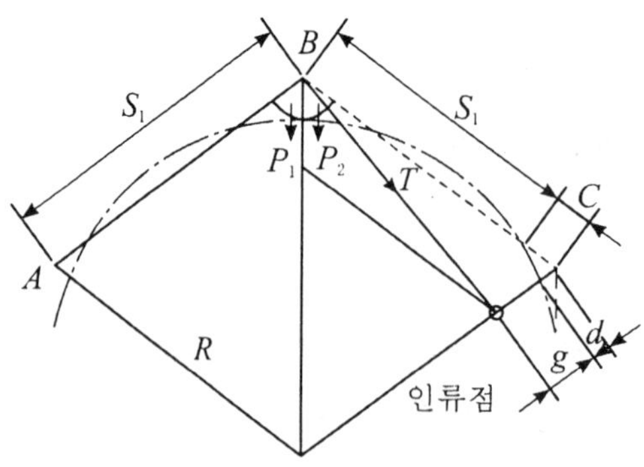

그림 2

P : 합성수평장력[N], S : 전주경간[m],

P_1 : AB사이의 곡선에 의한 수평장력[N],

P_2 : BC사이의 곡선에 의한 수평장력[N], S_1 : AB사이의 전주경간[m],

S_2 : BC사이의 전주경간[m], T : 전선의 장력[N], R : 곡선반경[m],

g : 궤도중심에서 전주중심까지의 거리[m], d : 전차선의 편위[m]

㉢ 직선로의 지그재그 편위에 의한 수평장력 : 지그재그 편위에 의한 수평장력은 다음과 같이 계산한다.

$$P = 2T\sin\theta = 2T \cdot \frac{2d}{\sqrt{S^2 + (2d)^2}} \text{[N]}$$

P : 수평장력[N], S : 전주경간[m], T : 전선의 장력[N],

d : 전차선의 편위[m]

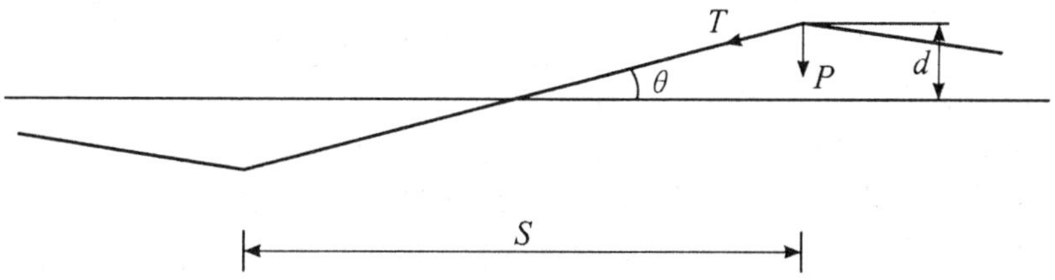

그림 3

⑦ 전차선, 조가선은 자동장력조정장치를 설치하므로 장력변동은 없는 것으로 한다.

4. 풍압하중

① 가공전선로 및 지지물의 강도계산에 적용하는 일반장소의 풍압하중은 다음에 의한다.

㉠ 갑종풍압하중 : 표 1에서 정한 구성재의 수직투명면적 1[m²]당 고온계에 풍속 35[m/s]의 바람을 받는 경우에 발생하는 풍압을 기초로 하여 계산한다.

표 1

<table>
<tr><th colspan="4" rowspan="2">풍압을 받는 구분</th><th colspan="4">구성재의 수직투영면적 1[m^2]에 대한 풍압([kg]=9.8[Pa])</th></tr>
<tr><th colspan="2">풍속 35[m/s]</th><th colspan="2">풍속 50[m/s]</th></tr>
<tr><td colspan="4">목 주</td><td>60[kg]</td><td>588[Pa]</td><td>120[kg]</td><td>1,176[Pa]</td></tr>
<tr><td rowspan="9">지지물</td><td rowspan="5">철 주</td><td colspan="2">원형의 것</td><td>60[kg]</td><td>588[Pa]</td><td>120[kg]</td><td>1,176[Pa]</td></tr>
<tr><td colspan="2">삼각형 또는 능형의 것</td><td>144[kg]</td><td>1,411[Pa]</td><td>288[kg]</td><td>2,822[Pa]</td></tr>
<tr><td colspan="2">강관에 의하여 구성되는</td><td>114[kg]</td><td>1,117[Pa]</td><td>228[kg]</td><td>2,234[Pa]</td></tr>
<tr><td rowspan="2">기타의 것</td><td>복재가 전후면에 겹치는 경우</td><td>166[kg]</td><td>1,627[Pa]</td><td>332[kg]</td><td>3,254[Pa]</td></tr>
<tr><td>기 타</td><td>182[kg]</td><td>1,784[Pa]</td><td>364[kg]</td><td>3,568[Pa]</td></tr>
<tr><td rowspan="2">철 근 콘크리트</td><td colspan="2">원형의 것</td><td>60[kg]</td><td>588[Pa]</td><td>120[kg]</td><td>1,176[Pa]</td></tr>
<tr><td colspan="2">기타의 것</td><td>90[kg]</td><td>882[Pa]</td><td>180[kg]</td><td>1,764[Pa]</td></tr>
<tr><td rowspan="2">철 탑</td><td colspan="2">강관으로 구성되는 것</td><td>128[kg]</td><td>1,254[Pa]</td><td>256[kg]</td><td>2,508[Pa]</td></tr>
<tr><td colspan="2">기타의 것</td><td>220[kg]</td><td>2,156[Pa]</td><td>440[kg]</td><td>4,312[Pa]</td></tr>
<tr><td rowspan="2">전 선 기 타 가섭선</td><td colspan="3">다도체(구성하는 전선이 2가닥마다 수평으로 배열되고 또한 그 전선 상호간의 거리가 전선의 바깥지름의 20배 이하인 것에 한한다. 이하 같다)를 구성하는 전선</td><td>68[kg]</td><td>666[Pa]</td><td>135[kg]</td><td>1,323[Pa]</td></tr>
<tr><td colspan="3">기타의 것</td><td>76[kg]</td><td>745[Pa]</td><td>150[kg]</td><td>150[Pa]</td></tr>
<tr><td colspan="4">애자장치(특별고압전선로용의 것에 한한다.)</td><td>106[kg]</td><td>1,039[Pa]</td><td>212[kg]</td><td>212[Pa]</td></tr>
<tr><td colspan="2" rowspan="2">완금속(특별고압전선로용의 것에 한한다.)</td><td colspan="2">단일재</td><td>122[kg]</td><td>1,196[Pa]</td><td>244[kg]</td><td>244[Pa]</td></tr>
<tr><td colspan="2">기 타</td><td>166[kg]</td><td>1,627[Pa]</td><td>332[kg]</td><td>332[Pa]</td></tr>
</table>

㉡ 을종풍압하중 : 전선 기타의 가섭선(架涉線) 주위에 두께 6[mm], 비중 0.9의 빙설이 부착된 상태에서 수직투영면적 1[m^2]당 372[Pa](다도체를 구성하는 전선은 333[Pa]), 그 이외의 것은 갑종풍압의 2분의 1을 기초로 하여 계산한다.

㉢ 병종풍압하중 : 갑종풍압하중의 2분의 1을 기초로 하여 계산한다.

② 특수장소의 풍압계산 : 특수장소의 풍압을 계산할 경우 다음 식에 의하며 풍력계수는 표 2에 의한다.

$$P = A \cdot C_x \frac{{V_x}^2}{16}$$

P : 풍압[N], A : 바람을 받는 물체의 수직투영면적[m²],

V_x : 풍속[m/s], C_x : 풍력계수(공기저항계수)

표 2 풍력계수

	형 상	풍력계수[C_x]
사각형 또는 삼각형 단면골조		풍력계수[Cx] $C_x : K \cdot F \cdot M$ K : 골조풍력계수의 기본치 F : 세장률 M : 풍압배수
원 주 및 다각형	· $d\sqrt{q} \leq 1.5$의 경우 - 표면이 매끄러운 원주 - 표면이 거친 원주 및 다각형 · $d\sqrt{q} > 1.5$의 경우 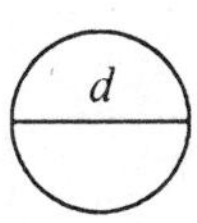 철판 콘크리트 표면 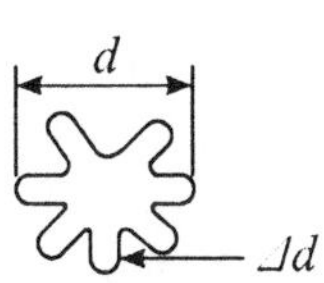 $\Delta d = 0.02$인 거친면	 1.2 1.4 0.7 $H/d \geq 2.5$일때 1.0 $H/d < 2.5$일때 0.8
원 주 및 다각형	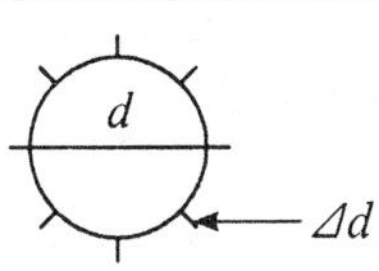 $\Delta d = 0.08$인 거친면 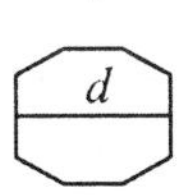 6각형 8각형 단, q : 속도압[Pa] $q = \frac{1}{2}\rho V^2$ ρ : 공기밀도[kg · sec²/m⁴] V : 속도[m/sec]	$H/d \geq 2.5$일때 1.2 $H/d < 2.5$일때 1.0 $H/d \geq 2.5$일때 1.4 $H/d < 2.5$일때 1.2

	형 상	풍력계수[C_x]
구	· $d\sqrt{q} \leq 1.5$의 경우 · $d\sqrt{q} > 1.5$의 경우	0.6 0.4
그 이외의 경우	전면을 피복한 철탑 표면에 다른 공작물을 설치한 경우에는 그 공작물의 풍압력을 가산한다. 단, 그 간격이 $a' \leq (b'$ 또는 c'가 작은 방향)인 경우는 철탑표면이 중복되는 수직투영면적의 풍력계수를 1/2까지 줄일 수 있다.	

주 사각형 또는 삼각형 단면골조의 풍력계수는 다음에 따른다.

① 골조풍력계수의 기본값은

$$충실률[\ \phi\ ] = \frac{수직투영면적}{수직윤곽내전면적(외곽면적)}$$

충실률에 따라 골조풍력계수의 기본값은 표 3에 의한다.

표 3 골조풍력계수의 기본값

충실률[ϕ]	$\phi \leq 0.2$	$0.2 < \phi \leq 0.3$	$0.3 < \phi \leq 0.9$	$0.9 < \phi \leq 1.0$
기본값[K]	2.0	1.9	1.7	2.0

② 세장률[F]은 표 4에 따른다.

표 4 세장률

충실률[ϕ]	$0 < \phi \leq 0.3$	$0.5 < \phi \leq 0.9$	$0.9 < \phi \leq 1.0$
$H/a<5$	0.9	0.8	0.6
$H/a \geq 5$	1.0	0.9	0.8

주 ϕ가 없는 것은 직선보정을 한다.

① 풍압배수[M]는 그림 4에 따른다.

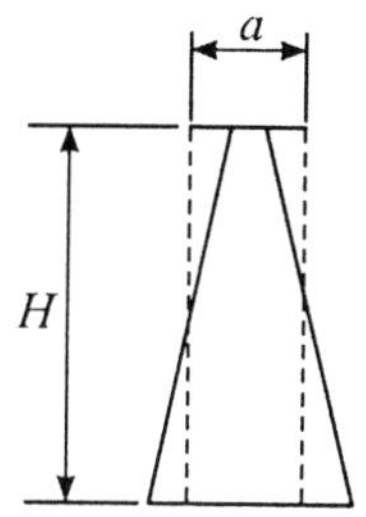

a : 바람을 받는 면의 폭
H : 바람을 받는 면의 높이

그림 4

제 3 장

지지물

3.1 일반사항

1. 표준경간

① 가공전차선로 지지물의 표준경간은 표 1에 의하고, 인접한 경간의 차는 10[m] 이하로 한다. 다만, 부득이한 경우는 20[m] 이하로 할 수 있다.

표 1 표준경간

곡선반경	경간[m]
기설된 시설물(개량시 까지)	(60)
곡선반경 1,000[m] 초과	50
곡선반경 700[m] 초과~1,000[m] 까지	45
곡선반경 500[m] 초과~700[m] 까지	40
곡선반경 400[m] 초과~500[m] 까지	35
곡선반경 300[m] 초과~400[m] 까지	30
곡선반경 200[m] 이상~300[m] 까지	20

② 특수한 가선구조로 하는 구간에서 곡선반경 1,600[m] 이상에 대해서는 60[m]로 할 수 있다.

③ 터널브래킷의 설치 표준경간은 20[m](강체가선방식의 경우는 10[m])로 한다.

2. 건식 게이지(Gauge)

① 일반구간에서의 전주 건식 게이지는 3[m]를 표준으로 하고, 정거장 구내등에서는 3.5[m] 이상 되도록 건축한계에 여유를 주어야 한다.

② 승강장 화물적하장등에 건식하는 전주는 그 가장자리에서 1.5[m] 이상 이격한다.

③ 차막이 후방에 건식할 때는 견고한 차막이가 있는 경우를 제외하고는 차막이로부터 10[m] 이상 떨어지든가 또는 문형구조로 한다.

④ 자동차 등이 통행하는 건널목에 인접하는 전주(건널목 주의표주를 제외한다)는 건널목 가장자리에서 되도록 5[m] 이상 떨어져 건식한다.

⑤ 신호기 부근에 건식하는 가동 브래킷 지지주는 신호 투시에 지장이 없도록 고려하여야 한다.

3.2 전주 및 빔

1. 콘크리트주의 적용구분

① 콘크리트주의 적용구분은 표준도 OF-2101에 의한다.(부록 참조)

② 콘크리트주의 종류 및 중량은 다음 표 2와 같다.

표 2 콘크리트주의 종류 및 중량

종 류	중량[kg]	비고	종 류	중량[kg]	비고
11[m]- Φ25[cm]-A형 3.5[ton]	1.150		11[m]- Φ30[cm]-A형 3.5[ton]	1.490	
11[m]- Φ25[cm]-A형 4.5[ton]	1.530		11[m]- Φ30[cm]-A형 5.5[ton]	1.590	●
11[m]- Φ30[cm]-A형 6.5[ton]	1.660	●	11[m]- Φ35[cm]-A형 8.5[ton]	1.950	●
12[m]- Φ30[cm]-A형 5.5[ton]	1.710		12[m]- Φ30[cm]-A형 6.5[ton]	1.800	●
12[m]- Φ35[cm]-A형 8.5[ton]	2.110		12[m]- Φ35[cm]-A형 9.5[ton]	2.130	●

주 주로 강도상 ●표 전주를 사용함.

2. 콘크리트주의 기초

① 콘크리트주의 기초는 부담하는 하중, 지형 및 토질 등을 고려하여 시공한다.

② 콘크리트주용 기초의 종별은 표준도 OF-2102에 의한다.(부록 참조)

3. 철주의 종류

철주의 종류는 표 3과 같이 분류할 수 있다.

표 3 철주의 종류

종 류	규 격	높이 (H)[m]	종 류	규 격	높이 (H)[m]
일반 철주	300×400×H	8.5, 9	4각 철주	450×450×H	8.5, 9
H형강 철주	250×250×H	8.5, 9	인류 철주	150×280×H	8.9
	300×300×H	8.5, 9		200×300×H	8.9
스팬선 철주	600×800−H −350×350	7, 7.5, 8, 8.5, 9, 9.5 10, 11, 12.5, 14	스팬선 철주	800×1,000−H− 400×400	9, 11 12.5, 14
				1000×1250−H −400×400	16, 18, 20
강관주	Φ267.4×9t×H	8, 9	Φ318.5×9t, Φ355.6×9t, Φ406.4×9t, Φ457.2×9t		

4. 빔(Beam)

① 빔의 종류는 크로스 빔, 평면(트러스) 빔, V형(트러스라멘) 빔, 4각(트러스라멘) 빔, 스팬선 빔이 종래 주로 사용되어 왔으나, 최근에는 강관 빔, 4각(트러스) 빔이 많이 사용되고 있다.

② 빔의 호칭 및 길이는 표 4와 같다.

표 4 호칭별 빔 길이

호 칭	길 이	호 칭	길 이
1선용	6[m] 까지	6선용	22[m] 초과 26[m] 까지
2선용	6[m] 초과 10[m] 까지	7선용	26[m] 초과 30[m] 까지
3선용	10[m] 초과 14[m] 까지	8선용	30[m] 초과 34[m] 까지
4선용	14[m] 초과 18[m] 까지	9선용	34[m] 초과 38[m] 까지
5선용	18[m] 초과 22[m] 까지	10선용	38[m] 초과 42[m] 까지

3.3 지 선

1. 지선의 사용구분

지선의 사용구분은 표 5에 의한다.

표 5 지선의 사용구분

사용종별	선조	기초	상부설치	하부설치
심플 커티너리 인류 (M.T 모두 Balancer부)	St 90[mm²] V형	콘크리트	압축인류금구 또는 설치금구	Wire Clip 3개×2
전차선-인류(1선만)	St 90[mm²] V형	콘크리트	압축인류금구 또는 설치금구	Wire Clip 3개×2
전차선 2선 이상 (인류는 1선마다)	St 135[mm²] V형	콘크리트	압축인류금구 또는 설치금구	Wire Clip 4개
헤비 심플 커티너리 인류 (M.T 모두 Balancer부)	St 135[mm²] V형	콘크리트	압축인류금구 또는 설치금구	Wire Clip 4개×2
급전선	St 135[mm²] 단1선	콘크리트 근가(1.2[m])	압축인류금구 또는 설치금구	Wire Clip 3개
보호선	St 90[mm²] 단1선	콘크리트 근가(1.2[m])	압축인류금구 또는 설치금구	Wire Clip 3개
건널목 주의표용	Fe 55[mm²]	콘크리트 근가(1.2[m])	권부	Wire Clip 2개

주 ① 하부설치는 쐐기형 클램프 2호(80~110[mm²]) 또는 3호(110~150[mm²])를 사용하고 부득이한 경우 와이어클립 2호 또는 3호를 사용한다.

② V형 지선에는 콘크리트기초(OF-2903A)를 사용한다.

③ 합성전차선의 인류용 지선은 V형 또는 2단 지선을 사용한다.

④ 수도권에서 당초에는 2단 지선을 V형 지선, 보통지선을 단지선이라고 불렀다.

2. 지선의 설비

지선의 설비는 다음에 의한다.

① 지선은 전주에 작용하는 수평하중의 100[%]를 부담하는 것으로 한다.

② 전차선로에 사용하는 지선의 안전율은 2.5이상으로 하고, 허용인장 하중은 500[kg] 이상으로 한다.

③ 지선의 전주에 대한 설치각도는 45도를 표준으로 하고, 최저 30도로 한다.

④ 지선에는 135[mm^2] 또는 90[mm^2]의 아연도금 강연선을 사용한다. 다만, 주의표에 사용하는 것은 55[mm^2]의 아연도금철연선을 사용할 수 있다.

⑤ 전선의 인류용 전주Band와 지선용 전주Band는 원칙적으로 분리한다.

⑥ V형 및 2단 지선에는 콘크리트기초(OF-2903A)를 사용하고, 단 (보통)지선에는 근가(Stay Block)를 사용한다.

⑦ Stay Block가 부상할 우려가 있는 장소는 쐐석등을 사용하여 뽑히지 않도록 매설한다.

⑧ V형 지선의 단말은 쐐기형 클램프를 사용하고, 2단 및 단지선의 상부는 압축인류금구 또는 쐐기형 클램프, 하단은 와이어 클립을 사용한다.

⑨ Platform(승강장)의 지선에는 애자를 삽입하고, 표 6에 의한다. 또 설비를 할 때에는 자기부 상호가 접촉할 우려가 없도록 시설한다.

⑩ 근가(Stay Block)의 구조는 KSF-4203에 의한다.

표 6 지선용 애자

지선종별	현수애자
St 90[mm^2] 보통지선	180[mm]
St 135[mm^2] 보통지선	250[mm]

주 지선에 애자삽입은 교류전철구간에는 흠등 특별한 장소에만 사용하고, 직류전철구간에는 원칙적으로 사용한다.

제 4 장

기공 전차선

4.1 합성전차선

1. 전차선의 높이

전차선의 높이는 5,200[mm]를 표준으로 하고, 최저 5,000[mm], 최고 5,400[mm]로 한다. 다만, 부득이한 경우 4,850[mm]까지 할 수 있고, 경부선 동대구~부산간 터널 구간은 4,750[mm]까지 할 수 있으며 운행선구의 전기차량의 특성에 따라 표준높이를 따로 정할 수 있다.

주 신설선의 경우 5,300[mm]를 표준으로 하는 것이 유리하다.(Rail의 상승을 고려)

2. 전차선의 구배(기울기)

전차선의 구배는 레일 윗면에 대하여 본선의 경우 3/1,000 이하(다만, 차량의 속도가 150[km/h] 이상인 구간은 1/1000 이하)로 하고 측선에서는 15/1,000 이하로 한다. 다만, 터널, 구름다리 및 건널목 등에 인접한 장소의 경우에는 4/1,000로 한다.

3. 전차선의 편위

① 직선구간에서의 전차선의 지그재그(Zig Zag) 편위는 좌우 200[mm]로 한다.
② 곡선반경 1,600[mm] 미만의 곡선구간에서의 편위는 표 1에 의한다.
③ 강풍구간 및 승강장 구간은 100[mm] 이하로 한다.

표 1 전차선의 편위

지지물 경간[m]	경간중앙에서의 편위의 허용범위[mm]	비 고
60	100 이하	지지점에서의 편위는
50	100 이하	200[mm]를 원칙으로 하고
40	180 이하	부득이한 경우는 250[mm]
30	200 이하	까지 할 수 있다.

4. 합성전차선의 가고

합성전차선의 표준가고는 960[mm]로 한다. 다만, 고정빔, 교량, 터널, 구름다리 밑 등 부득이한 경우는 710 · 500 · 180 · 150[mm] 등으로 단축할 수 있으며 특수 장소는 예외로 할 수 있다.

주 710[mm]가고 적용 구간 : 역구내 등 고정빔에 하수강 설치구간

5. 가공전차선의 분리

급전계통 및 운전계통이 다른 전차선 상호는 전기적 및 기계적으로 분리함을 원칙으로 한다.

6. 전차선의 선종

전차선에는 107[mm^2], 110[mm^2], 150[mm^2] 및 170[mm^2]의 홈붙이 경동전차선을 사용한다.

주 앞으로는 110[mm^2] 및 150[mm^2] 전차선이 주로 사용될 것이다.

7. 조가선의 선종

조가선에는 90[mm^2] 및 135[mm^2]의 아연도금 강연선을 사용한다.(수도권 당초)

주 앞으로 시설하는 가공전차선로에는 아연도금 강연선은 사용하지 않음을 원칙으로 하고, CdCu 70[mm^2], 80[mm^2] 또는 Bz 65[mm^2]가 주로 사용될 전망이다.

8. 조가선 및 전차선의 표준장력

조가선 및 전차선의 표준장력은 다음에 의한다.

① 조가선 및 전차선 일괄 자동장력조정의 경우는 표 2에 의한다.

표 2 합성전차선의 장력

전차선		조가선		비 고
선종	장력	선종	장력	
107[mm^2]	1,000[kg]	카드뮴동연선 70[mm^2]	1,000[kg]	측선에도 사용
110[mm^2]	1,000[kg]	카드뮴동연선 70[mm^2]	1,000[kg]	측선에도 사용
		동복강연선 90[mm^2]		측선에도 사용
		아연도강연선 90[mm^2]		측선에도 사용
	1,200[kg]	청동연선 65[mm^2]	1,200[kg]	측선에도 사용
170[mm^2]	1,500[kg]	동복강연선 135[mm^2]	1,500[kg]	본선에만 사용
		아연도강연선 135[mm^2]		
		카드뮴동연선 80[mm^2]		
150[mm^2]	1,400[kg]	청동연선 65[mm^2]	1,400[kg]	동대구~부산
170[mm^2]	1,300[kg]	카드뮴동연선 80[mm^2]	1,300[kg]	수도권(현재)

주 신설 헤비심플커티너리(T : Cu 170[mm^2], M : CdCu 80[mm^2])구간의 장력은 3,000[kg]으로 하고 있다.

② 전차선만 자동장력조정하는 경우 표 3에 의한다.

표 3 전차선만 조정

조가선		전차선	
선종	장력[kg]	선종	장력[kg]
St 90[mm^2]	1,000	Cu 110[mm^2] ~170[mm^2]	900
CdCu 70~80[mm^2]	1,000		

③ 자동장력조정을 하지 않을 경우 표 4에 의한다.

표 4 자동장력조정을 하지 않을 경우

조가선		전차선	
선종	장력[kg]	선종	장력[kg]
St 90[mm^2]	1,000	Cu 110[mm^2] ~170[mm^2]	800
CdCu 70~80[mm^2]	900		

9. 조가선과 전차선의 균압

① 균압겸용 드로퍼를 사용하는 구간을 제외하고는 조가선과 전차선은 250~300[mm] 마다 A형으로 균압함을 표준으로 한다. 이 경우 건넘선장치의 균압, 흐름방지장치 등도 균압장치로 간주한다. 다만, 운전전류가 큰구간(수도권)은 2분의 1이하로 단축한다.
② 전기차가 상시 정차 출발하는 곳에는 반드시 균압장치를 하여야 한다.
③ 터널 입·출구 및 과선교 양쪽에는 F형(T-M형)의 균압장치를 한다.
④ 급전분기 및 Section 등으로 분리된 장소는 그 양단에서 균압장치를 한다.

10. 조가선의 보호덮개(Protector)

St 조가선의 보호덮개의 설치장소는 다음과 같이 한다.

① 곡선장소는 제 2 행어까지
② 직선장소는 제 1 행어까지

③ 급전분기장소는 그 양단의 행어

④ 평행 구간은 그 1경간내 전체 행어

주 CdCu 조가선에는 매 행어마다 설치한다.

11. 행어 및 드로퍼

① 행어 및 드로퍼의 표준간격은 다음에 의한다.

㉠ 행어 5[m]

㉡ 드로퍼 5[m]. 다만, 기존 산업선 전철구간은 10[m] 유지.

② 행어의 최소길이는 150[mm]를 표준으로 한다.

③ 각 경간에서 표준 행어길이는 다음 및 표준도 OF-31A-표1~OF-31A-표4 에 의한다.

㉠ 가선방식(Catenary System)

Simple Catenary M CdCu 70□, 11.8[kN](1.2[t])
T GT 110□, 11.8[kN](1.2[t])

㉡ 표준형(Standard Type) 가고 H960

Hanger No.	Span[m]						
	60	55	50	45	40	35	30
1	860	870	875	885	895	900	910
2	690	715	740	765	790	815	840
3	555	595	640	680	725	765	810
4	455	510	570	630	690	750	810
5	385	460	535	615	690	765	840
6	350	445	535	630	725	815	910
7	350	460	570	680	790	900	
8	385	510	640	765	895		
9	455	595	740	885			
10	555	715	875				
11	690	870					
12	860						

㉠ 가선방식(Catenary System)

Simple Catenary M Bz 65□, 11.8[kN](1.2[t])
T GT 110□, 11.8[kN](1.2[t])

㉡ 표준형(Standard Type) 가고 H960

Hanger No.	Span[m]						
	60	55	50	45	40	35	30
1	860	870	875	885	895	900	910
2	690	715	740	765	790	815	840
3	555	595	635	680	720	765	805
4	450	510	570	630	690	750	805
5	385	460	535	610	690	765	840
6	350	440	535	630	720	815	910
7	350	460	570	680	790	900	
8	385	510	635	765	895		
9	450	595	740	885			
10	555	715	875				
11	690	870					
12	860						

12. 합성전차선의 경사

지지점에서 조가선과 전차선을 이은면이 조가선 지지점에서 내린 수직선과 이루는 각도는 10도 이하로 한다.

13. 조가선 및 전차선의 접속

조가선 및 전차선의 접속은 다음에 의한다.

① 조가선 및 전차선의 접속은 팬터그래프의 통과에 지장이 없도록 설치하여야 한다.

② 조가선 및 전차선의 접속은 표 5에 의한다.

표 5 조가선 및 전차선의 접속

접속전선	중간접속	인류장소
조가선(St)	BW	BS 또는 B
조가선(CdCu)	쐐기형 클램프, 압축 Sleeve, 조가선 클램프 접속(SC)	쐐기형 클램프
전차선	Splicer(Coupling Clamp), Double Ear	Wire Terminal
조가선과 전차선	쐐기형 클램프 BS, Wire Terminal	BS 또는 B

주 SC : Supplementary Cable Clamp(50～70[mm²]용)

③ 신설시에는 본선 전차선의 접속은 원칙적으로 하지 않는다.

14. 전차선 무효부분

전차선의 무효부분에는 유효부분과의 고저차가 300[mm] 이상 계속 유지되고, 동시에 길이가 1경간(30[m]) 이상인 경우는 아연도금강연선 또는 카드뮴동연선을 사용할 수 있다.

주 조가선에 CdCu 전선을 사용할 때는 무효분에 CdCu 전선을 사용하고, M～T(M) 균압선은 CdCu 70[mm²] 또는 CdCu 80[mm²] 전선을 사용한다.(조가선 굵기와 동일품)

4.2 곡선당김장치 및 진동방지장치

1. 곡선당김장치

합성전차선의 가동브래킷, 고정브래킷 등 각 지지점에는 다음 각호에 의한 곡선당김장치를 시설함을 원칙으로 한다.

① 곡선당김금구의 레일면에 대한 표준 당김각도는 궁형에서는 11도, 직선형에 있어서는 15도로 하고, 풍속 30[m/s](밀어올림등)에서도 팬터그래프의 통과에 지장이 없도록 설치한다.

② 궁형곡선당김금구의 설치금구(암지지금구)는 궤도중심면에서 1[m] 이상 이격하든가 또는 기타의 방법에 의하여 팬터그래프의 통과에 지장이 없도록 설치한다.(편위가 10[mm] 이하인 구간에서는 암지지금구를 1[m] 이상 이격이 불가능(궁형곡선당김금구 길이는 $L=900$[mm]임)).

③ 조가선 및 전차선의 무효부분에는 필요에 따라 보조곡선당김장치를 설치한다.

④ 곡선당김금구 당김선에는 경동연선 38[mm^2]를 사용하고 그 설치방법은 감아붙임으로 한다.

주 수도권 가공전차선로 설비에서 곡선당김장치와 진동방지장치의 실질적 구별은 없으며 곡선당김금구는 모두 궁형이며, 일부 보조곡선당김장치에 직선형을 사용하였다. 따라서 건설교통부의 전철 · 전력시설지침에는 곡선당김장치만 있고 **진동방지장치** 항목은 없다.

2. 진동방지장치(전철전력시설지침에는 없는 장치임)

직선구간 및 곡선반경 1,600[m] 이상의 곡선로에는 다음에 의한 진동방지장치를 설치한다.

① 가동 브래킷의 경우 : 각 지지점

② 고정 빔 및 고정 브래킷의 경우

㉠ 본선 각 지지점
㉡ 측선 4경간마다
다만, 건넘선 장소 등에서 전차선이 밀집할 경우는 팬터그래프의 통과에 지장이 없도록 설치한다.

③ 강풍구간 : 각 지지점

④ 진동방지금구의 레일면에 대한 표준 당김각도는 궁형에서는 11도로 하고 풍력, 밀어올림 등에서도 팬터그래프의 통과에 지장이 없도록 설치한다.
또한, 진동방지 파이프와 전차선의 이격은 350[mm]를 표준으로 한다.

4.3 합성전차선의 교차 및 균압장치(Connector)

1. 건넘선 장치

건넘선 장치의 설비는 다음에 의한다.

① 주요선의 전차선을 하부에 가설한다.

② 전차선이 교차하는 위치에는 교차금구를 설치한다.
교차금구의 사용구분은 다음과 같다.
㉠ 본선과 측선 : 2단식(#15번 분기 이상 18.5, 26, 46 : 1800[mm])
㉡ 측선과 측선 : 1단식(#12번 분기 이하 : 1400[mm])

③ 교차금구는 전차선의 이동에 따른 곡선당김금구 등과 경합하여 팬터그래프의 통과에 지장을 주지 않도록 설치한다.

④ 조가선 및 전차선은 커넥터로 각각 균압한다.(St 조가선의 경우)

⑤ 주요선과 교차하는 전차선의 접속장소는 주요선에서 팬터그래프의 통과에 지장이 없도록 주요선의 궤도중심에서 1[m] 이상 이격한다.

⑥ 건넘선장치에서 곡선당김금구는 상대되는 전차선의 외측에 설치한다.

⑦ 조가선은 상호 접촉에 의한 마찰 등으로 소선이 손상되지 않도록 보호한다.

⑧ 건넘선 장소에 곡선당김장치의 제한은 그림 1의 제한을 원칙으로 한다.

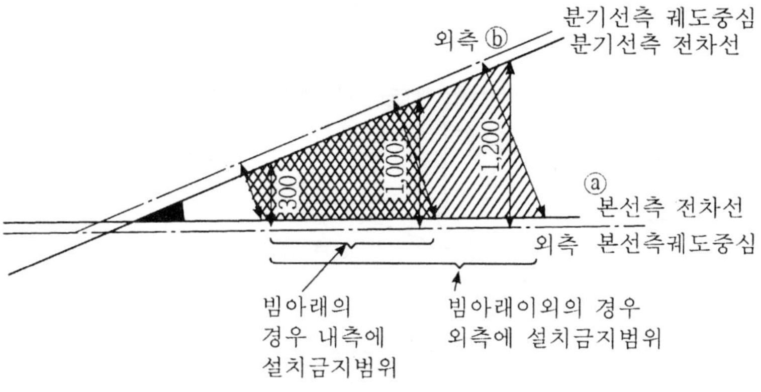

그림 1 곡선당김장치의 설치제한범위

⑨ 곡선당김금구, 클램프 등의 설치금지구간

ⓐ선의 레일 중심과 ⓑ선의 전차선 상호 간격이 300[mm]에서 1,200[mm] 사이에서는 다른 전차선이 지나는 장치는 하지 않도록 한다.

⑩ 건넘선장치의 구조는 그림 2에 의한다.(OF-3801A 참조)

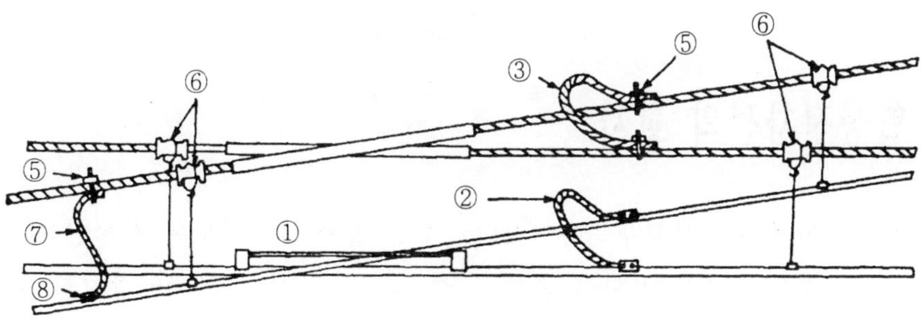

① : 교차금구, ② : Feed Ear(T-T : 연동연선 100[mm^2])

③ : Feed Ear(M-M : 철연선 55[mm^2]), ⑦ : M-T 균압장치

(a) St 조가선인 경우

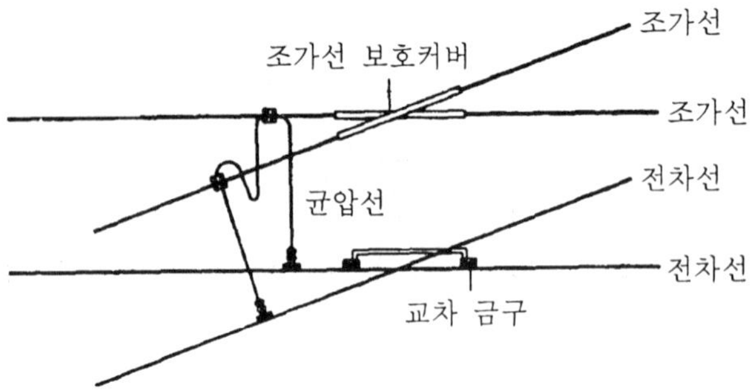

(b) CdCu 또는 Bz 조가선인 경우

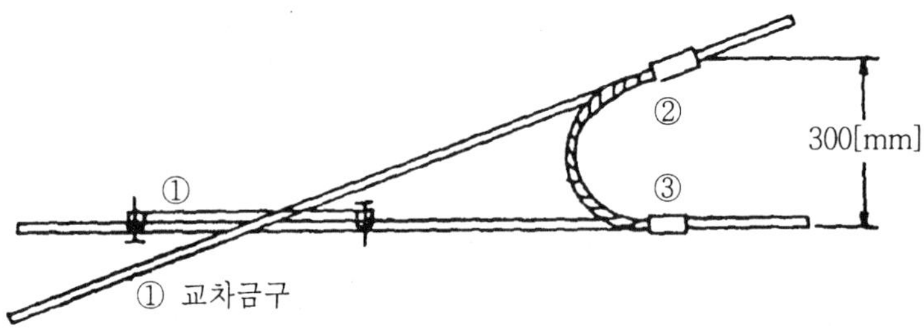

(c) 균압장치(Connector) 설치 위치도

그림 2 건넘선 장치

2. 합성전차선의 교차

조가선 및 전차선의 무효부분은 되도록 서로 접촉하지 않도록 시설한다. 접촉의 염려가 있는 경우는 필요에 따라 손상이 없도록 보호설비 및 균압장치를 한다.

3. 균압장치(Connector)의 사용구분

커넥터의 종별과 사용구분은 표 6과 같으며, St 조가선인 경우는 표 7 및 표준도 OF-3201A, OF-3202A에 의한다.

표 6 균압장치의 종별과 사용구분

(a) 카드뮴동연선(CdCu)조가선 사용시

사용구분	종 별	사용전선	길 이	비 고
일반설비	A형(T-M-T형)	Cu 60[mm^2], CdCu 70[mm^2], Bz 65[mm^2]	소요량	장력, 인류, 구분장치 양단 및 일정거리 균압(장력, 인류는 M-T형으로 가능)
	S형(M-T형)	Cu 60[mm^2], CdCu 70[mm^2], Bz 65[mm^2]	소요량	
	B형(M-M-M형)	Cu 38[mm^2], CdCu 70[mm^2], Bz 65[mm^2]	소요량	——//—— 무효부분 전차선을 조가선으로 대용한 경우
평행설비 및 건넘선 장치	C형(T-M-M-T형)	Cu 95[mm^2] (가요연동연선)	소요량	부득이할 경우 Cu 100[mm^2] 연동연선 사용
	D형(T-M-M-M형)	Cu 95[mm^2] (가요연동연선)	소요량	부득이할 경우 Cu 100[mm^2] 연동연선 사용
빔 하스팬선	E형(M-S-T형)	Cu 38[mm^2]	소요량	대운전 전류구간 하스팬선의 각 지지점 마다
터널 · 과선교	F형(T-M형)	CdCu 70[mm^2], Bz 65[mm^2]	소요량	조가선 단선시 이탈방지용

(b) 아연도강연선(St) 조가선 사용할 때

사용구분	종 별	사용전선	길 이(장력조정장치 유무별)		
			유-유	유-무	무-무
평행설비	T-T용	Cu 100[mm^2]	800~1,000[mm]		
	M-M용	Fe 55[mm^2]	1,200[mm]	1,000[mm]	800[mm]
건넘선 장치	T-T용	Cu 100[mm^2]	800[mm]	600[mm]	600[mm]
	M-M용	Fe 55[mm^2]	800[mm]	600[mm]	600[mm]
	M-T용	Cu 38[mm^2]	800[mm]	600[mm]	600[mm]
일반구간	M-T용	Cu 38[mm^2]	800~1,000[mm]		
	M-M용	Fe 55[mm^2]	1,200[mm]		

표 7

사용구분	리드선의 종류	비 고
T~T용	리드선 Cu 100[mm²]	T-Sf
M~T용 M~M용	리드선 Fe 55[mm²]	T-Sc Sd T-Se

주 조가선에 CdCu 70(80)[mm²] 사용시 Connector는 OF-3203B에 의한다.

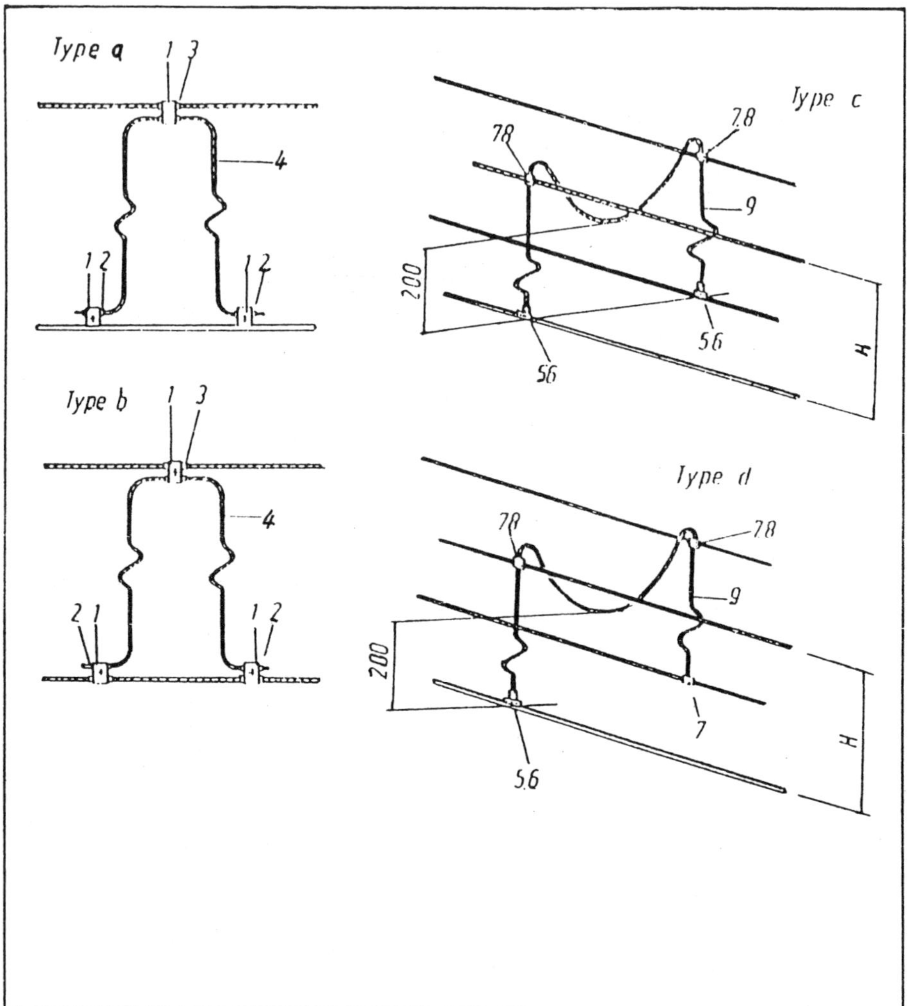

명칭	균 압 장 치	도면번호	OF - 3203B
	(Ta ~ Td)	참 조	F9 - 030

4.4 장력조정장치 및 인류장치

1. 장력조정장치의 종류 및 사용구분

전차선에 사용하는 장력조정장치의 종류 및 사용구분은 표 8에 의한다.

표 8 장력조정장치의 종류 및 사용구분

종 별	세 목	사용구분
자 동 장력조정장치	활차식	본선의 합성전차선 또는 전차선, 본선과 교차하는 합성전차선 또는 전차선, 기타 필요한 측선의 합성전차선 또는 전차선
	스프링식	상기와 같이 합성전차선 또는 전차선 및 빔 하스팬선
수 동 장력조정장치	턴버클, 조정용 스트랩	일반측선의 합성전차선 또는 전차선

2. 자동장력조정장치

① 활차식 자동장력조정장치는 인류구간 길이를 최대 1,600[m]로 하고, 양단에 설치함을 표준으로 한다. 다만, 일단에 설치할 경우의 인류구간 길이는 800[m] 이하로 한다.

② 스프링식 자동장력조정장치는 인류구간길이가 800[m] 이하인 경우는 일단에, 800[m]를 초과하고 1,600[m] 이하인 경우는 양단에 설치한다.

③ 구배구간에서는 인류구간의 일단에 설치하는 경우는 구배의 하방에 설치함을 원칙으로 한다.

④ 장력조정장치는 표준도 OF-3601A에 의한다.

주 ②항의 스프링 밸런서는 최근의 신형 NSTB 또는 국산 KRSB는 인류구간 길이가 활차식과 같다.

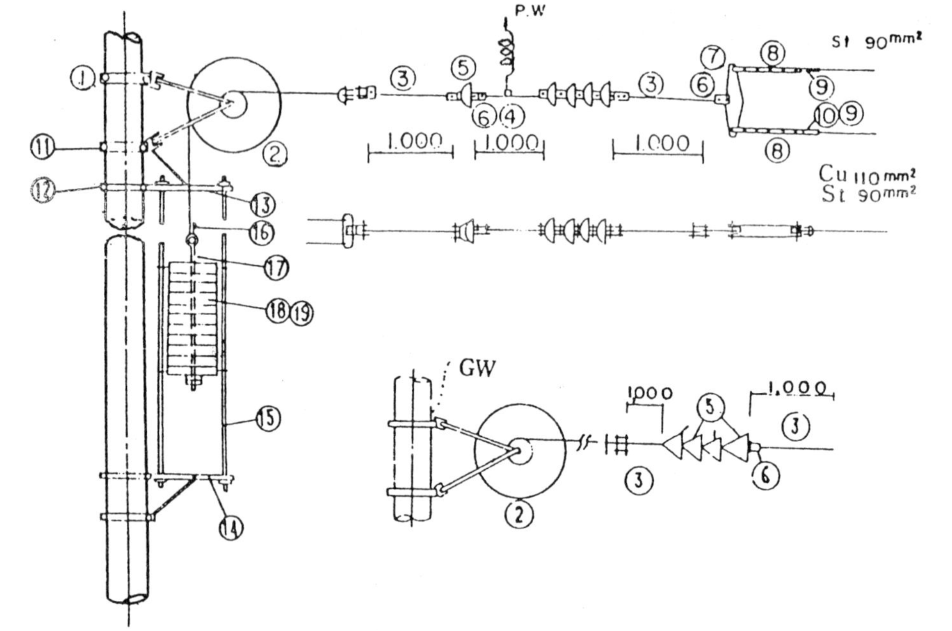

※ a) St 90㎟, GT 110㎟ 일괄조성
b) 무효부분 조가선 삽입의 경우
c). 가공지선방식의 경우

기호	품 명 및 형 상	수량 a	수량 b	수량 c	OF — NO	F9 — NO	비 고
19	콘크리이트추 (4 호)	1	1	1	64A-106		
18	콘크리이트추 (3호A-10개, 3호B-2개)	12	12	12	64A-104,105		
17	중추봉 - 1 호	1	1	1	61A-1P-07		
16	와이어클립 (3 호)	2	2	2	42A-201		
15	추유도봉	2	2	2	61A-1P-06		
14	하부지지대	1	1	1	61A-1P-05		
13	상부지지대	1	1	1	61A-1P-04		
12	지지밴드 - 지선 및 인류용 1 호	3	3	3	11A-201		
11	보조밴드 - 지선 및 인류용 1 호	1	1	1	11A-201		
10	전선연결금구 - WT형	1	-	(0)1	41A-301		
9	전선연결금구 - B형 (st 90㎟용)	1	2	(2)1	42A-101		
8	조정스트랩 (AS-1호)	2	2	2	63A-101		
7	인류금구 - 요오크 1 호 (삼각형)	1	1	1	53A-101		
6	애자연결금구 - H형 1 호	3	3	2	43A-101		
5	현수애자 - φ250	5	5	4	02A-102		
4	전차선인류봉 - φ16×1000(DR-1-A)	1	1		52A-101		
3	전차선인류봉 - φ16×1000(DR-1-B)	2	2	1	52A-101		
2	활차 - 2 t - A형	1	1	1	61A-101		
1	주밴드 - 지선 및 인류용 2 호	1	1	1	11A-202		

명칭	자동장력조정장치	도면번호	OF - 3501A
	(활차식 일괄조정 - 2t - A 형)	참 조	

Type a.

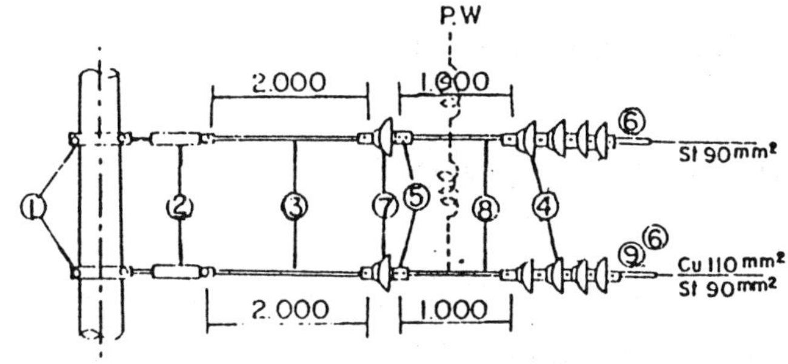

Type b.

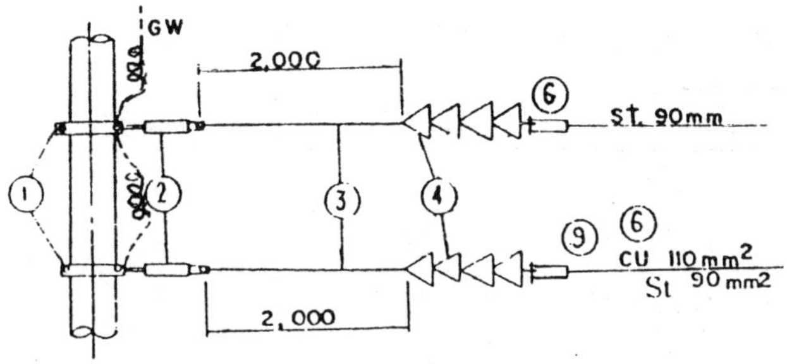

※표의 ( )내 숫자는 GT 110㎟대신 St 90㎟ 사용시

기호	품명 및 형상	수량 a	수량 b	OF - No	비고
9	전선연결금구 - WT형	1(0)	1(0)	41A - 301	
8	전차선인류봉 φ16×100 (DR-1-A)	2	-	52A - 101	
7	현수애자 φ250	2	-	52A - 101	
(6)	전선연결금구 - B형 (st 90㎟용)	1(2)	1(2)	42A - 101	
5	애자연결금구 H형 1호	2	-	43A - 101	
4	현수애자 φ250	8	8	52A - 101	
3	전차선인류봉 φ16×2000(DR-1-C)	2	2	52A - 101	
2	와이어턴버클 (L - 4형)	2	2	62A - 101	
1	전철용밴드 - 지선 및 인류용 2호	2	2	11A - 202	

명칭	전차선 인류장치	도면번호	OF - 3601A
	(Ta, Tb)	참 조	

3. 인류장치

① 조가선 및 전차선의 인류장치는 전주 또는 콘크리트벽 등에 견고히 인류한다.

② 인류장치는 표준도 OF-3601A에 의한다.

4. Pre-stretch(영구신장조성)

① 자동장력조정장치를 가진 조가선 및 전차선은 늘어남을 적게 하기 위하여 프리스트레치(Pre-stretch)를 시행한다.

② 프리스트레치를 시행할 경우의 장력과 시간은 표 9에 의한다.

표 9 연구신장조성에서 장력과 시간

구 분	종별[mm²]	과장력[kg · f]	시간[분]	
전차선	Cu 170[mm²]	2,500	30	
	Cu 150[mm²]	2,000	30	
	Cu 110[mm²]	2,000	30	
	Cu 150[mm²]	운전장력의 150[%]	72시간	신설선
	Cu 110[mm²]			
조가선	St 135[mm²]	3,000	10	
	St 90[mm²]	1,600	10	
	CdCu 70~80[mm²]	1,500	10	
	Bz 65[mm²]	1,500	10	
	CdCu 70[mm²]	운전장력의 110[%]	10	신설선
	Bz 65[mm²]			

5. 흐름방지장치

활차식 자동장력조정장치를 인류구간의 양단에 설치한 경우로서 곡선, 구배 등의 선로조건에 의한 합성전차선의 흐름이 특히 클 우려가 있을 때는 다음에 의한

흐름방지장치를 설치한다.

① 인류구간의 중간지점에 설치하여 전선의 이동을 억제한다.
② 흐름방지장치는 전선의 강하 등에 의하여 운전에 지장이 없도록 전선의 이도, 가고 등을 선정한다.
③ 흐름방지장치의 구조는 표준도 OF-3701A 또는 OF-3702B, 3703B에 의한다.(부도 참조)
④ 신형 스프링 밸런서 KRSB를 설치하는 인류구간은 흐름방지장치를 생략할 수 있다.

4.5 구분장치

1. 구분장치의 종류 및 사용구분

구분장치의 종류 및 사용구분은 표 10에 의한다.

표 10 구분장치의 종별과 사용구분

<table>
<tr><th>구분</th><th>종별</th><th colspan="2">세목</th><th>사용구분</th><th>속도 [km/h]</th><th>비고</th></tr>
<tr><td rowspan="9">전기적구분</td><td>에어섹션 (Air Section)</td><td colspan="2"></td><td>동상의 본선구분용, 흡상변압기 및 직렬 콘덴서용</td><td>120</td><td>R-Bar or T-Bar 공통</td></tr>
<tr><td rowspan="4">애자섹션 (Section Insulator) (동상섹션)</td><td colspan="2">현수애자제</td><td>동상 상, 하선 및 측선구분</td><td>45</td><td>S형(수도권 현수애자제)</td></tr>
<tr><td colspan="2">장간애자제</td><td>—〃—</td><td>85</td><td>A, B, C, D형</td></tr>
<tr><td rowspan="2">수지제</td><td>FRP제</td><td>—〃—</td><td>85</td><td>F, FE형</td></tr>
<tr><td>GFI제</td><td>—〃—</td><td>200</td><td>G형, FR형, FS형</td></tr>
<tr><td rowspan="3">절연(이상) 구분장치 (Neutral Section)</td><td colspan="2">2중 절연방식</td><td>이상구분</td><td>200 이상</td><td>고속철도</td></tr>
<tr><td rowspan="3">수지제</td><td>FRP제</td><td>이상구분</td><td>120</td><td>수도권 22[m](전동차)
산업선 8[m]</td></tr>
<tr><td>GFI제</td><td>이상구분</td><td>120</td><td>산업선 40~50[m]</td></tr>
<tr><td>교·직절연 구분장치</td><td>FRP제</td><td>교류·직류구분</td><td>110</td><td>60~66[m]</td></tr>
</table>

구분	종별	세목	사용구분	속도 [km/h]	비고
전기적 구분	비상용 섹션 (Emergency Section)	역구내 (에어섹션) 구내구분 (애자삽입)	사고시 긴급구분용	120	상시는 전기적으로 접속
기계적 구분	에어조인트 (Air Joint)	본선구분	합성전차선 평행설비장치	120	전기적으로 접속
	R-Bar 신축장치 (Expansion Element)	본선구분	강체전차선 평행설비장치	160	전기적으로 접속 R-Bar 구간
	T-Bar조인트 (Expansion Joint)			130	T-Bar 구간

주 ① 에어섹션장소의 MT용 애자설치는 아래 그램에 의한다.
② 현재 수도권용 애자섹션(S형)은 앞으로 사용하지 않는다.

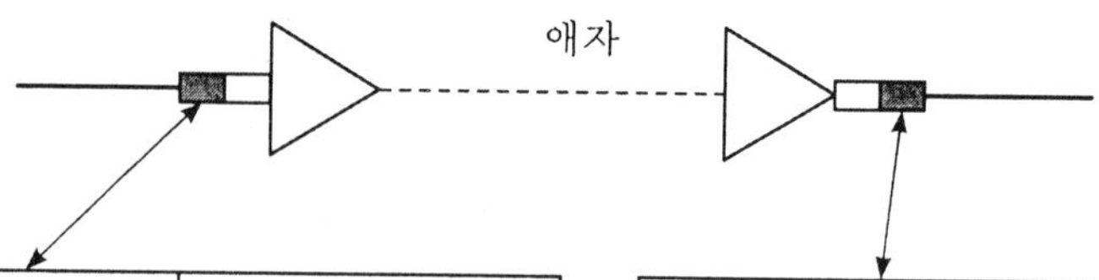

M	St 90[mm²] St 135[mm²]	B 금구
T	Cu 110[mm²] Cu 170[mm²]	Wire Terminal

M	St 90[mm²] St 135[mm²]	BS금구
T	Cu 110[mm²] Cu 170[mm²]	Wire Terminal Strape부

2. 에어섹션(Air Section)

에어섹션의 시설은 다음에 의한다.

① 평행부분에서 전차선 상호의 이격거리는 300[mm]를 원칙으로 하고 부득이 한 경우에는 250[mm]까지 단축할 수 있다. 다만, 직류구간은 200[mm]까지

단축할 수 있다.

② 구분용 애자의 하단은 본선의 전차선 높이에서 200[mm] 이상 올린다.

③ 평행부분은 경간이 50[m] 이상의 곳에 시설한다. 다만, 50[m] 미만인 경우는 2경간 이상으로 한다.

④ 계통이 다른 가압부분 상호는 가동 브래킷 등의 이동을 고려하고 상시 ①항의 이격거리를 유지한다.

⑤ 평행부분의 동일 급전계통에 속하는 전차선과 조가선의 사이에는 상호 균압장치를 한다.

⑥ 무가압 부분의 조가선과 전차선은 상호 균압한다. 또, 이것은 근접하는 가압부분의 조가선도 상호 균압한다.

⑦ 에어섹션의 구조는 표준도 OF-3403A에 의한다.(부록 참조)

3. 애자섹션(Section Insulator)

애자섹션의 설비는 다음에 의한다.

① 건넘선에 설치하는 애자섹션은 본선을 통과하는 팬터그래프에 지장이 없도록 본선의 궤도중심면에서 될 수 있는 한 이격한다.

② 애자섹션은 합성전차선 또는 전차선의 장력을 자동조절할 경우에 두드러지게 변형되지 않도록 설비한다.

③ 애자섹션의 설비는 표준도 OF-3405A, 3406A 및 3407B에 의한다.(부도 참조)

④ 애자섹션의 종류는 표 11과 같다.

표 11 애자섹션형 구분

· 장간애자제(독일제, 산업선)

부속품 \ Type	A	B	C	D	비 고
활차 달대	무	유(1)	무	유(1)	
아아킹 혼	무	무	유(4)	유(4)	미끄럼대 및 본체
걸이 애자	유(2)	유(2)	무	무	

· S형 : 현수애자제(수도권, 일본제 빔에 현수식으로 설치)

· F형 : FRP제(수도권, 일본제 다이아몬드형 2[m])
· FE형 : FRP제(영국제, 다이아몬드형, 측선용)
· G형 : G, F제(프랑스제, 고속도용)
· FR형 : FRP제(스위스제, R-Bar용)
· FS형 : G, F제(스위스제, 절연봉 2개)

4. 이상절연구분장치(Dead Section or Neutral Section)

절연구분장치 또는 이상절연구분장치는 사구분장치(Dead Section)라고도 하며, 그 설비는 다음에 의한다.

① 교류이상 구분용의 이상절연구분장치 길이는 8[m]로 하고, 교·직류 구분용의 길이는 50[m]로 한다. 다만, VVVF 차량운행 선구는 22[m] 및 66[m]로 한다. 66[m]는 교·직 구분용으로 2중 팬터그래프 전동차, 연속연결 운행구간용이다.(4호선)

② 이상절연구분장치를 갖는 인류구간의 길이는 600[m] 이하의 일단조정을 원칙으로 한다. 다만, 흐름방지장치를 갖는 인류구간은 흐름방지장치도 인류장치로 본다.

③ 이상절연구분장치의 양단에서 조가선과 전차선과의 사이는 상호 균압한다.

④ 이상절연구분장치는 FRP절연방식, 이중절연방식, PTFE절연방식 중 선로 조건, 차량조건 등을 면밀히 검토하여 선정한다. 또한, 강체가선구간은 Air Gap식을 선택할 수 있다.

㉠ FRP절연방식 : 교류 전철화 구간의 이상(異相) 전원을 구분하기 위해 변전소의 급전 인출구 및 급전 구분소의 급전 인출구 등의 이상 전원 접속 장소에서는 이상 전원의 상호 접촉을 방지하기 위해 전차선을 전기적으로 분리해야 한다.

기존 사용하고 있는 절연구분장치는 FRP절연체 2[m]를 조합하여 22[m]로 사용하며 FRP절연구분장치(22[m])는 자체의 중량과 재질의 경질화로 집전상 경점으로 작용하여 집전 성능이 나빠짐은 물론 팬터그래프 접동판의 마모 촉진과 파손 사고의 원인이 되기도 한다. 속도가 향상되면 압상량이 증가하게 되며 이로 인하여 구분장치에 응력이 가해져 피로 손상의 위험이

크다. 열차 속도가 향상되면서 절연 구간 통과시 속도제한 없이 원활한 팬터그래프의 접촉 상태를 양호하게 유지하기 위해서는 기존선에 적용되어 사용된 FRP제를 사용할 경우에는 수명이 비교적 짧고 주기적인 보수 점검 등으로 시설의 maintenance free에도 역행하는 결과를 초래하게 된다.

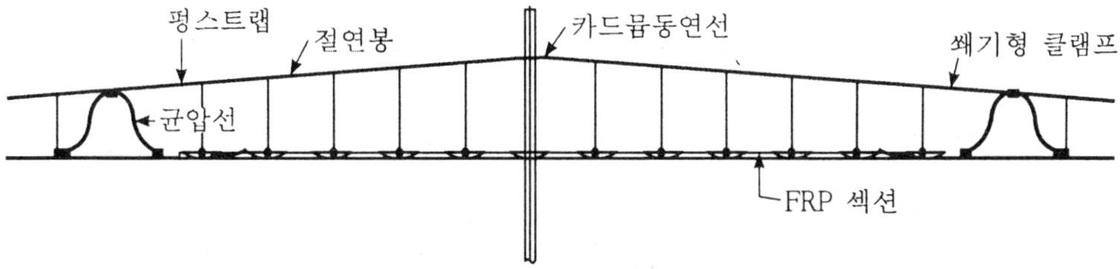

그림 3 FRP구분장치(기존 구간 사용)

㉡ 이중절연방식 : 이중절연방식의 구조는 에어 섹션을 이중으로 설치하여 절연구분장치 장소에 절연체를 사용하지 않고 전차선만으로 구성되므로 전차선 구분장치의 경량화로 팬터그래프와 전차선과 상호작용시 다른 두 개의 이상 전원(M상, T상)이 상호 접촉되지 않도록 이상 전원간 무가압 중성구간(neutral section : 47[m])을 삽입하고 이 중성구간 양쪽에는 에어섹션을 설치하여 팬터그래프가 A상측 전원에서 중성구간으로 이행하는 순간 집전이 중단되지만 무가압 중성 구간을 통해 다른 전원측인 B전원 에어섹션 평행구간으로 이행하여 집전함으로써 전기적으로는 순간적으로 단전되나 기계적으로는 완전 연속성으로 접동할 수 있도록 구성되어 있다. 이 장치는 절연체를 사용하고 있는 구분장치에 비해 발전 개선된 구분장치로 기능상으로나 운용 보수상으로 볼 때 시설의 maintenance free에 크게 기여할 것으로 판단되므로 고속화 구간에는 이 장치의 사용이 적합할 것으로 판단된다. 다만 기존선 구간의 전철화인 경우 선로 조건이 곡선이 많고 구배가 클 경우 절연구분장치의 길이가 길기 때문에 장소를 선정하는데 문제점이 있다. 특히 이중절연방식구간의 조가선을 아크발생에 따른 단선 사고 방지를 위하여 피복 조가선을 사용하여야 하는데 수요가 적어 우리나라에서는 생산되지 않고 있다. 또한 나선과 피복선을 특수한 접속 클램프를 사용하여 접속하는데 외자재로 도입해야 하는 어려움이 있다.

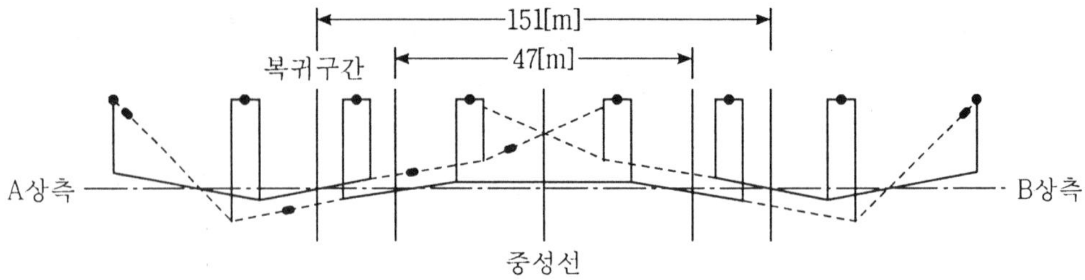

그림 4 이중절연방식(고속철도) : 2중 Over Lap

㉢ PTFE TYPE 절연방식 : 최근 유럽을 중심으로 개발되어 사용하고 있으며 차량의 특성(한국의 경우 double 팬터그래프)에 맞게 제작된 절연 접촉부가 PTFE type(테프론제)으로 되어 유지 보수성과 속도 향상에 적합하다. 러시아 철도기술연구소인 VNIZht에서 개발하여 최고 열차 속도 300[km/h]에 사용되고 있으며 다음과 같은 특징이 있다.

· 접촉판에 의한 마모 및 환경오염을 방지하기 위하여 절연봉 외피를 PTFE(테프론제)를 사용하여 제작

· 아크 소호(arc-extinguish)를 위한 아킹 혼 등의 최적 설계로 인해 최대 1초 이하의 아크 소호

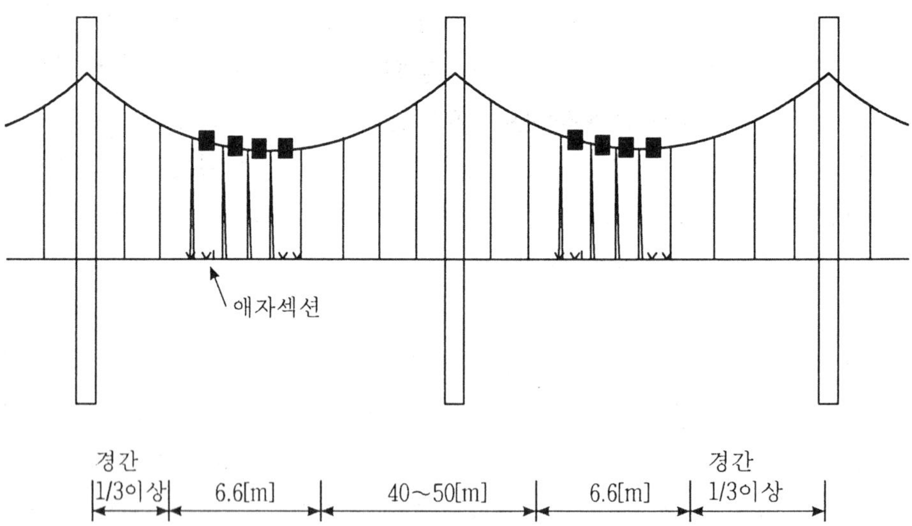

그림 5 AC 이상용 절연방식 설치 일반도

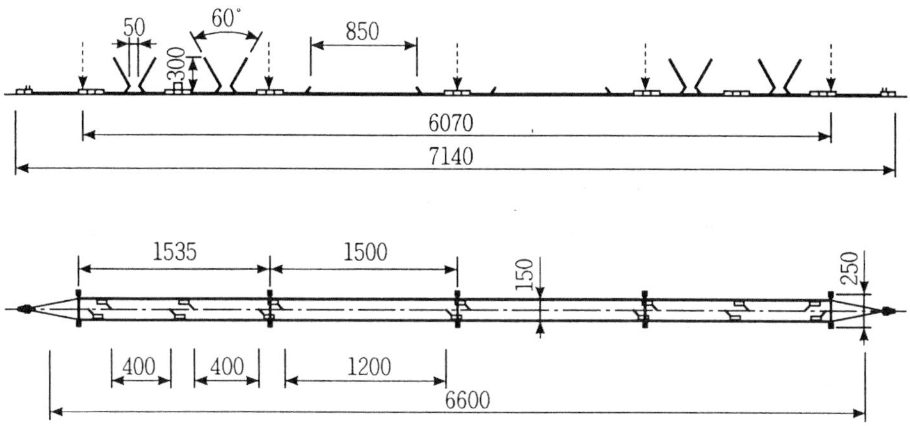

그림 6 PTFE type 절연방식

⑤ 이상절연구분장치의 구조는 표준도 OF-3401A, 3402A 및 3410B~3414B에 의한다.(부도 참조)

5. 비상용 섹션(Emergency Section)

비상용 섹션의 설비는 다음에 의한다.

① 비상용 섹션은 재해 또는 사고시에 전차선을 전기적으로 구분할 필요가 예상되는 장소에 설치한다.

② 정거장 사이에서 비상용 섹션은 부스터 섹션(Booster Section) 또는 에어조인트(Air Joint) 장소에서 **에어섹션**에 준하여 시설한다. 또, 정거장 구내에서도 **애자섹션**에 준하여 시설한다.

6. 에어조인트(Air Joint)

에어조인트의 설비는 다음에 의한다.

① 평행부분에서 합성전차선의 간격은 150[mm]로 한다. 다만, 부득이한 경우 100[mm] 까지 할 수 있다.

② 평행부분의 조가선 상호, 조가선과 전차선 상호간 및 전차선 평행부분의 양단은 커넥터로 균압한다.

③ 커넥터의 리드선은 적당한 여유를 두고, 수하(垂下)되도 팬터그래프에 지장이 없도록 설치한다.

④ 지지점에서 전차선의 인상 높이는 약 300[mm]로 하고, 접속금구등은 팬터그래프의 통과에 지장없도록 시설한다.

⑤ 평행부분의 경간은 40[m] 이상으로 하고, 40[m] 미만의 경우에는 2경간으로 구성한다.

⑥ 에어조인트의 설비는 표준도 OF-3404A에 의한다.(부록 참조)

제 5 장

급전선로 및 귀선로

5.1 급전선로

1. 급전선의 선종 및 표준장력

① 급전선에 사용하는 전선은 전기차의 부하특성 등 운전조건과 공해 · 기후 · 구조물 및 기타조건 등을 고려하여 채택하고, 그 사용 온도가 허용최고 온도 범위 이내를 유지하여야 한다.

② 염해지역 및 공해지역과 강풍구간에는 경동연선 또는 이와 동등이상의 선종을 사용한다.

③ 급전선에 사용할 선종과 표준장력은 표 1과 같다.

표 1 급전선의 선종과 표준장력

선 종[mm²]		표준장력[kg]
경동연선	325	1,200
경동연선	200	1,000
경동연선	150	900
경동연선	125	800
경동연선	100	600

선 종[mm²]		표준장력[kg]
경알루미늄연선	510	700
경알루미늄연선	300	400
경알루미늄연선	200	250
경알루미늄연선	150	200
경알루미늄연선	95	100
강심알루미늄연선	330	800
강심알루미늄연선	288	900
강심알루미늄연선	200	500
강심알루미늄연선	160	400
강심알루미늄연선	95	200

주 (+40[℃]~－20[℃] 지역 기준)

④ 급전선의 지표상 높이는 최대 이도의 경우 표 2와 같다.

표 2 급전선의 높이

종 별	높 이
도로 횡단 : 도로면상	6[m] 이상
철도 횡단 : 궤도면상	6.5[m] 이상
기타장소 : 지표상	6[m] 이상
건널목 : 지표상	전차선 높이 이상(최소 5[m])
터널, 구름다리, 교량 등 : 궤도면상	부득이한 경우 3.5[m] 이상

2. 급전선의 접속

급전선의 접속은 다음에 의한다.

① 급전선의 접속은 압축에 의한다.

② 급전선의 접속위치는 원칙적으로 경간내에서 하지 않으며 Jumper선에서 하고 부득이한 경우 지지점에서 2[m] 이상 이격한다.

③ 급전선의 접속점에는 필요에 따라 온도인식표를 설치한다.

3. 급전분기장치

급전분기장치의 설치는 다음에 의한다.

① 급전분기선에는 100[mm^2] 이상의 동연선 또는 이와 동등이상의 성능을 가진 전선을 사용한다.
② 급전분기선과 전차선의 접속은 자동장력조정장치의 기능을 저해하지 않도록 시설하고 커넥터로 조가선과 전차선을 균압한다.
③ 급전계통이 다른 급전선의 가압부분 상호간은 1,200[mm] 이상 이격한다.
④ 조가선과 급전분기선은 클램프로 접속한다.
⑤ 급전분기장치의 구조는 표준도 OF-4201A~4203A에 의한다.(부록 참조)

5.2 귀선로

1. 중성선(NW), 흡상선(CNF) 및 부급전선(NF)

(1) 중성선(NW)

중성선의 설비는 다음에 의한다.

① 단권변압기의 중성점과 임피던스 본드의 중성점을 가교 폴리에틸렌 절연전선 100[mm^2] 2조로 접속한다.
② 중성선은 임피던스 본드의 중성점에 견고히 설치하고 궤도회로에 지장이 없도록 시설한다.
③ 중성선을 지중에 매설할 경우에는 트로프(trough) 또는 관로에 수용하고, 궤도밑을 횡단할 경우에는 노반면보다 750[mm] 이상 깊게 매설한다.
④ 중성선은 지면에서 2[m] 높이까지 절연관 등으로 보호한다.

(2) 흡상선(CNF)

① 흡상선은 흡상변압기 설치간격의 중앙에서 복궤조식은 임피던스 본드의 중성점에 접속하고, 단궤조식은 귀선 레일과 부급전선을 접속한다.

② 시설 방법은 중성선(NW)에 준하여 시설한다.

(3) 부급전선(NF)

① 부급전선의 선종과 표준장력은 표 3과 같다.

표 3 부급전선의 선종과 표준장력

선 종		표준장력
비닐 절연 경알루미늄 연선	250[mm^2]	300[kg]
경 알루미늄 연선	200[mm^2]	250[kg]
경 알루미늄 연선	95[mm^2]	100[kg]
경동연선	150[mm^2]	900[kg]

제 6 장

섬락보호설비

1. 섬락보호방식의 적용

단권변압기 방식에서는 보호선방식을 적용하고 승강장 구간에는 섬락보호지선 방식을 병용한다. 섬락보호방식은 2중 절연방식으로 할 수 있다.

더구나, 기기 등의 지지대 및 지지프레임 등으로 보호선방식의 채용이 곤란한 경우에는 단독접지방식으로 할 수 있다.

2. 보호선용 접속선(CPW)

보호선용 접속선은 단권변압기 설치간격의 약 중앙지점에서 보호선과 임피던스 본드의 중성점을 600[V] 가교 폴리에틸렌 절연전선 100[mm^2] 1조로 접속하고, 시설은 제5장 **중성선**에 준한다.

주 지락사고시 신호설비를 보호하기 위해서 2~3]km] 간격으로 증설치한다.

3. 보호선(PW)

보호선의 설비는 다음에 의한다.

① 보호선은 단권변압기 설치위치의 약 중앙지점에서 CPW(보호선용 접속선)로 귀선 레일에 접속하고, 그 단말은 NW(중성선)로 단권변압기의 중성점에 접속한다.

② 보호선에는 경알루미늄 연선 95[mm^2]을 사용하고 표준장력은 100[kg]로 한다.

③ 보호선의 접속은 압축접속으로 하고, 180[mm] 현수애자로 절연한다.

④ 철주를 연속적으로 사용하는 구간은 비절연보호선으로 하고 매설공동접지를 병용한다.

주 앞으로 보호선은 경동연선 75[mm^2] 사용을 원칙으로 하고, 비절연보호선방식을 채택한다.

4. 섬락보호지선(GW)

섬락보호지선의 설비는 다음에 의한다.

① 섬락보호지선에는 경동연선 38[mm^2] 이상을 사용한다. 또한 경알루미늄 95[mm^2]를 사용할 때는 **보호선**에 준한다.

② 합성전차선 등의 가압부분과 이격거리는 1,200[mm] 이상으로 하고 고저압 가공선 및 통신선 등의 병가전선과의 이격거리는 0.5[m] 이상으로 한다.

③ 약 1[km] 마다 구분하여 접지저항 10[Ω] 이하로 접지하고, 그 대략 중앙 지점에서 보안기를 통하여 부급전선 또는 보호선, 섬락보호지선에 접속한다.

주 당초(1972~1974) 건설시에 ACSR 40[mm^2]를 사용하였으나 앞으로는 Cu 38[mm^2] 사용을 원칙으로 한다.

5. 애자보호선

애자보호선에는 ACSR 40[mm^2]를 사용하여, 알루미늄 보호선(PW)에 접속은 PG클램프로 하고, 기타는 권부 또는 압착단자로 접속한다. 다만, 2중 절연방식에 한한다.

주 애자보호선의 선종은 보호선과 같은 재질로 한다.(PW가 Cu 75[mm^2]인 경우 Cu 38[mm^2] 사용)

6. 지락도선

지락도선은 애자보호선과 지락유도선을 포함하며, 부급전선, 보호선 및 섬락보호지선의 선종에 따라 다음에 의한 설비를 한다.

① 부급전선 등이 Al 계통인 경우 : ACSR 40[mm^2]
② 부급전선 등이 Cu 계통인 경우 : Cu 38[mm^2]

7. 접지장치

접지장치의 설비는 다음에 의한다.

① 제1종 접지장치는 가공지선 및 기기 등에 설비한다.
② 제3종 접지장치는 철주, 보호망 및 합성전차선을 지지하는 교량, 과선교 등의 금속부분에 설비한다.
③ 접지극은 신호기기 및 약전 케이블 등으로부터 될 수 있는대로 이격하여 설치한다.
④ 접지장소에는 매설도체의 직상(直上)에 접지도체 매설표를 설치한다.
⑤ 접지장치의 설비는 표준도 OF-7201에 의한다.(부도 참조)

8. 고드름 보호설비

고드름의 발생이 예상되는 장소에서는 플라스틱, 시멘트 등의 도포 또는 조가선 보호금구 · FRP관 등으로 조가선을 보호한다.

주 특고절연 Tape(3M)로 조가선을 보호한다.

제 7 장

제설비

7.1 장치등

1. 인출설비

인출설비의 구조는 표준도 OF-4101A에 의한다.(부도 참조)

2. 단로기

단로기의 설비는 다음에 의한다.

① 단로기는 되도록 전용부지내에 설비하고 또한 용이하게 사람이 접촉하지 않는 위치에 설치한다.
② 단로기는 되도록 집중해서 설치하도록 한다.
③ 단로기 단자 및 칼날에는 필요한 온도인식표를 설치한다.
④ 단로기의 구조 및 설치는 표준도 OF-6201A에 의한다.

3. 직류유류저지설비

① 직류운전구간의 전류가 궤도회로에 지장을 줄 우려가 있는 장소에는 직류유

류저지설비를 설치한다.

② 직류유류저지설비는 부도 31에 의한다.(표준도에 없음)

③ 임피던스 본드 설치 궤도회로에는 설치할 필요가 없다.

7.2 표지류

1. 전차선가선종단표지

① 전차선 가선종단표지는 다음 장소에 설치한다. 다만, 당해장소에 차막이 표지가 있는 경우는 예외로 한다.

㉠ 본선의 가공전차선의 종단

㉡ 차량입환이 빈번한 측선의 가공전차선의 종단

㉢ 전호 ㉠, ㉡ 이외에 특히 필요하다고 인정되는 가공전차선의 종단

② 전차선 가선종단표지는 선로의 좌측에 설치함을 원칙으로 하고 그 형상 및 치수는 표준도 OF-111-103에 의한다.

2. 전차선 가선절연구간(사구간)표지

① 전차선 가선절연구간표지는 가공전차선의 교류 가압구간에서 이상접속장소 또는 교류가압구간과 직류가압구간의 접속장소에서 가공전차선로의 시단에 설치한다.

② 전차선 가선절연구간표지는 선로의 좌측 레일면상 3.5[m] 위치에 설치함을 원칙으로 하고, 그 형상 및 치수는 표준도 OF-111-104 및 105에 의한다.

3. 전차선 구분표지

① 구분장치(Neutral Section을 제외)에는 그 소재를 승무원에게 경고할 필요가 있는 경우에 전차선 구분표지를 설치한다.

② 전차선 구분표지는 구분장치의 시단에 승무원이 용이하게 알 수 있도록 될 수 있는대로 선로의 좌측에 설치하고 그 형상과 수치는 표준도 OF-111-110

에 의한다.

4. 전차선 절연구간 예고표지

① 전차선 절연구간 예고표지는 가선절연구간표지의 400[m] 전방에 설치한다.

② 전차선 절연구간 예고표지는 승무원이 용이하게 알 수 있도록 될 수 있는 대로 선로의 좌측 레일면상 3.5[m] 위치에 설치함을 원칙으로 하고, 그 형상과 치수는 표준도 OF-111-106에 의한다.

5. 타행표

① 타행표는 가공전차선의 교·직 절연구간의 150[m] 내지 200[m] 전방에 설치하고, 교·교 절연구간의 경우에는 100[m] 내지 200[m] 전방에 설치한다.

② 타행표는 승무원이 용이하게 알 수 있도록 될 수 있는대로 선로의 좌측 레일면상 3.5[m] 위치에 설치함을 원칙으로 하고 그 형식은 표준도 OF-111-107에 의한다.

6. 역행표

① 역행표는 가공전차선 절연구간의 후방에서 전동차의 경우는 열차장에서 10[m]를 더한 위치에, 전기기관차의 경우에는 20~30[m]의 위치에 설치한다. 다만, 고속철도 운행구간은 열차장에 30[m]를 더한 곳에 설치한다.

② 역행표는 승무원이 용이하게 알 수 있도록 될 수 있는대로 선로의 좌측 레일면상 3.5[m] 위치에 설치함을 원칙으로 하고, 그 형식은 표준도 OF-111-108 및 109에 의한다.

7. 전주번호표

① 전주에는 궤도쪽으로 레일면에서 약 2.5[m](지하구간은 3[m]) 위치에 전주번호표를 설치하고, 그 형식은 표준도 OF-111-101 및 102에 의한다.

② 설치위치는 다음에 의한다.(원형전주 기준)
㉠ 정거장구내는 선로와 직각방향으로 붙인다.
㉡ 복선구간에는 열차의 진행방향에 대하여 30°~45°의 방향에 설치한다.
㉢ 단선구간에서는 홀수는 기점방향, 짝수는 종점방향으로 설치한다.(30°~45° 방향) 다만, 철주의 경우 전주번호 설치방향은 90° 방향

8. 건널목 주의표

① 건널목 주의표는 건축한계에서 전주도괴거리 이상 이격하여 설치한다. 이 경우 건널목 보안장치에 지장이 없도록 한다.
② 차마의 통행에 의한 손상을 받지 않을 위치로 한다.
③ 각 형식은 표준도 OF-111-115 및 116에 의한다.

7.3 보호설비

1. 보호망, 보호판·관

① 과선교 및 도로접근 장소에는 필요에 의해 보호망 또는 보호판·관을 설치한다.
② 그 표준 구조는 표준도 OF-7301에 의한다.

7.4 기 타

1. 가선금구류

가선금구, 전주 밴드, 완철, 문형완철 및 중추 등의 구조는 표준도 부록편에 의한다.

부도31도 직류유류저지장치 배선도

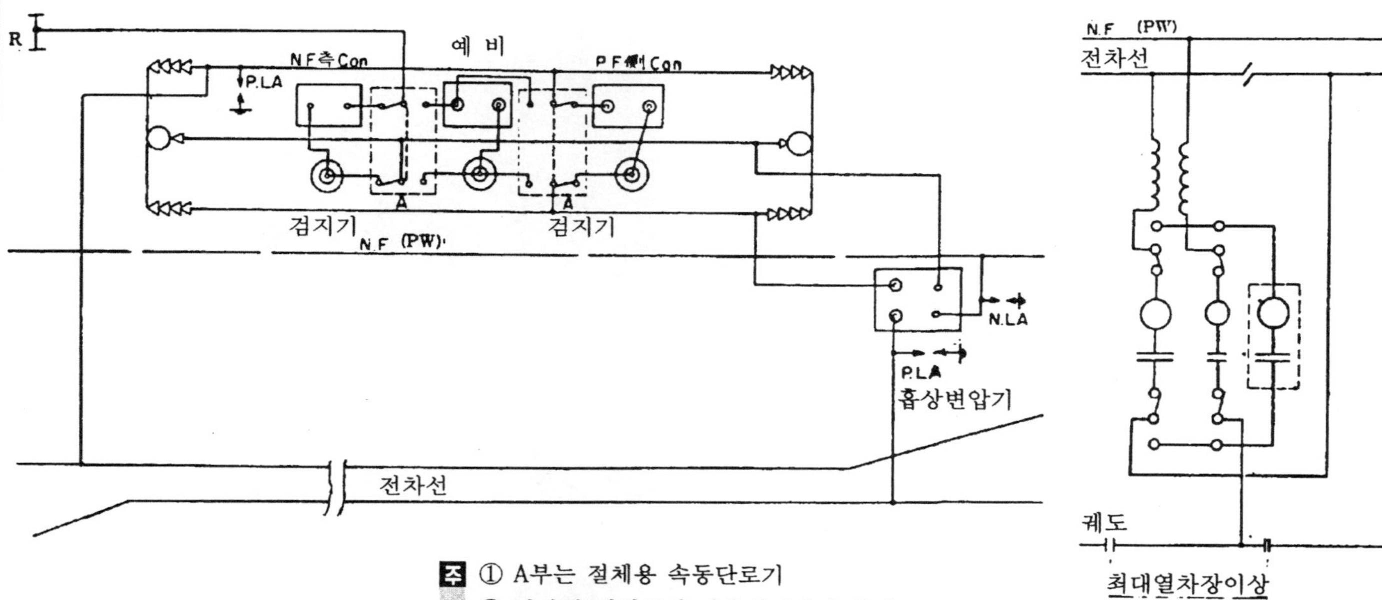

주 ① A부는 절체용 속동단로기
② 기타의 설비로서 다음의 2점이 있다.
A. 계전기
B. 계전기측 전원변압기

제 8 장

검사 및 시험

1. 도보검사

도보검사는 전차선로 설비를 도보로 육안검사를 시행하는 것을 말하며 다음 시설물에 대하여 시행한다.

① 지지물(전주, 지선, 빔, 기타) 설치상태
② 전차선, 급전선 가선 및 이격거리 확보상태(육안점검)
③ 터널내 케이블 포설 및 지지상태

2. 입선검사

입선검사는 선로를 차단하여 전차선로 설비를 모터카 타워에서 정밀점검을 시행하는 것을 말하며 다음 시설물에 대하여 시행한다.

① 전차선, 급전선과 접지측과의 이격거리
② 전차선 높이, 편위 상태, 기울기 상태
③ 건넘선, 평행구간 및 구분장치 설치상태
④ 흐름방지 장치 및 각종 지지금구류 설치상태
⑤ 브래킷 설치 상태(온도에 맞는 회전각도설정, Type(형)의 적정, 조립의 적정 등)

3. 가압전 전철 시험동차 운행

가압전 전철 시험동차 운행은 도보검사 및 입선검사 시행후 전차선에 가압하기 전 시험동차를 운행하는 것으로 전차선 높이 및 편위측정을 시행한다.

4. 케이블(AF) 절연저항측정 및 내전압시험

케이블의 절연저항 측정 및 내압시험으로 급전케이블 이상 유무를 확인하기 위한 시험이며 다음과 같이 시행한다.(전기설비기술기준 제16조)

① 절연저항 측정 : 5,000[V] 메가 사용
② 내전압시험 : 최대시험전압 AC - 55[kV]×1.25 =68.75[kV]
DC - 55[kV]×1.25×2=137.5[kV]
③ 내전압 10분간 가압, 누설전류 측정

5. 전차선, 급전선 절연저항측정 및 내전압 시험

전차선 및 급전선을 SS, SP, SSP로 구분하여 절연저항 측정 및 내전압 시험으로 전차선, 급전선의 이상유무를 확인하기 위한 시험이며 다음과 같이 시행한다.

① 절연저항 측정 : 5,000[V] 메가 사용
② 내전압 시험
㉠ 전차선 DC - 27.5[kV]×1.25×2=68.75[kV]
㉡ 급전선 DC - 55[kV] ×1.25×2=137.5[kV]
㉢ AC 내압측정인 경우 최고 사용전압의 1.25배
③ 내전압 10분간 가압

6. 전차선로 실가압시험

전차선로에 실제 가압하는 시험으로 다음 단계별로 가압을 시행한다.

① 1단계 : S/S MTR 가압 → 89FL(2FH) 투입 → 52FZ(2F) 투입

② 2단계 : SSP GIS 투입

③ 3단계 : SP 수전단 확인

7. 전철 시험 동차 운행(전차선로 실가압 운행)

전차선로에 실가압한 후 전철 시험 동차를 운행하여 전차선로의 높이, 편위 및 이선현상 등을 점검한다.

8. 전차선로 급전절체

변전소 고장에 대비하는 연장급전 시험으로 1개변전소 정전후 SP 차단기를 투입하여 연장 급전을 시행한다.

9. 전차선로 사용전 검사의 검사항목 및 검사내용

검사내용 및 검사기준	검사기준	비 고
1. 급전선 보호선(케이블)		
가. 케이블의 절연저항 및 내압시험	- 전기설비기술기준 제16조 등에 의거	
나. 접속지점 및 단말처리부분 외관 점검	- 육안점검(적, 부)	
2. 급전선 등 가공전선로 검사(전차선, 조가선 제외)		
가. 가공전선의 이도 측정	- 이론계산치에 의거	
나. 타전선과의 이격거리 측정	- 시설기준 전차선로 절연이격거리에 의거	
다. 지장수목 및 횡단전선로	- 육안점검(적, 부)	
라. 접속지점 적정여부	- 필요시 탐상 점검	
마. 팬터그래프와 급전선과 이격거리 측정	- 550[mm] 이상	

검사내용 및 검사기준	검사기준	비 고
3. 합성전차선		
가. 편위점검 : 지지점 및 필요시 중간지점 측정	- 시설기준 제4장 가공전차선에 의거	
나. 높이점검 : 지지점	- 시설기준 제4장 가공전차선에 의거	
다. 가고측정 점검 : 시설량의 20[%] 시행후 불량률 1[%] 이상시 전구간 재조정 조치	- 시설기준 제4장 가공전차선에 의거	
라. 합성전차선 타전선과, 접지물과 이격거리 측정 ① 급전선 및 합성전차선(필요지점 선정 시행) ② 급전선과 보호선 ③ 급전선과 합성전차선 상호간	- 시설기준 제4장 가공전차선에 의거	
마. 행어 및 드로퍼의 설치간격 측정 : 설치량의 20[%] 발췌측정	- 시설기준 제4장 가공전차선에 의거	
4. 철주(H형 강주, 조립철주, 강관주)		
가. 수직건주 상태 측정	- 수직	
나. 볼트조임토크 점검(시설량의 20[%])	- 11,760[N-cm]	
다. 아연도금 피막두께측정(대상량의 20[%]) 도금손상상태 점검(전량)	- 75[μm] 이상 - 육안점검(적, 부)	
라. 전주기초 외관상태 및 기초강도측정 점검	- 육안점검(적, 부) - 강도측정 점검	
5. 고정빔		
가. 변형 상태 육안점검	- 육안점검(적, 부)	
나. 조립볼트 조임토크점검(시설량의 20[%])	- 5,880[N-cm]	
6. 빔하스팬선		
가. 외관상태 육안점검	- 육안점검(적, 부)	
나. 접속클램프 점검	- 3,920[N-cm]	
7. 피뢰기 검사		
가. 절연저항 측정(5,000[V] 메가)	- 1,000[MΩ] 이상	
나. 외함검사	- 육안점검(적, 부)	

검사내용 및 검사기준	검사기준	비 고
8. 단로기 검사		
가. 접속날 접속상태	- 육안점검(적, 부)	
나. 조작상태	- 동작점검(적, 부)	
9. 절연구분장치(FRP제)		
가. FRP제의 편위	- ±10[mm]	
나. FRP제의 높이	- 전차선 높이에 준함	
다. 설치구간의 구배	- 구배 0[‰]	
라. 설치표준도 준수여부(경간, 사용자재)	- 표준도에 의거	
마. 전차선 단말접속부 조임토크 측정	- 3,430[N-cm]	
바. 조가선 접속클램프 단말접속 상태 점검	- 탐상점검(적, 부)	
사. FRP의 조립상태 점검	- 육안점검(적, 부)	
10. 건넘선 장치		
가. 교차장치 조정 상태 측정 ① 주전차선과 부전차선의 높이차 ② 교차금구의 체결위치 및 볼트조임 토크 점검 ③ 교차드로퍼의 적정장력(양부 검사)	 - 표준도에 의거 - 조임토크 3,920[N-cm]	
나. 모터카 팬터그래프 상태점검	- 육안점검(적, 부)	
11. 가동 브래킷		
가. 가동 브래킷 회전각도 측정 : 20[%] 발췌측정	- 온도변화에 의한 신축량 계산표에 의거	
나. 가동 브래킷 볼트류 조임 토크 측정 : 20[%] 발췌측정	- M16 9,800[N-cm] - M12 7,840[N-cm]	
다. 가동 브래킷 상·하부 밴드간격 측정 : 20[%] 발췌측정	- 표준도에 의거	
라. 수평파이프와 곡선당김금구 설치각도 : 20[%] 발췌측정	- 궁형 11°, 직선형 15°	
12. 전선류 접속지점		
가. 슬리브 접속지점 접속저항 측정	- 도체저항 증가시 재접속	
나. 클램프 볼트 조임토크 점검	- 5,880[N-cm]	
다. 접속부 온도검지 테이브 부착 적정여부	- 육안점검	

검사내용 및 검사기준	검사기준	비 고
13. 장력조정장치		
가. 온도에 의한 X · A 길이 측정 점검 및 기록	- 표준도에 의거	
나. 동작부 구리스 도포 및 동작상태	- 육안점검(적, 부)	
다. 외관상태	- 육안점검(적, 부)	
14. 구분장치(에어섹션)		
가. 에어섹션 중심점의 편위	- ±50[mm]	
나. 에어섹션, 높이(등고점, 지지점)	- 전차선 높이에 의거	
다. 양방향 전차선의 간격(등고점, 지지점)	- 300~250[mm] 또는 시방에 정한 기준	
라. 등고부분의 길이	- 500[mm] 이상	
마. 구분애자와 하부전차선과 높이차	- 200[mm] 이상	
15. 구분장치(에어조인트)		
가. 에어조인트 중심점의 편위	- ±50[mm]	
나. 에어조인트 높이(등고점, 지지점)	- 시설기준에 의거	
다. 양방향 전차선의 간격(등고점, 지지점)	- 시설기준에 의거	
라. 등고부분의 길이	- 시설기준에 의거	
16. 구분장치(애자형섹션)		
가. 애자형 섹션의 편위	± 50[mm]	
나. 애자형 섹션의 높이	- 전차선 높이에 준함	
다. 팬터접동의 지장여부	- 시설기준에 의거	
17. 매설접지설비		
가. 접지선의 매설깊이 검사(2[km]당 1장소) 기록	- 설계도에 의거	
나. 단자함 설치 적정성	- 설계도에 의거	
다. 공용접지선의 상호접속상태	- 설계도에 의거	

제2편

전철설비 표준 그림기호(Symbol)

전철설비 표준 그림기호(Symbol)

제 1 장

(1) 기본 그림기호

번호	명 칭	그림기호	적 요
1-1	직 류		
1-2	교 류		
1-3	도선의 분기	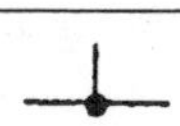	
1-4	도선의 교차		접속하는 경우
1-5	도선의 교차	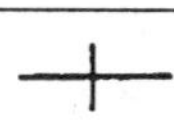	접속하지 않는 경우
1-6	접 지	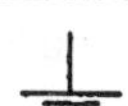	 : 케이스 등에 접속하는 경우
1-7	저항 또는 저항기	(a) (b) 	1. 특히 필요한 경우 산의 수를 바꿀 수 있다. 2. (b)는 특히 무유도를 나타낼 때 사용
1-8	정전용량 또는 콘덴서	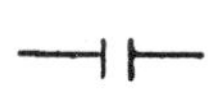	단선도에서 사용하지 않는 선은 생략하고, ⊥로 표시해도 좋다.
1-9	전지 또는 직류전원	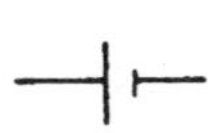	1. 다수연결의 경우는 ┤▮···│▯-로 표시해도 좋다. 2. 극성은 장선을 양극, 단선을 음극으로 한다.
1-10	교류전원		

번호	명 칭	그림기호	적 요
1-11	피뢰기	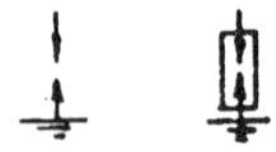	접지할 경우
1-12	방전갭(Gap)		
1-13	개폐기(단로기)	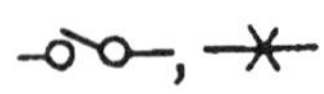	1. Lever 단로기 : L, Hook단로기 : H, 방기 2. 필요에 따라 ⓢ로도 표기한다.
1-14	변압기		몰드형 : M방기

(2) 전선로 지지물 및 부속설비

번호	명 칭	그림기호	적 요
2-1	지지물(일반)	○	목주의 경우 또는 구별할 필요가 없을 때
2-2	철탑(일반)	⊠	필요시 형, 높이 방기
2-3	철탑(삼각)	◬	필요시 형, 높이 방기
2-4	철주(일반)	(a) □ (b) ◉	1. (a)는 4각주의 경우 2. (b)는 강관주의 경우(전차선로에 한함) 3. 일반 강관주의 경우는 ◎로 표시 4. 주재 종별 및 높이 표시 ㉦ㄱ75×400×400×10(끝 숫자는 주장[m]) 5. 4항은 철주의 경우, 공통
2-5	철주(삼각)	△	
2-6	철주(찬넬)	[ ]	
2-7	철주(I 형)	I	
2-8	철주(H형)	[H]	H형강 복합주의 경우 : [HH](2본복주)
2-9	철주(스팬선)	■	1. 스팬선 빔용 4각철주 2. 종별 표시 예 1,000×1,250−H−400×400 (H는 주장[m])

번호	명 칭	그림기호	적 요
2-10	콘크리트주		필요시 주종 및 기초 종별 표시 예 12-6.5-B_2
2-11	A주		필요시 주종 및 기초 종별, 주장 표시(이하 같음)
2-12	인형주		필요시 주종 및 기초 종별, 주장 표시(이하 같음)
2-13	H주		필요시 주종 및 기초 종별, 주장 표시(이하 같음)
2-14	계주		필요시 주종 및 기초 종별, 주장 표시(이하 같음)
2-15	찬넬기초주	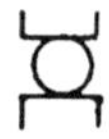	필요시 주종 및 기초 종별, 주장 표시(이하 같음)
2-16	지주	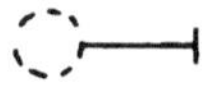	필요시 주종 및 기초 종별, 주장 표시(이하 같음)
2-17	지선지주	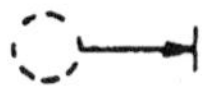	필요시 지주의 주종, 주장 표시
2-18	전주보호		필요시 재질, 규격 방기
2-19	보통지선	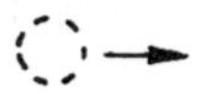	1. 일반적인 표시의 경우에도 적용 2. 필요시 선종, 기초 종별 표시(이하 같음)
2-20	다단지선 (2단 이상)	(a)  (b) 	1. 2단을 표시, 3단의 경우 : →>>> 2. (b)는 전차선로에 한한다.
2-21	지선(V형)		전차선로에 한한다.
2-22	수평지선	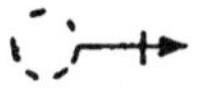	필요시 수평의 길이, 선종 및 지주의 주종, 주장 표시
2-23	지선(궁형)		필요시 선종 · 길이 표시
2-24	지선보호		필요시 재질 · 규격 방기
2-25	빔(크로스 단)		1. 일반적인 표시의 경우에도 적용 2. 특히 강관의 경우 P, H형강은 H, 찬넬은 C를 방기 3. 필요시 주재 종별, 길이 표시(이하 같음)

번호	명 칭	그림기호	적 요
2-26	빔(크로스 포)		1. 일반적인 표시의 경우에도 적용 2. 특히 강관의 경우 P, H형강은 H, 찬넬은 C를 방기 3. 필요시 주재 종별, 길이 표시(이하 같음)
2-27	빔(스팬선)		1. 고속용 : HS방기 2. 빔하스팬선이 2선인 경우 D-2W방기
2-28	빔(V형 스팬선)	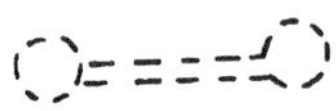	1. 고속용 : HS방기 2. 빔하스팬선이 2선인 경우 D-2W방기
2-29	빔(평면트라스)		1. 특히 라멘을 명시할 경우 R을 방기(이하 같음) 2. 필요시 주재 종별, 길이 표시 3. 특히 주재가 강관의 경우는 P를 방기하던가 다음과 같다. 
2-30	빔(V형 트라스)		1. 특히 라멘을 명시할 경우 R을 방기(이하 같음) 2. 필요시 주재 종별, 길이 표시
2-31	빔(4각농형)	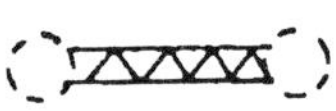	1. 특히 라멘을 명시할 경우는 R을 방기 2. 주재의 종별, 길이 표시, 예 (26.5) 3. 특히 주재가 강관인 경우 P를 방기하던가 다음과 같이 표시 
2-32	스팬선(고정빔하)		필요시 선종 · 길이 표시
2-33	빔(V형 트라스)	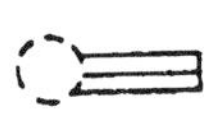	1. V형 고정브래킷, 외팔빔 포함. 2. 주재의 종별 · 길이 표시
2-34	빔(가압)	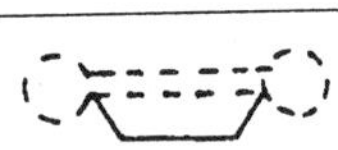	필요시 주재의 종별 · 길이 표시
2-35	고정브래킷	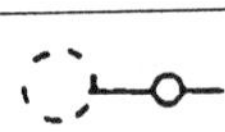	일반고정형
2-45	가동브래킷	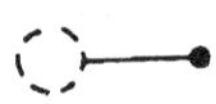	1. 표준형(3.0[m]) 및 3.5 이상 : I.O.F 2. L=2.1[m]형 : I.O.F 3. 표준길이 이외의 것은 길이 표시, 예 (3.5) 4. R-Bar 브래킷 : 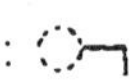

번호	명 칭	그림기호	적 요
2-46	저가고 가동브래킷		1. 표준형(3.0[m], 710[mm]) 2. L=2.1[m]형 : I.O.F 3. 표준길이(3, 2.1[m]) 이외의 것은 길이 표시, 예 (3.5)
2-38	끝굽힘브래킷	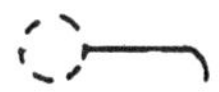	끝굽힘 평면트라스 빔의 경우 : 
2-39	절연가동브래킷	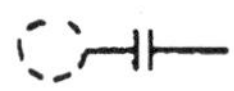	브래킷 길이 표시, 예 (4.5)
2-40	가동브래킷 (고정빔하)		1. 하수강에 설치하는 가동브래킷 2. 2-45 기사 참조
2-41	완철(일반)	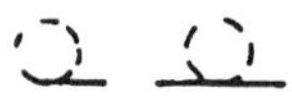	필요에 따라 어떤 선용인지 표기
2-42	완철(인류용)	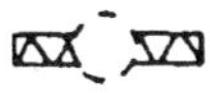	필요에 따라 어떤 선용인지 표기  강관빔  강관빔(복재)
2-43	전주대용물		문형완철 : 2선용 , 4선용 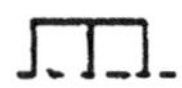
2-44	하수강	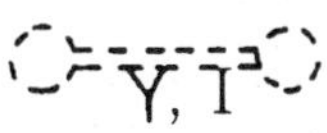	표준길이 이외의 것은 길이 표시, 예 (4.0)

(3) 전차선

번호	명 칭	그림기호	적 요
3-1	무가선구간	—— -- ——	세선
3-2	합성전차선(전차선)	———	1. 필요한 경우 경간중앙 또는 시·종점에 선종표시 예 CdCu 80$^{\square}$−Cu 170$^{\square}$ CdCu 70$^{\square}$−Cu 110$^{\square}$ 2. 무기호의 경우 : CdCu 70$^{\square}$−Cu 110$^{\square}$를 표시 3. 지하철의 경우 시·종점 또는 필요장소에 R-Bar 표시

번호	명 칭	그림기호	적 요
3-3	가선방식별	예 D	S : 심플커티너리 HS : 헤비심플커티너리식 Di : 직조식 I : 경사식 Y : 변Y식 D : 더블심플커티너리식 RB : R-Bar TB : T-Bar
3-4	구분장치(에어섹션)	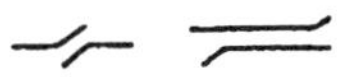	
3-5	구분장치 (비상용 섹션)	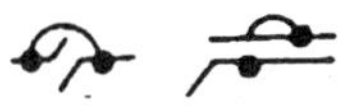	
3-6	구분장치 (에어조인트)		
3-7	구분장치 (동상섹션)	예 A 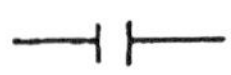	1. S형, 현수애자제(수도권) 2. A형, B형, C형, D형 : 장간애자제(산업선) 3. F형 : F · R · P제(2[m])(수도권) 4. FE형 : F · R · P제(영국산) 5. G형 : G · F제(프랑스산) 6. FR형 : FRP제(스위스산) : R-Bar용 7. FS형 : FRP제(스위스산) : 더블 Rod형
3-8	절연구분장치 사구분장치 (교-교용)	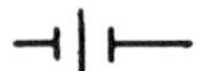 (22)	1. 길이 표시[m]
3-9	절연구분장치 사구분장치 (교-직용)	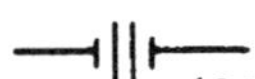 (66)	1. 길이 표시[m]
3-10	자동장력조정장치	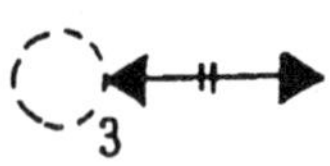	1. M · T 일괄조정(활차식) 2. 수치는 장력(ton)을 표시 다만, 2[t]의 경우 생략을 할 수 있다.
3-11	자동장력조정장치	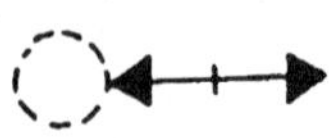	1. 전차선 또는 조가선만의 경우(활차식) 2. T · M 방기
3-12	자동장력조정장치	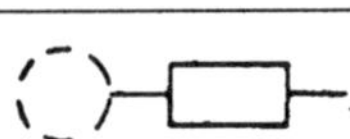	스프링식

번호	명 칭	그림기호	적 요
3-13	인류장치	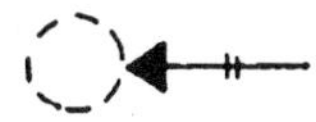	1. M · T 동시 2. 턴버클 사용시 T_2, T_4 등 표시
3-14	인류장치		1. 전차선 또는 조가선만 2. T · M 방기
3-15	흐름방지장치	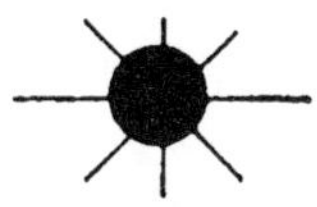	
3-16	교차장소(유효부분)		
3-17	교차장소(무효부분)		
3-18	교차장소		시서스포인트(scissorspoint)
3-19	균압장치	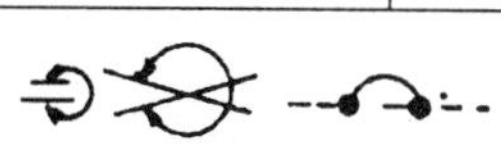 형을 표시한다.	
3-20	보조조가장치	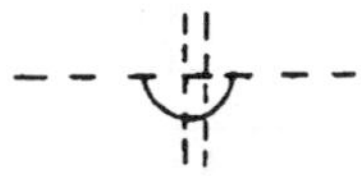	빔하스팬선 가선방식에서 조가선에 보조조가선을 설치하는 장소
3-21	애자삽입	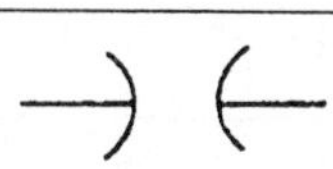	빔하스팬선에 삽입하는 경우 등
3-22	전차선접속 (무효부분)		1. 장력장치, 인류장치 등의 무효부분 2. 무효부분에 조가선 사용시 선종 표시
3-23	전차선접속 (유효부분)		필요시 접속자재 방기
3-24	조가선접속		필요시 접속자재 방기
3-25	곡선당김장치	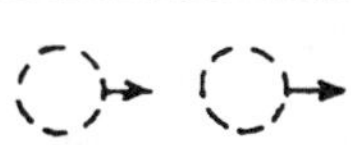	T : 전차선만 당김(보조곡선당김의 경우) M : 조가선만 당김
3-26	건넘선장치		1. A형 또는 B형 기입 2. 필요한 경우 분기기 번호 기입
3-27	진동방지장치(일반)	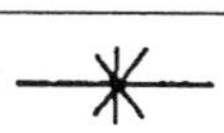	
3-28	진동방지장치 (가동파이프식)	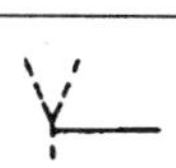	

(4) 급전선 기타

번호	명 칭	그림기호	적 요
4-1	급전선		1. 조수를 기입할 경우는 (…〃…) 등으로 표시 2. 필요에 따라 선종별을 기입
4-2	부급전선 (AT보호선)		1. 필요에 따라 보조부급전선은 세선으로 한다. 2. 필요에 따라 선종을 표시
4-3	비절연보호선		1. FPW(Fault Protection Wire) 2. 필요에 따라 선종 표시
4-4	섬락보호지선 (가공지선)		필요에 따라 선종 표시
4-5	케이블		1. 필요에 따라 AF, NF, PW를 표시 2. 기본선(4-1, 4-2, 4-3)위에 표시[m]
4-6	흡상선	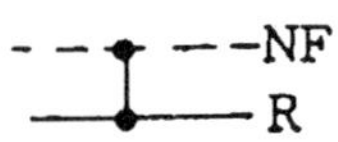	또는 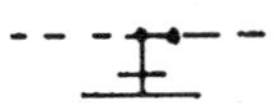
4-7	보호선용 접속선	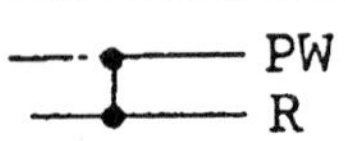	AT장소에서는 중성선
4-8	급전분기장치	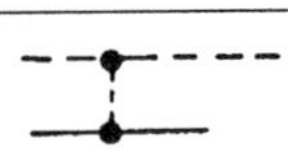	
4-9	보안기	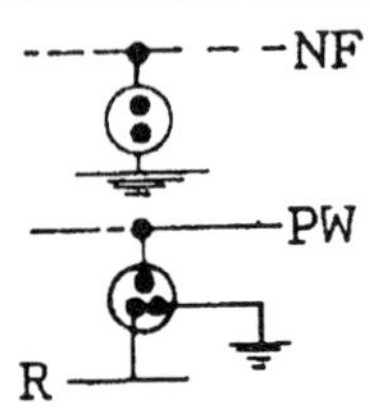	1. 노출형(3[kV]용)은 :  2. 보안기 2호 3. 보안기 3호
4-10	흡상변압기	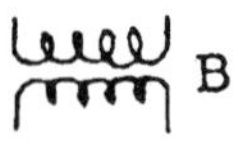	BT(Booster Transformer)
4-11	단권변압기		AT(Auto-Transformer)
4-12	타이탐바보호금구	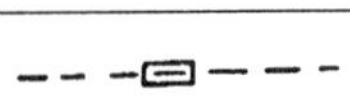	

(5) 변전소 · 급전구분소 등

번호	명 칭	그림기호	적 요
5-1	발변전소, 개폐소, 일반전기제어소	□ ▭ ○	1. 필요시 발전소는 전력관계 일반심벌에 의할 수 있다. 2. 변전소는 □ ○내에서 SS표시, SS
5-2	전철용 교류변전소	⊗	교 · 직류 구분 필요시 사용
5-3	전철용 직류변전소 (일반)	○	교 · 직류 구분 필요시 사용
5-4	급전구분소	△	필요시 △내에 SP 표시 
5-5	보조급전구분소		1. 급전 Tie-post인 경우 표시 2. 필요시 △내에 SSP 표시  3. ATP의 경우 ATP 방기
5-6	전기제어소 (급전사령실)	(CC)	1. 전철급전사령실 2. 배전사령실의 경우 PCR로 표기

(6) 경계 및 제표지

번호	명 칭	그림기호	적 요
6-1	지사 경계		필요에 따라 사용
6-2	사무소 경계		필요에 따라 사용
6-3	분소경계		필요에 따라 사용
6-4	신호기(일반)	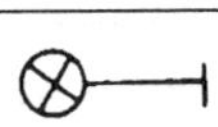	
6-5	완목식 신호기	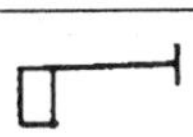	필요한 경우 전구의 W수 방기
6-6	가선종단표지		

번호	명 칭	그림기호	적 요
6-7	가선절연구간표지	(a) (b) 	(a) 교류용 (b) 교직용
6-8	절연구간 예고표		
6-9	구분표		
6-10	역행표	(a) (b) 	1. (a) 전기기관차용 2. (b) 전기동차용
6-11	타행표		
6-12	전용전화 box	TB	

(7) 선로 및 시설관계건물 등

번호	명 칭	그림기호	적 요
7-1	교량	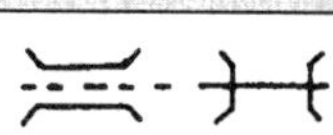	해당명을 표기
7-2	터널	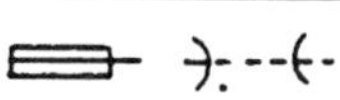	해당명을 표기
7-3	건널목	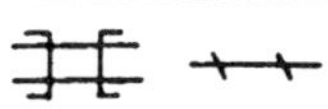	해당명을 표기
7-4	승강장 및 화물적하장		
7-5	사닥다리	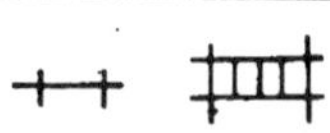	필요시 길이, 폭 표기
7-6	개폐기 조작대	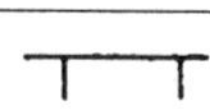	
7-7	건널목 주의표 (스팬선식)	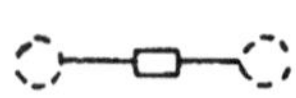	1. 고정빔식 :  2. 브래킷식 :  3. 지선있는 경우 : 지선표기
7-8	건널목 주의표 (입식)		

번호	명 칭	그림기호	적 요
7-9	보호장치	(a) (b) 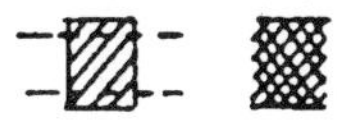	(a) 보호판 (b) 보호망
7-10	과선교 (구름다리)		

(8) 기타 약어 해설

약 어	명 칭	원 어
AT	단권변압기	Auto-transformer
BT	흡상변압기	Booster-transformer
F.R.P	합성수지	Fiber glass reinforced plastics
LS	선로 개폐기	Line switch
DS	단로기	Disconnecting switch
CB	차단기	Circuit breaker
SS	변전소	Sub-station
SP	급전 구분소	Sectioning post
SSP	보조 급전 구분소	Sub-sectioning post
ATP	급전 단말 구분소	Auto-transformer post
CC	집중 제어소, 급전사령실	Control center
R	궤조	Rail
RL	궤조면	Rail level
GL	지면	Ground level
T.L	탄젠트 길이	Tangent length
R.C	건널목	Railway crossing
C.L	곡선 길이	Curve length
B.C	곡선 시점	Beginning of curve
E.C	곡선 종점	End of curve
S.M	곡선 중점	Secant point
R	반경	Radius
B.M	수준표(水準標)	Bench mark post
SP	완화 곡선 시점	Beginning of Transition curve

약 어	명 칭	원 어
PS	완화 곡선 종점	End of Transition curve
PC	원곡선 시점	Beginning of circular curve
CP	원곡선 종점	End of circular curve
G	전주 건식 위치	Gage = Gauge
L	길이, 거리	Length
FL	시공기면, 계획고(측량) 돋기, 땅쌓기(盛上)	Formation level banking
I.A	교각(交角)	Intersection angle
I.P	교점(交點)	Intersection point
T.P	이점(移點)	Turning point
F.S	전시(前視)	For sight
B.S	후시(後視)	Back sight
GT	홈경동선(전차선)	Grooved Trolley
ACSR	강심 알루미늄 연선	Aluminum Conductor Steel Reinforced
CdCu	카드뮴동선	Cadmium Copper
IV	비닐 절연 전선	Indoor PVC
CV	가교 폴리에틸렌 절연 비닐 시스 케이블	Crosslinked Polyethylene
OW	옥외용 비닐 전선	Outdoor Weather proof
Fe	철선	Ferrous Wire
St	강선	Steel Wire
Cu	동선	Copper Wire
MW	조가선	Messenger Wire
AF	급전선(AT 구간)	Auto-Transformer Feeder
TF	전차선 급전선	Trolley Feeder
PF	급전선(BT 구간)	Positive Feeder
NF	부급전선	Negative Feeder
PW	보호선	Protective Wire
CPW	보호선용 접속선	Connector of Protective Wire
GW	가공지선	Ground Wire
NW	중성선	Neutral Wire
T/L	송전선로	Transmission Line
D/L	배전선로	Distribution Line

제3편

일반전기철도(변전)설비

제 1 장

총론

1. 목 적

이 표준은 일반전기철도의 건설 및 기존선 전철화에 따른 지상 전철용 교류변전설비(단권변압기 교류급전용)의 설계시공에 대하여 그 표준을 정하는 것을 목적으로 한다.

2. 용어의 정의

이 표준에 있어서 용어의 정의는 다음과 같이 한다.

① "교류변전소"라 함은 교류식 전기철도에 있어서 전차운전에 필요한 전력을 공급하는 변전소를 말한다.

② "급전구분소"라 함은 급전구간의 구분과 연장을 위하여 개폐장치를 설치한 곳으로 평상시에는 개방하여 전기적으로 분리되어 있다. 대개 전철변전소와 전철변전소 간의 중앙지점에 설치된다.

③ "교류보조급전 구분소"라 함은 교류식 전기철도에 있어서 작업시 또는 사고시에 정전구간을 한정할 목적으로 개폐장치를 설치한 급전구분소를 말하며, 평상시에는 투입되어 전기적으로 연결되어 있다.

④ "단말보조급전구분소" 또는 "변압POST"라 함은 교류전차선로에 있어서 전압강하의 구제 및 유도장해를 경감시킬 목적으로 전차선로에 설치한 단권변

압기 설비를 말한다.

⑤ "변전소 등"이라 함은 교류변전소, 교류급전구분소, 교류보조급전구분소 및 단말보조급전구분소를 말한다.

⑥ "급전사령실"이라 함은 집중원격제어장치에 의해서 변전소 등의 감시제어를 함과 동시에 전력설비 전반의 지령통제를 하는 곳을 말한다.

⑦ "급전회로"라 함은 전기철도에 있어서 급전선, 전차선 및 귀선레일 등에 의해서 구성되는 전기회로를 말한다.

⑧ "급전구간"이라 함은 차단장치에 의해 구분하는 것이 가능한 급전회로의 1 구간을 말한다.

⑨ "급전점"이라 함은 교류 변전소의 교류전력을 급전회로에 공급하는 지점을 말한다.

제 2 장

변전소 등의 설비 계획

전기차운전용 및 부대설비용 전력을 공급하기 위하여 전철변전소를 급전구간의 부하의 중심에 설치한다. 또한 작업 및 사고구간단축을 위해 보조급전구분소를 설치한다. 이 장에서는 교류전철 변전소를 기준으로 설명하고자 한다.

단권변압기는 교류변전소 및 교류보조급전구분소에 설비하는 외에 급전말단에 단말보조급전구분소(변압 POST)를 설비한다.

상기 변전소 및 보조급전구분소는 언제라도 무인방식으로 하고 급전사령실에서 집중 원격감시제어 할 수 있도록 설비한다.

1. 수전설비

① 수전방식 : 3상 교류 154[kV] 60[Hz] 2회선(1회선 예비)로 한다.

② 수전설비 : 수전용 차단기와 동력조작 단로기는 연동조작으로 한다. 수전중인 회선이 정전된 경우는 다른 회선이 정상으로 있으면 수전이 자동절체되도록 한다.

③ 전철변전소의 위치선정 기준

㉠ 수전 전원에 가까운 곳(한전변전소에 근접한 곳).

㉡ 기기와 시설자재의 운반이 편리한 곳.

㉢ 공해, 염해, 각종 재해의 영향이 적거나 없는 곳.

㉣ 자연보호지구 또는 보호시설물에 지장을 주지 않는 곳.

㉤ 변전소 앞 절연구간에서 열차의 타행운전이 가능한 곳.

2. 변성설비

변성설비는 3차부 SCOTT 결선변압기(유입자냉 밀봉식)으로 한다. 급전권선의 전압강하 보상용 직렬콘덴서는 변압기 2차에 설비한다. 최근에는 고압배전용 변성설비는 주변압기 3차부에서 분리 별도 설치하는 경향이다.

3. 급전설비

① 교류변전소

방면별로 교류차단기를 설비하고 단독급전방식으로 한다.

급전회로의 전압(전차선 전압)의 허용범위는 다음과 같다.

㉠ 최고 : 27.5[kV]

㉡ 표준 : 25.0[kV]

㉢ 최저 : 20.0[kV]

본선 급전회선은 고속도 재폐로방식을 채용함과 동시에 고장점 표정장치를 설비한다.

② 교류급전구분소 : 급전구간의 연장과 구분을 위하여 변전소 간에는 급전구분소를 설치하여 방면별로 급전한다.

③ 교류보조급전구분소 : 상하 각선의 급전구분, 상하선의 TIE 급전분기등을 위해 필요에 따라서 교류차단기를 설비한다.

④ 단권변압기 : 변전소등의 급전회로에 회선별 또는 상하선별로 각각 설비한다.

4. 고압 배전설비

배전방식은 3상 및 단상교류 6.6[kV], 60[Hz]로 하고 변전소 및 주요역 수전설비(3 ϕ4[W], 22.9[kV])(예비 전원용)에서 배전한다. 앞으로는 22.9[kV] 배전방식으로 한다.

5. 원격감시 제어설비

급전사령실, 교류변전소, 교류급전구분소 및 교류보조급전구분소에 원격감시제어장치를 설비한다.

6. 제 설비

① 접지설비 : 접지는 전력기기용과 원격제어용의 2계통으로 분리하고, 변전소 건물의 철근은 전력기기계에 접지한다.

② 소내용 교류전원 설비 : 상용 및 예비의 2전원으로 하고, 절체는 자동으로 한다.

③ 제어용 직류전원 설비 : 알카리 축전지를 설비한다.

④ 기기조작용 공기압축 설비 : 교류차단기 및 동력조작 차단기를 조작하기 위해 공기 압축장치를 설비한다. 다만, 기기조작이 전기방식인 경우는 예외로 한다.

⑤ 공조 및 환기설비 : 변전소 등의 건물에는 환기설비를 설치한다. 또한 급전사령실의 제어실 및 계전기실은 공조설비를 설치한다.

⑥ 소내 전등전력 설비 : 소내 조명은 보조점검 및 순회점검에 필요한 조도를 확보함과 동시에 교류전원 정전의 경우는 직류전원에 의해 점등할 수 있도록 최소한도의 비상등 설비를 설치한다.
전력설비로서 조작용 및 난방용의 프러그 소켓을 적절히 설치한다.

⑦ 방범・방충설비 : 변전설비의 안전과 근무자의 복지를 위하여 방범・방충 등의 설비를 한다.

7. 공작물

① 철구 및 가대 : 볼트조임 또는 용접구조로 하고 전부 용융아연도금을 시행하는 것으로 한다.

② 전선 수용함 : 콘크리트 PIT 또는 콘크리트 트로프(trough)로 한다.

제 3 장

변전소 등의 설비

1. 철근콘크리트 말뚝박기

① 추의 무게는 말뚝 무게의 1.5배 또는 말뚝 1[m]당 중량의 10배 이상의 것을 사용하고 추의 낙하 높이는 1.5~2.0[m] 까지로 한다.

② 타입순서는 원칙적으로 외측에서부터 타입하며 중심에 있는 말뚝은 가장 나중에 박을 것. 또는 시간을 띄우지 않고 연속해서 타입할 것.

③ 시험 말뚝을 시공한 경우를 제외하고 최초의 1본은 그후 말뚝 시험(기준)말뚝으로 되므로 타입상황에 따라서 말뚝박기의 진행계획을 세울 것.

④ 말뚝머리는 타입에 의해 파손되지 않도록 CAP 등으로 보호하고 박기를 끝낸 때에는 머리 부분을 깨고 철근을 노출시켜 기초콘크리트 속에 매입할 것. 철근의 표준 길이는 30~50[cm]로 한다.

⑤ 말뚝은 모든 수량에 대해서 타입종료후 지지력을 측정해 기재할 것.

2. 기선 및 기준 레벨의 설정

각 기초의 위치와 높이를 결정하기 위한 기선 및 기준 레벨은 공사중 수시로 측량할 수 있는 위치에 마련할 것.

3. 기초 및 전선수용함

① 바위깨기 : 할석공이 사용되는 바위깨기는 90~150[mm]로 하고 시공한 후 모래나 부스러기를 완전히 끌어 모을 것.

② 거푸집 : 거푸집의 콘크리트면에 접하는 면은 청소하고 박리제를 도포함과 동시에 노출면에 접하는 거푸집의 모퉁이에는 면모양이 잘 나오도록 하는 재료를 붙일 것.
거푸집을 떼어내는 것은 콘크리트 타설후 표 1의 기간이 경과한 후에 한다.

표 1 거푸집 제거 기준 일수

최저기온	경과일수
0[℃] 이상	8일
5[℃] 이상	5일
10[℃] 이상	3일

주 본 표는 보통 포틀랜드 시멘트의 경우를 나타냄.

③ 골재 : 콘크리트에 사용하는 골재는 다음 각 항목에 의한다.

㉠ 골재는 깨끗하고 단단한 것으로 하고 유해량의 먼지, 흙 및 유기물 등을 포함하지 않는 것으로 한다.

㉡ 혼합 골재의 크기는 무근콘크리트에서 5~40[mm], 철근콘크리트에서 5~25[mm]를 표준으로 한다.
깬자갈을 쓰는 경우의 치수는 무근콘크리트에서 5~30[mm], 철근콘크리트에서 5~20[mm]로 할 것.

④ 콘크리트 : 레미콘을 사용하는 것을 표준으로 하며 지정 강도, 슬럼프 등은 표 2의 값을 표준으로 한다.[KSF2402(포틀랜드 시멘트 콘크리트의 슬럼프 시험)]

표 2 지정강도, 슬럼프, 혼합골재 최대치수

구 분		철근 콘크리트	무근 콘크리트
시멘트의 종류		보통 포틀랜드 시멘트	보통 포틀랜드 시멘트
지정 강도[kg/cm²]		210[kg/cm²]	180[kg/cm²]
슬럼프	일반적인 경우	6~12[cm]	6~12[cm]
	단면이 큰 경우	4~10[cm]	4~8[cm]
혼합골재최대치수		15[mm]	40[mm]

주 깬자갈을 쓰는 경우의 혼합골재치수는 ③항 ㉡에 의할 것.
현장배합의 경우 콘크리트의 배합비는 1[m³]당 표 3의 값과 같다.

표 3 콘크리트의 배합비

구 분	용적배합비	시멘트[kg]	모래[m³]	자갈[m³]
철근콘크리트	1 : 2 : 4	333(320)	0.60(0.45)	0.94(0.94)
무근콘크리트	1 : 3 : 6	241(220)	0.54(0.47)	0.94(0.94)
모르터	1 : 2	650(680)	1.00(0.98)	
	1 : 1	1,093	0.78	

주 ( )안은 레미콘 사용 기준임.

⑤ 전선 수용함

㉠ 전선수용관로의 배수용 구배는 1/500~1/1000로 한다.

㉡ 뚜껑은 원칙적으로 무늬 강판을 사용하고 적당한 간격으로 갈고리를 설치할 것.

㉢ 200[mm] 두께 이상의 콘크리트 트로프를 부설하는 경우는 120[mm] 두께의 콘크리트 바닥면 위에 부설할 것.

4. 철구 및 가대조립 설치

① 철구 및 가대의 부재 분류 : 부재 일람표 및 조립도에 의해서 꼼꼼하게 분류를 하고 부재의 과부족, 품형의 적부 및 끝손질의 양부를 조사할 것.

② 조립 및 설치

㉠ 건식할 때에는 위치 및 수준을 정확히 정할 것.

㉡ 조립은 기초콘크리트가 충분히 굳은 후에 시공할 것.

㉢ 볼트부분을 채울 때는 완전히 조립해 볼트를 고정한 후 하중을 줄 것. 또 하중을 준 후 일정기간이 지나서 다시 볼트 연결부 검사를 할 것.

㉣ 조립용 기자재 등의 아연도금을 손상하지 않도록 주의할 것.

5. 기기 설치

① 일반사항

㉠ 보수점검의 편리성을 충분히 배려해서 기기배치를 결정할 것. 특히 기기의 검사 및 조작에 필요한 간격과 소요면적의 확보에 유의할 것. 기기검사 및 조작과 순회용 통로의 간격은 다음 수치를 표준으로 한다.

- 검사 및 조작 : 1,500[mm] 이상
- 순회 통로 : 700[mm] 이상

㉡ 지상 또는 가대위에서 고압 및 특별고압 기기 및 전로의 가압부분까지의 이격거리는 보수원의 안전을 배려해서 표 4에 정한 값 이상으로 한다.

표 4 전압별 가압부분 이격거리

사용전압[kV]	옥내[mm]	옥외[mm]
7 미만	2,600	2,600
25 이상 ~ 50 미만		2,800
50 이상 ~ 70 미만		2,900
120 이상 ~ 160 미만		3,400

주 단, 보호물을 설치한 경우는 보호물의 높이와 보호물에서 가압부까지의 거리의 합으로 한다.

㉢ 기기의 반입에 있어서는 운반경로 및 방법에 대해서 사전에 충분히 조사, 검토할 것.

㉣ 기기의 하역, 해체에 있어서는 하조명세서와 대조해서 과부족 그 외 이상 유무를 확인함과 동시에 필요에 따라서 절연저항의 측정을 행할 것.

㉤ 기기의 설치, 조립에 있어서는 취급설명서를 정독해서 정밀히 작업을 행함과 동시에 경사, 진동 및 충격, 그 외 손상을 주지 않도록 주의할 것.

㉥ 기기의 설치, 조립에 있어서는 각 연결부, 접촉부 및 조작기구 등을 점검해 이상유무를 확인할 것.

㉦ 설치가 끝난 기기로서 공사시공중 손상을 입기쉬운 부분은 적당한 보호를 실시할 것.

② 변압기 등 유입기기

㉠ 유량의 적부, 각종 벨브의 개폐상태 및 부속설치기기의 설치상태 양부를 점검할 것.

㉡ 밀봉식 변압기로서 현지조립을 행한 것에 주입한 절연유는 완전히 탈기처리를 완료한 기름을 사용할 것.

절연유의 절연내력은 50[kV] 이상으로 한다.

③ 교류차단기 및 단로기 : 개폐조작시의 접촉부분 조정의 양부, 조작기구 및 쇄정장치와 각종 압력계전기 조정의 양부를 점검 확인할 것.

④ 계기용 변성기(MOF) : 변성기의 극성 및 상별에 대해서 결선도 등과 잘 맞추어서 설치할 것.

⑤ 배전반 : 배전반의 운반 및 설치를 시행할 때에는 계전기, 계기 등의 가동부분을 적당한 방법으로 고정해서 충격 등에 의해 기능에 장애를 주지 않도록 주의할 것.

또, 배전반 기초의 수평, 배전반면의 수직을 정확히 측정해서 계전기, 기기의 동작에 영향이 없도록 할 것.

⑥ 공기 압축장치 : 윤활유량의 적합, 각종 벨브의 설치위치 및 조정의 적부 및 내압용기 내압증명서의 확인을 행할 것.

⑦ 축전지 : 전조(電槽) 및 단자 등 각 부품의 파손유무 및 전해액량의 적부를 확인 할 것.

6. 배 선

① 주회로 일반사항

㉠ 변전소 등에 있어서 나전선의 표준 및 최소 이격거리는 표 5와 같다.

표 5 나전선의 표준, 최소이격거리(단위 : [mm])

사용회로의 공칭전압	옥 외		옥 내		기 사
	도체상호간	도체와 대지간	도체상호간	도체와 대지간	
154[kV]	3,000(1,900)	1,900(1,500)	-	-	수전
66[kV]	1,700	1,100	1,000	730	
55[kV]	1,300(690)	875(550)	750	550	급전
27.5[kV]	700(440)	500(350)	450	300	
6.6[kV]	500(120)	250(90)	250(70)	200(60)	-

주 ① ( )안은 최소이격거리[mm]
② 노출 충전부분도 이에 준하며 터널내는 옥내로 본다.

㉡ 전선의 접속은 압축접속으로 하고 압축기는 유압식(최대 연속 사용압력 100[t/m^3]) 또는 이와 동등이상의 성능을 가진 것을 사용할 것.
전선 및 단자 등을 압축할 때에는 해당부분을 충분히 청소함과 동시에 전선을 완전히 삽입해서 압축할 것.

㉢ 단자 등의 체결은 아연도금 강볼트를 사용할 것.

㉣ 단자 등 접속장소는 온도표시 테이프를 확실히 설치할 것.
온도표시 테이프는 비가역성의 것을 사용하고 변색온도는 70[℃]로 한다.

㉤ 체결볼트는 전부 최종검사시에는 lock paint를 사용해 풀림방지를 할 것.

② 특별고압 주회로

주회로의 배선은 기기상호간을 직접 연결하고, 사용전선은 사고전류에 견딜 수 있으며, 코로나의 발생이 없는 것을 사용하고 다음 사항에 따라 시공할 것.

㉠ 단자는 설치전에 충분히 청소하고 개별적으로 반드시 절연저항을 측정해서 이상유무를 확인할 것.

㉡ 154[kV] 회로에 사용하는 가선금구는 코로나 방지형의 것을 사용할 것.

㉢ 알루미늄 연선과 직접 접속하는 클램프류, 금구류는 알루미늄합금주조의 것을 사용할 것. 또한, 동연선의 접속 클램프류, 금구류는 아연도금의 것을 사용할 것.

㉣ 알루미늄 연선은 동연선에 비해서 손상하기 쉬우며, 특히 154[kV] 회로에

있어서는 손상 장소에서 코로나가 발생하는 원인이 되는 것으로 연선시에는 전선의 손상방지에 특히 유의할 것.

ⓜ 알루미늄 연선을 가선한 후 여기에 몸을 매달고 일을 하거나 또는 사다리를 걸어서는 안된다.

ⓑ 경알루미늄 연선의 최소 굽힘반경은 도체 직경의 10배로 한다.

ⓢ 전선의 이도 측정은 각 경간에 대해 한선 이상씩 행하고 그 기록을 제출할 것.

ⓞ 케이블이나 절연전선을 사용할 때에는 절연 열화를 일으키지 않도록 포설하고 케이블의 굽힘반경은 표 6과 같다.

표 6 케이블의 굽힘반경

케이블 종별 \ 구분			단심	3심(다심)	비 고
특고압	66[kV]	CV	10D	10D	Ds : 케이블 시스의 평균 외경 D : 케이블 외경
	154[kV]	OF	20Ds	15Ds	
		CV	20Ds	15Ds	
고 압			10D	8D	
저 압			8D	6D	

③ 고압 주회로

전선은 CV 케이블을 사용하고 다음 각항에 의해 시공할 것.

㉠ 케이블 굽힘장소의 최소 허용반경은 완성외경의 12배로 한다.

㉡ 케이블의 연선은 피복의 손상방지와 허용범위 이상의 굽힘을 행하지 않도록 세심한 주의를 하면서 시공할 것.

㉢ 케이블의 단말처리는 정해진 재료 및 방법에 의해서 바르게 행하고 단말 소정의 위치에 시공 연월일, 시공자성명 및 필요사항을 명기한 표지를 설치할 것.

㉣ 케이블의 차폐 금속체는 단말에서 접지할 것.

㉤ 케이블 배선은 소정의 위치에서 2~3[m] 여유 길이를 둘 것.

㉥ 케이블 입상장소 등 외상의 걱정이 있는 장소는 합성수지제 전선관 등으로 보호할 것.

④ 제어회로 : 배선하기 전에 배선계획도를 꼭 작성하고 여기에 따라서 틀린 배

선, 선종의 적부를 충분히 검토할 것.

사용하는 전선은 CVV 케이블로 하고 다음 각항에 의해서 시공할 것.

㉠ 전선수용관로내 배선은 모두 이동배선으로 한다.

㉡ 케이블의 중간접속은 하지 않도록 한다.

㉢ 전선의 입상장소는 합성수지제 전선관 등으로 적당한 보호를 할 것.

㉣ 단자는 압축 또는 압착단자를 사용할 것.

㉤ 배선단말 및 단자부에는 각각 배선번호 및 단자번호 등 소정의 표지를 설치할 것.

㉥ 옥외기기의 전선삽입구는 배선후 방습, 방수 대책을 행할 것.

㉦ 전선수용관로 사이 간격부분 및 옥내와의 연결구멍은 배선후 밀봉해서 쥐 등의 침입을 방지할 것.

㉧ 제어회로에 사용하는 전선은 표 7에 의한다.

표 7 제어회로에 사용하는 전선기준

종 별		주로 사용하는 설비	비 고
제어용 비닐 또는 절연용 비닐쉬즈 케이블	22[mm²]	CT 및 제어용 변압기의 2차회로 축전지 및 축전지 제어반	① 용량에 따라 선종을 택하고 다심케이블로 할 것. ② 전선의 중간접속을 금할 것. ③ 기계적 강도 등의 염려가 없을 경우에는 2[mm²]를 사용할 수 있다.
	5.5[mm²]	CT의 2차회로, 공기압축기, 제어회로	
	3.5[mm²]	일반 제어회로	

⑤ 접지회로 : 접지선은 전부 경동연선을 사용하고 필요에 따라서 합성수지제 전선관내에 배선할 것. 접지선은 금속관에 수용함을 금한다.

단자는 압착단자 또는 체부단자를 사용할 것.

주 건물 등의 철근과 접지선의 접속은 용접접속을 표준으로 한다.

⑥ 가공지선 : 가공지선은 아연도금 강연선을 사용하고 100[%]의 보호가 가능한 설비로 할 것.

7. 배 관

① 전선관 : 전선관은 경질비닐관을 사용하고 다음 각항에 의해서 시공할 것.

㉠ 관의 만곡부 내측반경은 관 외경의 6배 이상으로 한다.

㉡ 노출하는 전선관의 지지는 1.5[m] 이내로 할 것.

㉢ 콘크리트내에 매입할 경우는 콘크리트 타설시에 이동하지 않도록 고정함과 동시에 콘크리트의 관내 유입방지를 위해 적당한 보호를 할 것.

㉣ 전선관의 접속은 접착재를 사용하고 밀어 넣는 깊이는 관 외경의 0.8배 이상으로 할 것.

② **공기관** : 압축공기용 배관은 이음매 없는 동관을 사용하고 다음 각항에 의해서 시공할 것.

㉠ 시공전에 관내의 청소는 특히 정성들여 행한다.

㉡ 관의 최소 굽힘반경은 외경의 2.5배로 한다.

㉢ 관의 접속은 서로 밀어 넣는 이음매 방식으로 한다.

㉣ 관의 지지는 온도차에 따른 신축을 고려해서 관의 작은 이동이 자유로운 것으로 한다.

8. 전등 전력설비

별도로 정한 표준에 의한다.

9. 그 외 설비

① **표지류** : 표지류는 안전의 확보를 위하여 명확히 표시하고, 표지의 종류와 설치장소는 표 8과 같다.

표 8 표지의 종류와 설치장소

종 류	치수[mm]	설치장소	문자와 기호	색 채	사용재료
회선명A	260×600	수전회선 (수전철구의 빔)		바닥 : 황 문자 : 흑	아크릴판 또는 철판
회선명B	130×300	급전회선 (급전철구의 빔)		바닥 : 황 문자 : 흑	아크릴판 또는 철판
상별A	250×300	수전선 (수전철구의 빔)	R.S.T	바닥 : 황 문자 : 흑	아크릴판 또는 철판

종 류	치수[mm]	설치장소	문자와 기호	색 채	사용재료
상별A	250×300	급전모선 (급전모선 철구의 빔)	M.T	바닥 : 황 문자 : 흑	아크릴판 또는 철판
상별B	120×100	고압배전선의 퓨즈단말기 가대	R.S.T	바닥 : 황 문자 : 흑	아크릴판 또는 철판
위 험	350×450	변전소 등의 울타리	이 안에는 특고압 전기가 들어와서 위험합니다. 들어가지 마시오. - 한국철도 -	바닥 : 백 문자 : 흑 단, 특고압전기와 위험은 적색으로 함.	철판
전기위험표	700×500×0.23	변전소 등의 울타리			철판
변전설비	150×300	문	변전설비	바닥 : 백 문자 : 흑	철판
준 공	200×400	건물벽	시행처 : 한국철도 시공자 : 준 공 : 년 월	바닥 : 백 문자 : 흑 문자크기는 별도지정하고 압형으로 함.	알루미늄

비고 ① 글자체 및 기입문자 또는 색체에 관해서는 별도로 정한다.
② 판의 두께는 5[mm] 이상으로 한다. 단, 상별B는 3[mm] 이상으로 한다.

② **자갈깔기** : 구내 자갈깔기는 잘 정지한 뒤에 40[mm] 이하의 자갈 또는 5~40[mm]의 깬자갈을 약 10[cm] 두께로 펴고 고를 것.

제 4 장

변전소 등의 용량 및 형태

1. 변전소 등의 용량

변전소 등의 용량은 장래의 수송수요를 감안하여 다음 각 호에 의하여 결정한다.

① 급전구간별의 정상열차 부하조건에서 1시간 최대출력 또는 순시 최대출력을 기준으로 한다.

② 주변압기의 표준용량과 최대부하는 표 1에 준한다.

③ 변전소의 급전용 변압기는 장래 부하 등을 감안하여 뱅크를 구성하고 예비용 변압기를 설치하는 것을 기본으로 한다.

④ 흡상변압기 방식과 단권변압기 급전방식의 연결장소에는 단권변압기와 흡상변압기를 설치할 수 있고, 교류 급전방식과 직류 급전방식의 연결장소에는 유류저지용 변압기를 설치할 수 있다.

표 1 변압기 표준용량 및 부하한도(자냉식 기준)

변압기 종별	표준용량 [MVA]	최대출력 (정격치에 대한 백분율)	순시 최대전력 (정격치에 대한 백분율)
단상 및 스코트 결선 변압기	5, 10, 20, 30, 45, 60, 90	100[%] : 연속 150[%] : 2시간	한쪽상에 대하여 300[%] 2분간
단권변압기	2, 3, 4, 5 7.5, 10, 15	100[%] : 연속 150[%] : 2시간	한쪽상에 대하여 300[%] 2분간

2. 형 태

변전소 등의 건설형태는 다음 각 호의 경우를 감안하여 결정한다.

① 옥내형

㉠ 무인으로 운용하는 경우

㉡ 주택 등과 가까운 지역

㉢ 장래 공해 · 염해 · 민원발생 등이 우려되는 지역

㉣ 주변환경이 중요시 되는 지역

㉤ 용지확보가 어렵고 고가인 지역

② 옥외형

㉠ 여건상 옥내형 건설이 곤란한 경우

㉡ 주택 등과 멀리 떨어진 지역

㉢ 장래 공해 · 염해 · 민원발생 등의 우려가 없는 지역

㉣ 주변환경이 중요시 되지 않는 지역

㉤ 용지확보가 용이하고 저가인 지역

3. 기 기

변전소 등에 설치하는 기기는 KS · KRS · IEC와 철도가 지정하는 규격에 의하되 다음 각호에 준한다.

① 급전용 변압기 : 급전용 변압기는 3상 스코트결선 변압기 또는 단상변압기를 사용한다. 다만, 특수보호설비를 할 때에는 이에 적합한 구조로 한다.

② 차단기 : 변전소의 급전측에는 급전구간의 단락전류를 자동적으로 차단하는 차단기를 설치하고 용량은 전원의 장래계획을 감안하여 결정하며, 기종과 동작책무 및 차단시간은 표 2에 의한다.

③ 단로기 : 단로기는 설치장소에 적합한 기종을 선정하고, 필요에 따라 변압기의 여자 전류를 개폐할 수 있는 것으로 한다.

표 2 교류차단기의 정격

사용구분	종 류	정 격	
		표준동작책무	차단시간
일반용	가스차단기 유입차단기 공기차단기	일반용 A호	5사이클
급전용 (수전계)	가스차단기 유입차단기 공기차단기	고속도 재투입용 O : 0.3초	5사이클 3사이클

비고 O는 보호계전기와 차단기의 동작시간을 합한 것이며 60사이클을 기준으로 함.

4. 기기번호 및 부호

변전소 등에 설치하는 각종 전기기기의 명칭은 편의상 표 3의 번호와 보조부호를 사용한다.

표 3 변전소 제어기기의 번호와 보조부호

(a) 번 호

번호	명 칭	번호	명 칭
1	주제어기 개폐기 또는 계전기	11	시험개폐기 또는 계전기
2	기동 또는 폐로 지연계전기	12	과속도개폐기 또는 계전기
3	조작 개폐기	13	동기속도개폐기 또는 계전기
4	주제어 회로용 접촉기 또는 계전기	14	저속도개폐기 또는 계전기
5	정지개폐기 또는 계전기	15	속도조정장치
6	기동차단기, 접촉기, 개폐기 또는 계전기	16	표시선 감시 계전기
7	조정 개폐기	17	표시선 계전기
8	제어전원 개폐기	18	가속, 감속접촉기 또는 계전기
9	계자극전환 개폐기, 접촉기 또는 계전기	19	기동운전 절환접촉기 또는 계전기
10	순서개폐기 또는 프로그램 조정기	20	보기변

번호	명 칭	번호	명 칭
21	주기변	45	직류 과전압계전기
22	(예비번호)	46	역상 또는 상 불평형 전류 계전기
23	온도조정 계전기	47	결상 또는 역상 전압계전기
24	탭 절환기구	48	지체검출 계전기
25	동기검출장치	49	회전기계 온도계전기
26	정지기 온도계전기	50	단락 선택계전기 또는 지락 선택계전기
27	교류 부족전압계전기	51	교류 과전류계전기 또는 지락 과전류계전기
28	경보장치	52	교류차단기 또는 접촉기
29	소화장치	53	여자계전기 또는 여호계전기
30	기기의 상태 또는 고장표시장치	54	직류 고속도 차단기
31	계자변경차단기 접촉기 또는 계전기	55	자동역율조정기 또는 역율계전기
32	직류역류계전기	56	슬립계전기 또는 동기이탈 검출계전기
33	위치개폐기 또는 위치검출장치	57	자동전류조정기 또는 전류계전기
34	전동순서 제어기	58	(예비번호)
35	브러쉬 조작장치 또는 슬립링 단락장치	59	교류 과전압계전기
36	극성 계전기	60	자동전압 평형조정기 또는 전압평형계전기
37	부족전류계전기	61	자동전류 평형조정기 또는 전류평형계전기
38	축받이 온도계전기	62	정지 또는 개로계전기
39	(예비번호)	63	압력계전기
40	계자전류 계전기 또는 계자상실 계전기	64	접지계전기, 지락 과전류계전기, 지락 과전압계전기
41	계자차단기, 접촉기 또는 개폐기	65	조속장치
42	운전차단기, 접촉기 또는 개폐기	66	단속계전기
43	제어회로의 절환접촉기, 개폐기 또는 계전기	67	교류전력 방향계전기 또는 지락방향계전기
44	거리계전기	68	혼입 검출기

번호	명 칭	번호	명 칭
69	흐름 계전기	85	신호 계전기
70	가감 저항기	86	폐쇄 계전기
71	정류소자 고장검출장치	87	전류차동계전기
72	직류차단기 또는 접촉기	88	보기용 접촉기 또는 개폐기
73	단락용 차단기 또는 접촉기	89	단로기
74	조정변	90	자동전압조정기 또는 자동전압 조정 계전기
75	제동장치	91	자동전력조정기 또는 전력계전기
76	직류 과전류계전기	92	문(출입, 창, 통풍)
77	부하조정장치	93	(예비번호)
78	반송 보호위상 비교 계전기	94	자유트립접촉기 또는 계전기
79	교류 재폐로계전기	95	자동 주파수조정기 또는 주파수 계전기
80	직류 부족전압계전기	96	정지유도기 내부고장 검출장치
81	조속기 구동장치	97	런너
82	직류 재폐로계전기	98	연결장치
83	선택접촉기, 개폐기 또는 계전기	99	자동기록장치
84	전압 계전기		

(b) 보조부호

보조 번호	명 칭	보조 번호	명 칭
A	교류, 공기, 자동, 전류, 양극, 조속기, 구동장치, 경보, 단권, 보조	F	급전선, 화재, 휴즈, 고장, 선풍주파수, 부동
B	벨, 모선, 단선, 밸트, 제동, 축받이	FL	여과기
C	공통, 제어, 냉각, 반송, 클러치조작, 보상기, 폐로, 축전기	G	지락, 격자, 보조발전기, 구리스, 가스
D	직류, 열화, 다이얼, 흡출관, 배전	H	소내, 높이, 전열, 보지
DS	단로기	IL	연동쇄정
E	비상, 여호, 여자	K	3차 음극

보조번호	명 칭	보조번호	명 칭
L	램프, 고배선, 선로측, 쇄정, 저압, 내림	R	수전, 복귀, 수신, 실내, 저항, 조정, 원방, 기록, 올림
m	중간위치에 개폐기	S	정지, 단락, 신호, 2차, 송신, 동작, 솔레노이드, 섹션, 부(副)
h	상한위치에 개폐기	S.P	단독, 병렬
l	하한위치에 개폐기 받이	T	변압기, 시한, 트립, 터빈
n	중성위치에서 접촉하는 것	V	전압, 진공, 전자변
r	잔류접촉	W	물, 우물, 표시선
LA	피뢰기	Z	부저, 임피던스
M	계기, 전동기, 주(主)	X,Y,Z	보조장치
N	중성, 질소 (−)극	ψ	
O	외부, 개로	a	상
P	1차, 파이롯트, 전력, 압력 (+)극, 펌프, 위치	b	개폐기 또는 동작을 주체와 같이 하는 것. 또는 부세될 때 폐로한 것. a와 반대동작을 하는 것.
Q	무효전력, 기름		

5. 보호계전기

보호계전기는 계통의 구성·회로정수·사고전류를 감안하여 관계처와 협의 후 정정하며 보호계전기의 종류와 기준은 표 4에 의한다.

표 4 보호계전기의 종류와 기준

계통별	계전기명	번호	용 도	정정치
수전 및 송전측	과전류계전기	51R	과전류	비고 참고
	단락계전기	50R	회선단락	최소단락전류의 순시치
	지락계전기	64R	지 락	최소지락전류 전압치
	부족전압계전기	27R	저전압	

계통별	계전기명	번호	용 도	정정치
변압기측	과전류계전기	51T	변압기 1차의 과전류	정격전류의 250[%] 1초
	단락계전기	50T	단 락	정격전류의 500[%] 순시
	압력계전기	63T	변압기 내부고장	
	온도계전기	26T	변압기 과열	85[℃]
	비율차동계전기	87T	변압기 내부고장	
급전측	거리계전기	44F	전차선로 고장	보호구간의 110[%] 지점의 고장전류 보호
	고장선택계전기 (△I형)	50F	44F 후비보호	
	고속도단락계전기	50F	과전류 (구내 차량기지 등)	
	재폐로계전기	79F	차단기 재폐로	0.4~0.5초
	로케타계전기	99F	고장지점 검출	

비고 ① 상용 및 예비전원의 수전, 송전계통 보호장치의 정정치는 전력공급자와 협의하여 결정함.

예 탭 전류치의 500[%]의 0.2초 상위 계전기와의 시한차는 0.3~0.4초로 함.

② 수전・송전측의 50R는 51R에 순시 요소부를 사용할 경우 생략할 수 있음.

제 5 장

시험 및 검사

1. 시 험

시험은 각 시설물 마다의 특성과 시설물 전반의 종합기능을 확인하며, 시험 항목은 표 1에 의하며, 주요시험은 다음과 같다.

① 절연저항 측정 : 전로 및 기기에 대해서는 전압과 계통별로 세분해서 선간과 대지간에 측정을 행할 것.
 고압이상의 전로 및 기기에 대해서는 1,000[V] 이상의 Megger를 사용할 것.

② 절연내력 시험 : 전로 및 기기(회로전압이 고압이상의 것에 한한다)에 대하여 충전부와 대지간에 시험을 행한다.
 다만, 변압기에 대해서는 1차와 2차간의 시험도 실시할 것.

③ 계전기 시험 : 보호 계전기에 대해서 성능 및 특성 확인시험을 행할 것.

④ 변성기 시험(계기용을 포함) : 극성 및 변압 변류기 확인시험을 행할 것.

⑤ 교류차단기 시험 : 개폐시험(동작책무 및 접촉자 조정의 확인) 및 최저투입압력(전압)의 측정과 공기쇄정압력의 시험을 행할 것.
 또 압축공기조작의 것은 보조공기 Tank를 정격압력으로 공기를 채운 뒤 입구 벨브를 닫고 조작가능회수의 측정을 행할 것.

⑥ 공기계통 시험 : 공기압축기 운전(자동, 수동)시험, 압력개폐기 및 안전변의 동작시험전체 계통의 공기 누설시험 및 내압시험을 행할 것.

⑦ 축전지 : 방전시험을 해서 정격용량을 확인할 것.

⑧ **접지저항 측정** : 변전소의 전력기기 계통의 접지저항 측정은 전압강하법에 의해 행할 것.
그 외의 측정은 접지저항계를 사용해서 행할 것.

⑨ **보안기 시험** : 방전개시 전압의 측정을 행할 것.

⑩ **종합 시험** : 보호계전기의 사고 검출시부터 차단기의 차단완료까지의 시간측정과 회로의 양부 등의 확인시험을 행할 것.

⑪ **전기 연동시험** : 조작 및 보호연동과 표시의 양부 확인시험을 행할 것.

⑫ **원제 시험** : 원제회선의 전송특성, 제어감시, 자동변화 및 자동기록 등의 확인시험을 행할 것.

⑬ **실가압 시험** : KEPCO 전원을 수전하고 각 구분단위별로 가압해서 이상유무를 확인할 것.

⑭ **급전 시험** : 급전회로를 무부하 상태로 해서 각 급전회선별로 급전해 이상유무를 확인할 것.

⑮ **기타 시험** : 필요에 따라서 지정한다.

표 1 변전설비의 시험항목

항목	시험 \ 설비	변압기	축전기	차단기	단로기	급전반	원제반	검출장치	축전지	압축기	전등전력	주회로	제어회로	접지
내전압시험	절연내력시험	○	○	○	○							○		
	실가압시험	○	○	○	○							○		
	절연유시험	○		○										
기능시험	특성시험	○	○	○	○	○		○	○	○				
	눈금조정시험			○		○		○						
	동작시험			○	○	○		○						
	교정시험			○	○	○								
	극성시험	○												
	무부하시험								○					
	실부하시험	○						○						
	신호전송시험						○							

항목	시험 \ 설비	변압기	축전기	차단기	단로기	급전반	원제반	검출장치	축전지	압축기	전등전력	주회로	제어회로	접지
측정시험	절연저항측정시험	○	○	○	○	○	○	○		○	○	○	○	
	운전시간측정시험			○	○	○	○	○						
	소음측정시험	○		○						○	○			
	조도측정시험										○			
	압력측정시험									○				
	접지저항측정시험													○
총괄시험	전기연동시험	○	○	○	○	○	○	○						
	종합시험	○	○	○	○	○	○	○		○				
	운전관련종합시험	○	○	○	○	○	○	○	○	○	○	○	○	○
기 타		· 변압기 시험 : 계기용 변류기 포함 · 급전반 시험 : 계기 및 계전기 포함 · 검출장치시험 : 급전선 고장선택장치 및 고장점 표정장치 포함 · 압축기 시험 : 공기압축기와 가스압축기 배관 포함												

2. 검 사

변전설비 전반에 대해서 다음 항목의 검사를 행한다.

① 기기배치 및 설치상태의 양부

② 주회로 및 기기 충전부 이격거리의 양부(제3장 표 4, 표 5 참조)

③ 철구, 가대 및 기초의 규격, 재질 등의 양부

④ 사용기기 등의 규격, 재질 등의 양부

⑤ 각종기기 등 조정 및 조정치의 양부

⑥ 각종 표시폐 등의 설치상태 양부

⑦ 보안 보호설비의 양부

⑧ 그 외 특히 필요한 사항

3. 시험 및 검사의 기록

기록의 양식, 보고서의 제출에 대해서는 별도로 정해진 것에 의한다.

제 6 장

안전대책

공사 시행시에는 관계법규(법령, 규정, 규격 등)를 준수함과 동시에 안전대책에 특히 유의할 것.

작업 착수전의 점호(작업내용의 숙지철저), 작업용 기계기구 및 공구 등을 정비점검, 단독작업의 금지 및 안전용구의 적정사용 등은 필히 시행할 것.

또 필요에 따라서 기록을 작성보관할 것.

제4편

전차선로공사 표준 시방서

제 1 장

총 론

1. 적용 범위

전차선로공사(이하 '공사'라 한다)는 별도로 정한 것 외에는 공사 서류 및 그 시방서에 의한다. 본 시방서는 가장 기본적인 것만 발췌 수록한 것이다.

주 별도로 정한 것의 중요한 것은 다음과 같은 것들이 있다.

① 전차선로 설계 시공 표준

② 전차선로 설계 시공 표준도

③ 전기공사 표준 시방서

2. 관계기관과의 연락

공사의 시행시에 있어서는 관계기관과 긴밀한 연락을 하여야 한다.
연락을 하지 않으므로 해서 공사의 지연 및 지장이 생기지 않도록 한다.

3. 도급자가 준비할 재료

① 도급자가 준비할 재료에 대해서는 KS규격품 또는 그와 동등 이상의 신품으로 한다. 특히 철도표준 및 잠정 규격품을 우선 적용한다.

② 특히 지정한 재료에 대해서는 제작도면 또는 승인도면을 미리 제출해서 승인을 받아야 한다.

③ 강재는 특별히 지정하지 않은 것은 KSD 3503(일반 구조용 압연강재) 제2종(SS400), KSD 3515(용접 구조용 압연강재) 제1종(SM400) (용접 구조의 것) 또는 KSD 3566(일반 구조용 탄소강관) 제2종(SPS400)을 사용할 것.
또 사용할 때에는 강재의 규격 증명서 또는 시험성적서를 제출하여야 한다.

4. 부대공사의 시행

공사서류 또는 시방서 등에 명기되어 있지 않은 사항이라도 공사에 부대한 경미한 것은 도급자 부담에 의해서 시공하여야 한다.

5. 강재의 방식

강재의 방청방법은 용융아연도금 또는 도색으로 하고 다음에 의한다.

① 방식방법의 구분은 다음에 의한다.
  ㉠ 도색을 실시하는 것 : 건널목 주의표(고정 빔식), 단로기 조작대, 전주보호책 및 특히 지정한 강재
  ㉡ 용융아연도금 : ㉠항 이외의 것

② 용융아연도금
용융아연도금은 다음에 의한다.
  ㉠ 강재는 별도의 지시가 없는 한 용융아연도금을 하여야 하며, KSD 8308(용융아연도금)에 의하되, 용융아연금은 일반가공, 임시조립 그 외 일체의 가공이 완료된 이후에 하여야 한다.
  ㉡ 아연도금의 적용구분은 표 1에 의하며 아연은 KSD 2351(아연지금)의 2종 이상의 것을 사용하여야 한다.

표 1 아연도금의 적용구분

도금기호	부착량[g/m²]	유산동 시험 회수	적용구분
HDZ 35	350 이상	4회 이상	M16 이상 볼트, 너트, 와셔
HDZ 45	450 이상	5회 이상	애자금구, 경완철
HDZ 50	500 이상	5회 이상	가선금구, 밴드, 터널금구
HDZ 55	550 이상	6회 이상	철주, 빔, 철봉, 완철 등 형강 및 평강류가 물이나 땅에 접하는 강재
ZMC 3	두께 0.008[mm] 이상 염수분무시험 72시간 이상		M14 이하의 볼트, 너트류

㉢ 아연도금 시험은 KSD 0201(균일성 시험)에 따라 정부 공인기관에서 시험을 하고 그 성적표를 공사 감독자에게 제출하여야 한다. 다만 KS표시 허가업체에서 제작 도금한 것은 자체 시험성적서로 갈음할 수 있다.

㉣ 조립부호는 흑색 페인트로 부재마다 정확하게 표시하여야 한다. 다만, 철주, 철탑, 빔 등 음각으로 표시한 것은 제외한다.

㉤ 볼트 및 너트의 도금은 산과 골에 균등하게 부착하고 너트는 매끄럽게 나사부의 끝까지 채워져야 한다. 또한 도금후 나사 부분에 아연지금이 없도록 마감을 잘 하여야 한다.

㉥ 아연도금의 사용 수명은 아연 부착량에 비례하지만 추정 내용년수는 표 2와 같다.

표 2 아연도금의 추정 내용년수

도금부착량 \ 대기폭로환경	400[g/m²]		500[g/m²]		600[g/m²]	
	부식량 [g/m²/년]	내용년수 [년]	부식량 [g/m²/년]	내용년수 [년]	부식량 [g/m²/년]	내용년수 [년]
중공업지대	40.1	9	40.6	11	40.1	13
해안지대	10.8	33	10.9	41	10.8	50
교외지대	5.4	67	5.2	86	5.2	104
도시지대	17.5	21	17.7	25	17.7	30

비고 ① 상기의 수치는 사단법인 일본용융아연도금협회에 의한 10년간(1964년~1974년)의 대기폭로 시험결과로 계산하였다.
② 추정내용년수는 도금피막의 90[%]가 소모되는 기간으로 표시하였다.

6. 철주, 빔 등의 제작

① 재 료

㉠ 강재에는 홈이 없고 구부러짐, 단접 또는 용접이 없는 것을 사용할 것.

㉡ 형강, 강판, 평강 및 봉강(볼트재 포함)은 KSD 3503(일반구조용 압연강재)의 제2종(SS400)으로 한다.

㉢ 도금용 아연지금은 KSD 2351(아연지금) 제2종 또는 동등이상으로 한다.

㉣ 볼트 및 너트는 KSD 1002(6각 볼트), KSD 1012(6각 너트 METER 나사 및 KSD 0201(METER 보통나사)에 의한다.

② 가 공

㉠ 전단면 및 구멍뚫는 면은 말림 등이 없이 표면이 매끄럽게 되지 않으면 안 된다.

㉡ 구멍뚫기는 정확히 하고 조립시 리머 등을 사용해서 구멍을 확대해서는 안된다.

㉢ 볼트구멍의 직경과 볼트의 직경의 차는 1.0[mm] 이내로 한다.

㉣ 구멍뚫기는 드릴링에 의함을 표준으로 하지만 리머 볼트를 제외하고는 재료두께 10[mm] 이하의 경우는 펀칭에 의한 것도 가능하다.

㉤ ㄱ형강을 포개거나 또는 접합해서 접속하는 경우는 내측과 외측의 ㄱ형강을 균등하게 밀착시켜야 한다.

㉥ 부재의 꺾는 가공은 꺾는 각도를 정확히 하고 10° 이상 꺾는 가공은 상온가공을 금지한다.

㉦ 제작시에 있어서는 현촌도를 작성해 감독관(감리원)의 승인을 받아야 하고 아연도금을 하기 전에 꼭 가조립을 하여야 한다.

㉧ 철주 및 빔 등의 각 부재에는 조립에 꼭 맞는 것을 정확하게 흑색 도색으로 표시한다.

㉨ 철주 Cap의 연결부는 용접 또는 볼트 조임으로 한다.

7. 잔토 등의 정리

전주기초 등의 시공에 의해 발생하는 잔토 및 콘크리트 부스러기 등은 열차운전 및 교통방해 그 외의 사고유발의 원인 및 공중 등에 폐를 끼지지 않도록 감리원이 지시하는 장소로 신속히 처리하여야 한다.

8. 압축접속시의 압축길이의 확인

압축접속 금구를 사용하는 경우는 압축전에 금구의 끝에서 외측으로 100[mm]의 위치에 표시를 해서 테이프를 감고서 금구내에 소정의 치수만큼 심선이 삽입된 것을 확인하고서 압축하여야 한다.

9. 절연저항의 측정

표 3에 기재된 것은 취부전에 절연저항을 측정해서 그 절연저항값에 적합해야만 한다.

표 3

설비명	절연저항값	측정방법
애자류	2,000[MΩ] 이상	1,000[V] megger로서 상하 금구간을 측정한다.
구분장치	1,000[MΩ] 이상	1,000[V] megger로서 양단의 전차선 접속금구간을 측정한다.

10. 사고방지

지지물 건식 등의 공사는 열차운전중의 공사임으로 열차감시원을 배치해서 관계역과 충분한 연락을 취하고, 열차운전에 지장을 주지 않도록 한다. 또, 시공시에는 안전 및 작업 표지판을 게시하여야 한다.

11. 볼트 및 너트 등의 이완방지

볼트, 너트 등 전체 나사류의 이완방지는 다음에 의한다.

① 볼트의 나사부는 접착제를 도포한 후 너트를 채우고 나사부분을 Lock In한다.

② 교량위의 철주 및 빔의 볼트는 너트를 채운 뒤 볼트와 너트 사이를 펀칭하여 너트가 풀리지 않도록 하거나 Lock nut를 체결한다.

③ 문형완철(전주대용물), 하수강, 그밖의 것을 빔에 설치하는 볼트는 전부 이중너트로 해서 첫째 것을 채운 후 볼트의 나사부분에 접착제를 칠하고 두 번째의 너트를 채울 것.

④ 공사 시공후는 가선금구류, 애자 및 애자금구 등의 분할 핀을 벌리는 각도의 적정 및 탈락유무 등에 대해서 점검을 할 것.

제 2 장

지지물

2.1 전 주

1. 콘크리트주

① 콘크리트주의 건식에 대해서 지장되는 고저압 배전선 또는 통신선 등이 있는 경우에는 관계 소속에 연락을 하고, 적당한 보호를 실시하여야 한다.

② 콘크리트주의 취급시에는 목대(榛)를 사용하고 충격 또는 진동을 주지 말아야 한다.

또, 측구, 선로 등을 횡단하는 경우는 도판(道板)을 설치해 손상을 주지 않도록 주의하여야 한다.

③ 건식전에 콘크리트주 표면의 오손 또는 폭 0.25[mm] 이상의 금이 가서 터지거나 또는 콘크리트의 일부 떨어짐을 발견한 경우는 감리원의 지시에 따라서 보수하거나 혹은 신품으로 교체할 것.

④ 콘크리트주를 쌓아서 둔 경우는 튼튼한 받침목을 사용하고 쐐기를 사용해 운동을 방지해야만 한다.

또, 쌓아 올리는 경우는 3단을 한도로 한다.

⑤ 전주건식에는 1본의 대봉으로 끌어 올려서 매입하는 것을 표준으로 하고 감리원의 승인을 얻는 경우는 이에 의하지 않는 것도 가능하다.

⑥ 대봉, 활차, 와이어 로프 등의 공구는 강도적으로 안전한 것을 사용하고 한

편, 평상시 점검해서 안전관리에 유의할 것.

⑦ 대봉 조정용 로프는 21[mm] 이상의 마닐라 로프(manillae rope)를 사용하고 인류용 말뚝은 충분히 투입해 두어야 한다.

⑧ 건식은 기초 콘크리트 시공후 4주간 이상 경과한 후 시행함을 표준으로 한다.

건식시에는 구멍의 바닥부분을 확인하고 전주와 기초의 공격부에는 모래를 충만하고 기초 상부에서 300[mm]는 모르터를 시공한다.

2. 철 주

① 철주의 건식에 있어서는 하중의 방향을 고려하여야 한다.

② 철주에는 100[Ω] 이하의 접지를 시행한다.

단, 철주가 빔 등에 의해 결합된 경우는 그안에 어디든 한 장소에 접지를 시행한다. 또, 접지 저항치가 100[Ω] 이하의 것에 있어서는 접지장치는 불필요하다. 또한 공용접지방식 시설구간은 매설접지선에 접속한다.

③ 건식을 할 때는 **1.** ①에 준한다.

④ 건식을 할 때 기설 구조물에 앵커볼트를 매입하는 경우의 매입구멍은 잘 청소해 볼트를 매입한다.

⑤ 철주의 취급에 있어서는 변형을 방지함과 동시에 도색이나 아연도금이 상하지 않도록 주의한다.

⑥ 철주는 볼트의 탈락, 이완이 없도록 건식후에 다시 채워야 한다.

⑦ 옹벽 및 교각의 볼트구멍 시공에 대해서는 구멍뚫는 작업에 의해 구조물에 일체의 피해를 끼치지 않도록 충분히 유의할 것.

교각부분의 시공에 있어서는 양측에 비계목을 매서 작업의 안전을 꾀하여야 한다.

또, 교각에 붙이는 부분은 2중 너트로 하며 모르터로 견고하게 부착시켜야 한다.

3. 전주의 기초

① 열차운전의 진동에 의해 노반붕괴가 우려되는 때에는 궤도측에 시판을 설치해 보호하여야 한다.

② 전주기초의 터파기는 다음에 의한다.

㉠ 구덩이 파기의 시공에 있어서는 Cable 등에 손상을 주지 않도록 또, 규정치수보다 너무 파거나 덜 파지 않도록 주의할 것.
또, 구덩이 바닥에 대한 다지기는 충분히 할 것.

㉡ 구덩이 파기를 한 토양이 선로자갈에 섞이지 않도록 보호할 것.

㉢ 측구 부분은 측구(배수로)의 깊이가 0.3[m] 미만은 원칙적으로 표준기초로 하고 0.3[m] 이상의 장소는 0.3[m] 미만과 동일조건으로 될 수 있도록 전주의 기초를 깊게 할 것.
이 경우 전주 길이가 부족하지 않도록 사전에 확인할 것.

㉣ 배수로에 물이 흐르는 경우는 임시 배수로 설비를 시행할 것.

㉤ 노견, 측구 및 옹벽 등의 복구는 완전히 원상복구시킬 것.

㉥ 파낸 후 계속해서 전주건식을 하지 않는 경우는 위험이 없도록 뚜껑을 할 것.

③ 전주기초 콘크리트는 다음에 의한다.

㉠ 시멘트는 보통 포틀랜드 시멘트로 한다.

㉡ 자갈은 세척한 자갈로 하고 크기는 20~30[mm]로 한다.
또한 모래는 천연 하천 씻은 모래로 한다.

㉢ 콘크리트의 배합비는 1[m^3]당 시멘트 220[kg], 모래 0.47[m^3], 자갈 0.94[m^3]로 하고 모르터는 1 : 1로 한다.

㉣ 콘크리트의 물과 시멘트비는 70[%] 이하로 하고, 콘크리트 비비기에 사용하는 물은 기름, 산, 알칼리, 유기물 등 강도에 영향을 미치는 물질이 유해량 이하일 것.

㉤ 콘크리트 비비기를 손 비비기로 할 때는 철판의 비빔판 위에서 시멘트와 모래를 3회 이상 비비고 다음에 자갈과 물을 넣어서 4회 이상 뒤집기를 할 것.

㉥ 콘크리트 타설시 흙이 섞이지 않도록 주의할 것.

ⓢ 용수장소의 콘크리트 타설은 감리원의 지시에 따를 것.

ⓞ 콘크리트 기초의 거푸집은 콘크리트 타입 전에 청소할 것.

ⓩ 콘크리트 타입후 저온, 급격한 온도변화, 건조 등의 유해한 영향을 받지 않도록 주의하고, 특히 겨울철에 얼지 않도록 처리할 것.

ⓒ 콘크리트 타입후 되메우기는 콘크리트가 굳은 후 할 것.

ⓚ 시멘트의 보관은 습기가 없고, 통풍이 잘되는 장소에 13포대 이하로 쌓아서 포대가 파손되지 않도록 한다.

④ 돌깔기의 시행은 다음에 의한다.

㉠ 돌의 크기는 150~200[mm]의 것을 사용할 것.

㉡ 돌깔기의 시행은 돌깔기 시행 깊이의 1/2을 파내고 소정의 깊이까지 정성들여 다지기 한 후 잔자갈을 넣어서 다질 것.

2.2 빔 및 브래킷

1. 빔의 호칭

① 크로스 빔, 고정 빔의 호칭은 표 1에 의한다.

표 1 호칭별 빔 길이

호 칭	길 이	호 칭	길 이
1선용	6[m] 까지	6선용	22[m] 초과 26[m] 까지
2선용	6[m] 초과 10[m] 까지	7선용	26[m] 초과 30[m] 까지
3선용	10[m] 초과 14[m] 까지	8선용	30[m] 초과 34[m] 까지
4선용	14[m] 초과 18[m] 까지	9선용	34[m] 초과 38[m] 까지
5선용	18[m] 초과 22[m] 까지	10선용	38[m] 초과 42[m] 까지

주 ① 10선용 이상은 1선 증가마다 4[m]씩 증가한다.
② 서울시 지하철공사 및 부산교통공단은 00[m]이상 00[m] 미만으로 하고 있다.

② 고정브래킷의 호칭은 표 2에 의한다.

표 2

호 칭	길 이
1선용 2선용	5[m] 까지 5[m] 초과 9[m] 까지

주 전주 중심에서 선단까지의 거리는 전주 중심에서 굽힘부 수직부분을 제외하고 선단까지의 수평거리로 한다.

2. 빔의 설치

① 빔의 설치높이 등은 전차선의 구배가 본선은 1/1000, 측선은 15/1000 이하가 되도록 고려해서 정한다.
또, 설치전에 감리원의 승인을 받아 설치한다.
② 빔은 설치시에 볼트의 이완, 탈락 등이 없도록 재조임을 행하여야 한다.

3. V형 빔, 4각 빔

① 주재에는 ㄱ 75×75×9[mm]의 ㄱ형강을 사용한다.
② 이음매 판은 원칙적으로 덮어 씌우는 것으로 한다.
사용자재는 ㄱ 90×90×10[mm]로 한다.
③ V형 빔은 RAHMEN 구조로 한다.
④ 4각 빔은 길이에 따라서 평면 또는 RAHMEN 구조로 한다.

4. 가동브래킷

① 가동브래킷용 하수강의 제작은 빔의 높이 등을 고려해서 제작도면을 작성하고 감리원의 승인을 받아야 한다.
② 가동브래킷의 설치는 다음에 의한다.
㉠ 진동방지 파이프는 레일면에 평행으로 설치한다.
㉡ 설치간격은 규정치수를 엄수하고 설치높이는 감리원의 승인을 받아야 한

다.

㉢ 설치후 가설할 때까지는 풍압 등으로 장해를 일으키지 않도록 4[mm] 철선을 사용 임시로 묶어 둘 것.

㉣ 가동브래킷의 각 부의 명칭은 다음과 같다.

· 수평 주파이프 · 보강재 · 드로퍼 로드(Dropper Rod)
· 진동방지 파이프 · 곡선당김금구 · 경사 주파이프
· 곡선당김(Arm) 지지금구 · 조가선 지지금구 · 상 · 하부 가동고리

5. 지선근가 및 로드

① 로드는 장력방향으로 향하고 스테이 블록의 압력면도 장력방향과 직각으로 고정시킨다.

② 로드의 지표면으로 노출되는 길이는 300[mm]로 한다.

③ 로드는 용융아연도금을 시행할 것.

6. 지선상부 및 하부의 접속

① 지선상부에 압축접속금구를 사용(2단지선 압축인류금구 1, 2호)하는 경우에는 방청료를 도포해서 압축한다. V형지선 상부는 지선용 3호 밴드를 사용하여 인류볼트(2호)를 지지와서 1호(쐐기형) 및 2호(사각형)을 사용하여 지선의 장력을 양측이 균일하게 조정한다.

② 와이어 클립의 설치간격은 150[mm]로 한다.

③ 지선 종단은 와이어 클립에서 300[mm]의 여유 길이를 두고 선단을 아연도금 철선 1.6[mm]를 사용 3회 감아야 한다.(보통지선)

④ 지선의 기초를 콘크리트 기초로 하고, 지선의 하단을 평스트랩과 쐐기형 클램프를 사용하는 경우(V형 또는 2단지선)는 별도의 와이어 단말처리는 필요하지 않다.

7. 부적당한 장력의 금지

다단지선 및 V지선(2단지선)은 장력이 부적당하게 되지 않도록 조정하여야 한다. 즉, 지선의 장력이 균등(밸런서)하게 하여야 한다.

제 3 장

전차선

1. 드로퍼 금구(Dropper Fitting)의 사용

전차선의 무효부분에는 드로퍼 금구를 사용해도 좋다.

2. 조가선 및 전차선의 가설

조가선 및 전차선의 연선은 전선에 흠이나 결점을 만들지 않도록 특히 주의해서 취급함과 동시에 신호기 및 건널목 등의 기능에 영향을 미치지 않도록 보호하여야 한다.

3. 전선의 프리스트레치(prestretch, 영구신장조성)

전선의 프리스트레치를 하는 경우는 다음에 의한다.

① 연선 종료후 1연선 구간마다에 소정의 장력을 소정의 시간 텐션 밸런서 설치장소 부근에서 양단(양쪽에서 당기는 때) 또는 1단(한쪽에서 당기는 때)에서 전선에 가할 것.

② 프리스트레치 시공중에는 일정 장력으로 유지되는 프리스트레치 구간의 가동브래킷, 임시 행어 및 임시곡선당김 등에서 각 점의 전선장력이 불균일하게 되지 않도록 주의한다.

③ 프리스트레치를 시공하는 구간은 과장력에 의한 접속부 및 지선 등에 약점이 생기지 않도록 특히 주의할 것.

④ 프리스트레치 시공후 전선 단말을 확정하는 경우는 너무 짧게 자르지 않도록 가선을 소정의 위치에서 끝낸 후 시공할 것.

⑤ 규정상 영구신장조성(prestretch)시의 장력 및 시간은 표 1과 같다.

표 1 영구신장조성에서 장력과 시간

구 분	종별[mm²]	과장력[kg · f]	시간[분]	
전차선	Cu 170	2,500	30	
	Cu 150	2,300	30	
	Cu 110	2,000	30	
	Cu 150	운전장력의 150[%]	72시간	신설선
	Cu 110			
조가선	St 135	3,000	10	
	St 90	1,600	10	
	CdCu 70~80	1,500	10	
	Bz 65	1,500	10	
	CdCu 70	운전장력의 110[%]	10	신설선
	Bz 65			

제 4 장

급전선, 보호선 및 귀선

1. 전선의 인류 및 접속방법

① 급전선 및 보호선(PW)(이하 급전선 등이라 함)의 선종 및 인류, 접속방법은 표 1과 같다.

표 1

선 종	인류방식	접속방식
HAL 150[mm^2]	인류 클램프	압 축
HAL 95[mm^2]	인류 클램프	압 축
ACSR 160[mm^2]	인류 클램프	압 축
ACSR 95[mm^2]	인류 클램프	압 축
HAL 510[mm^2]	압 축	압 축

② 경알루미늄연선을 압축접속하는 경우는 접속관내에 삽입하는 부분의 전선을 잘 닦고 충진재를 충분히 도포한 후에 정규의 압축을 행할 것. 또 압축길이의 확인은 제1장 **압축접속의 양측길이 확인**에 의한다.

2. 급전선 등의 가설

① 급전선 등의 연선은 특히 전선에 손상을 주지 않도록 취급함과 동시에 신호

기 건널목 등의 기능에 장해를 미치지 않도록 보호하여야 한다.

② 지지점에 고저차가 있는 경우는 지지점에 인상력을 저해하지 않도록 주의한다.

③ 급전선 등을 압축하는 경우는 **전선의 인류 및 접속방식**에 준해서 하고 압축다이스의 중복의 폭은 1/3 LAP 이상으로 하고 접속관에 변형을 주지 않도록 한다.

④ 앞으로 압축접속하는 부분은 테이프를 감아 붙여서 오손을 방지한다.

⑤ 전선의 지지점에는 전선보호 커버를 설치한다.

3. 급전분기장치

① 급전분기의 인하선은 전차선의 편위 조정후 설치한다.

② 급전분기의 인하선은 St 조가선을 넘겨서 설치하는 것을 원칙으로 한다. 다만, CdCu, Bz 조가선인 경우 클램프(+자) 접속을 한다.

③ 가동브래킷에 의한 급전분기에는 경동연선 100[mm^2]를 사용하고, 브랜치 지지금구로 두 개소에 지지한다.

④ 스팬선의 인류는 완철을 사용하고 스팬선의 길이가 15[m]를 초과하는 경우에는 중간지점에도 지지한다.(부록참조)

4. 지중귀선

① 지중귀선을 도로에 매설하는 경우는 다음에 한한다.

㉠ 차량 그 외 중량물의 압력을 받을 우려가 있는 경우에는 1.2[m] 이상의 깊이에 매설하며 트로프(trough)내에 수용할 것.

㉡ 전항 이외의 장소에 대해서는 0.6[m] 이상의 깊이에 매설하고 트로프내에 수용할 것.

② 지중귀선을 노반위에 설비하는 경우는 다음에 의한다.

㉠ 정거장간의 선로에 평행하게 설비하는 경우는 트로프 윗면이 시공면 이하로 되도록 매설할 것.

㉡ 정거장간에서 선로 아래를 횡단하는 경우는 트로프 윗면을 시공면상에서

0.3[m] 이상의 깊이로 매설할 것.

㉢ 정거장 구내에 있어서도 트로프 윗면이 지표면과 일치하도록 설비할 것.

③ 지중귀선을 매설한 경우, 지중귀선이 160° 이하로 꺾기는 장소 및 선로 횡단 장소에는 지중도체 매설표를 설치하여야 한다.

제 5 장

섬락보호설비

1. 섬락보호지선

섬락보호지선의 인류, 접속방식 및 가설은 제4장 **전선의 인류 및 접속방법** 및 **급전선 등의 가설**에 준해서 시공한다.

2. 지락도선(애자보호선과 지락유도선)

애자보호선은 현수애자를 조가 또는 인류용으로 사용하는 경우는 접지측에 180[mm] 현수애자 1개로 절연한 Y금구를 설치하고 PW와의 사이를 ACSR 40[mm^2] 또는 Cu 38[mm^2]로 접속한다. 또 가동브래킷의 장간애자 밴드 사이와 PW와의 사이도 또한 같다. 단, 부득이한 경우에는 현수애자의 접지측을 10[Ω] 이하로 접지시키면 이런 제한이 없다. 지락유도선은 가동브래킷 및 빔 등의 설치밴드와 보호선, 부급전선 또는 섬락보호지선과의 사이를 ACSR 40[mm^2] 또는 Cu 38[mm^2]로 접속한다.

3. 제1종 접지장치

접지극은 특히 지정하지 않는 한 타입식 접지봉 2개 연결을 1조로 해서 3조를 표준으로 한다. 단, 접지 저항치에 따라 1조를 단위로 해서 증감할 수 있다.

4. 제3종 접지장치

접지극은 특히 지정하지 않는 한 타입식 접지봉 1개를 표준으로 한다. 다만, 접지 저항치에 따라 증감한다.

5. 보호판(날개판) 및 보호망

보호판 및 보호망의 밖으로 나가는 폭은 가공 전차선(급전선 및 보호선을 포함한다) 폭의 양단에서 1[m]를 더한 길이 이상으로 하고 보호판의 수평길이는 교량의 연단에서 1.5[m] 이상으로 한다.

6. 전주보호설비

화물홈 또는 도로변에 시설된 전주가 차량 등에 의해 손상될 우려가 있는 경우 철재, 옹벽 등으로 보호설비를 하여야 한다.

제 6 장

보고 및 보고서식

1. 보고서의 제출

① 보고서는 시공후 즉시 감리원에게 제출하여야 한다.

② 보고서의 종류

· 가공전차선로 측정기록	서식 제 1호
· 전차선로 전기시험기록(1)	서식 제 2호
· 전차선로 전기시험기록(2)	서식 제 3호
· 건조물, 신호기 등 이격 측정기록	서식 제 4호
· 접지장치 시공기록	서식 제 5호
· 건널목 장소의 전차선 및 주의표 높이 측정기록	서식 제 6호
· 전주기초 시공기록(1)	서식 제 7호
· 전주기초 시공기록(2)	서식 제 8호
· 전주기초 시공기록(3)	서식 제 9호
· 전주보호 시공기록(1)	서식 제10호
· 전주보호 시공기록(2)	서식 제11호
· 프리스트레치 시공기록	서식 제12호
· 전선압축접속기록	서식 제13호
· 전차선 평행부분 측정기록	서식 제14호
· 건널선장치 측정기록	서식 제15호

- 이격 측정기록 서식 제16호
- 장력조정장치 시공기록(1) 서식 제17호
- 장력조정장치 시공기록(2) 서식 제18호
- 전선류 시공기록 서식 제19호
- 애자 시공기록 서식 제20호
- 가선 금구류 시공기록 서식 제21호

2. 보고서 서식

양식 제1호

가공전차선로 측정기록

년 월 일

도급자

공사번호								구간					
선별	선							지지물			설치각도 (O)		기사
	전주번호	경간 [m]	높이 [mm]	고저차 [mm]	구배 (0/00)	편위[mm]		건축한계 [mm]	궤도중심에서 거리		곡인	진류	
						좌	우		좌 [mm]	우 [mm]			

주 ① 좌우는 기점을 뒤로 한 경우로 한다.

② 과선교 아래, 터널내 등 특수장소는 기사란에 기입한다.

양식 제2호

전차선로 전기시험기록(1)

년 월 일

도급자

공사번호		시험구간	

시번	시험년월일	측정장소	길이[km]	급전선연장[km]	전차선연장[km]

	시각	종별	절연저항 [MΩ]	천후	기온[℃]	온도[%]	기 사
부대시험							

	시 각	경과[분]	가압전압[V]	선로전류[mA]	기 사
절연내력시험		0			
		0.5			
		1			
		2			
		3			
		4			
		5			
		7.5			
		10			

양식 제3호

전차선로 전기시험기록(2)

년 월 일

도급자

공사번호		시험구간	

시번	시험년월일	측정장소	길이[km]	급전선연장[km]	전차선연장[km]

누설전류측정

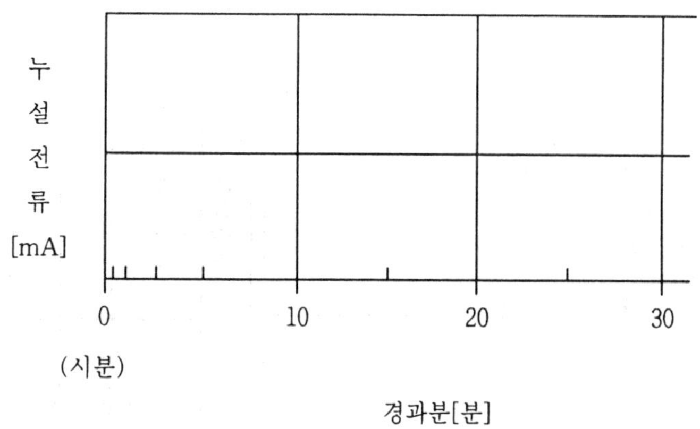

총합성적

번호	절연내력	누설전류[mA]	도 통	절연저항[MΩ]	비 고

주 이 양식은 누설전류 측정공사를 시공한 경우에 제출한다.

양식 제4호

건조물 · 신호기 등 이격 측정기록

년 월 일

도급자

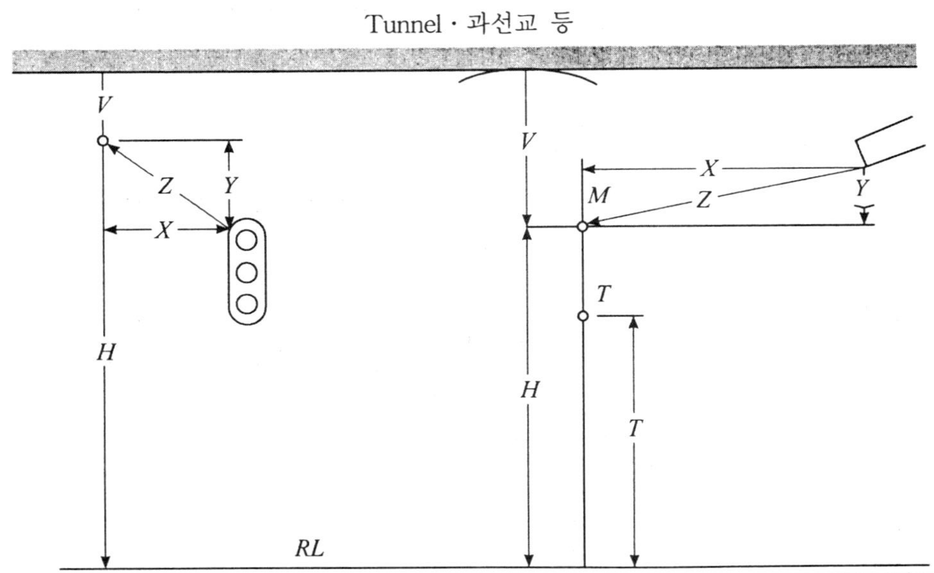

공사번호	
구 간	

선별	선종	전주 번호	근접건조물 등 종별, 명칭	거리[mm]						급전선 등의 경우			
				H	T	V	X	Y	Z	기온[℃]	경간[m]	지지점 높이[mm]	지지점에서의 거리[mm]

양식 제5호

접지장치 시공기록

년 월 일

도급자

공사번호			구 간			
전주번호	접지봉 형식	접지	저항치 [Ω]	천후	피접지물	기 사
		종				
약 도						
사진첨부						

주 ① 약도는 평면도와 이면도로 한다.
② 케이블 등이 있는 경우 명칭 및 이격치수를 기입한다.
③ 사진은 접지선의 연선상태와 접지극의 타입위치를 알 수 있도록 한다.

양식 제6호

건널목 장소의 전차선 및 주의표 높이 측정기록

년 월 일

도급자

공사번호							
구 간	천 정	건널목명칭	전차선높이	주의표 높이		종 별	기사
				좌			
			( )	우			
				좌			
			( )	우			
				좌			
			( )	우			
				좌			
			( )	우			
				좌			
			( )	우			
				좌			
			( )	우			
				좌			
			( )	우			
				좌			
			( )	우			
				좌			
			( )	우			

주 ① 좌우는 기점을 뒤로 한 경우로 한다.

② 전차선 높이는 최저값을, 또한 ( )내는 그 선 이름을 기입한다.

③ 단위는 [m]로 표기한다.

양식 제7호

전주기초 시공기록(1)

년 월 일

도급자

<table>
<tr><td>공사번호</td><td colspan="2"></td><td rowspan="7">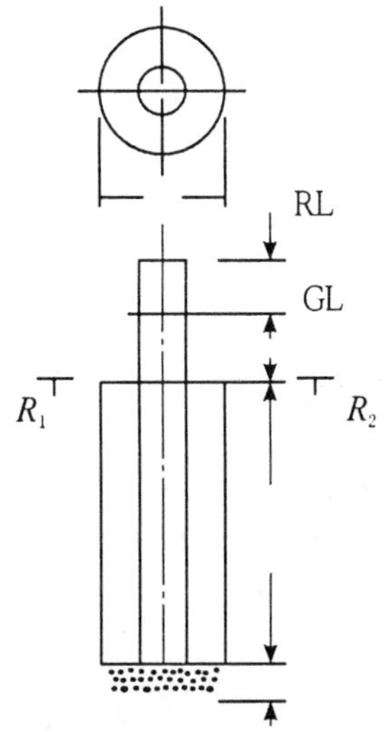

매설물이 있으면 관계위치, 매설물의 종류, 처리를 기입할 것.</td></tr>
<tr><td>구 간</td><td colspan="2"></td></tr>
<tr><td>전주번호</td><td colspan="2"></td></tr>
<tr><td>전주종별</td><td colspan="2"></td></tr>
<tr><td>기초종별</td><td colspan="2"></td></tr>
<tr><td rowspan="2">건축한계</td><td>R1</td><td></td></tr>
<tr><td>R2</td><td></td></tr>
<tr><td colspan="3">기 사</td></tr>
<tr><td colspan="4">사 진 첨 부</td></tr>
</table>

주 사진은 구멍의 깊이 및 직경치수를 동시에 판독할 수 있는 것 1장으로 한다.

양식 제8호

전주기초 시공기록(2)

년 월 일

도급자

<table>
<tr><td>공사번호</td><td colspan="2"></td><td rowspan="7">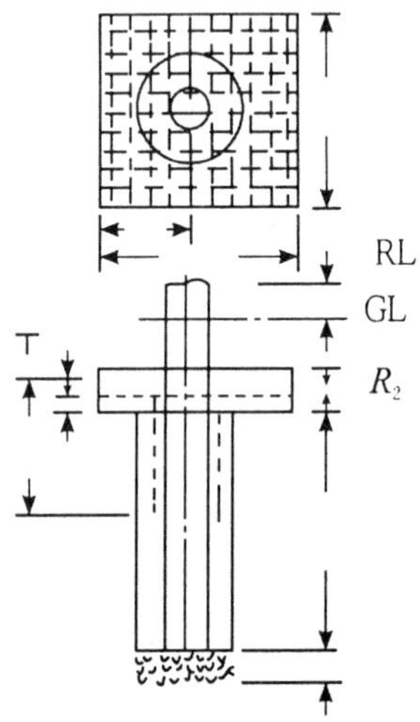

(:[cm])
(:[cm])
(:[cm])
(:[cm])
(:[cm])
(:[cm])
(:[cm])
(:[cm])

매설물이 있으면 관계위치, 매설물의 종류, 처리를 기입할 것.</td></tr>
<tr><td>구 간</td><td colspan="2"></td></tr>
<tr><td>전주번호</td><td colspan="2"></td></tr>
<tr><td>전주종별</td><td colspan="2"></td></tr>
<tr><td>기초종별</td><td colspan="2"></td></tr>
<tr><td rowspan="2">건축한계</td><td>R1</td><td></td></tr>
<tr><td>R2</td><td></td></tr>
<tr><td colspan="3">기 사(특별한 공사 방법)</td></tr>
<tr><td colspan="4">사 진 첨 부</td></tr>
</table>

주 사진은 1형과 동일한 형태의 것 1장과 상부의 기초 부분치수 및 배 상태가 판독 가능한 것 1장과 2장으로 한다.

양식 제9호

전주기초 시공기록(3)

년 월 일

도급자

<table>
<tr><td>공사번호</td><td colspan="2"></td><td rowspan="7"></td></tr>
<tr><td>구 간</td><td colspan="2"></td></tr>
<tr><td>전주번호</td><td colspan="2"></td></tr>
<tr><td>전주종별</td><td colspan="2"></td></tr>
<tr><td>기초종별</td><td colspan="2"></td></tr>
<tr><td rowspan="2">건축한계</td><td>R1</td><td></td></tr>
<tr><td>R2</td><td></td></tr>
<tr><td colspan="4">기 사

매설물이 있으면 관계위치, 매설물의 종류, 처리를 기입할 것.</td></tr>
<tr><td colspan="4">사 진 첨 부</td></tr>
</table>

주 사진에 대해서는 양식 제7호, 제8호에 준한다.

양식 제10호

전주보호 시공기록(1)

년　　월　　일

도급자

<table>
<tr><td>공사번호</td><td></td><td rowspan="5">(전주보호설비도면첨부)</td></tr>
<tr><td>구 간</td><td></td></tr>
<tr><td>전주번호</td><td></td></tr>
<tr><td>기초종별</td><td>반원</td></tr>
<tr><td colspan="2">기 사</td></tr>
<tr><td colspan="3">사 진 첨 부</td></tr>
</table>

주 사진은 강재의 매입길이 및 형틀의 치수가 동시에 판독가능한 것 1장으로 한다.

양식 제11호

전주보호 시공기록(2)

년 월 일

도급자

<table>
<tr><td>공사번호</td><td></td><td rowspan="5">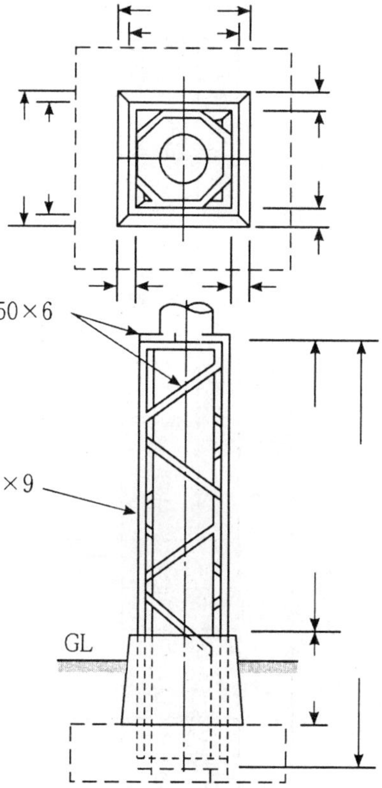
</td></tr>
<tr><td>구 간</td><td></td></tr>
<tr><td>전주번호</td><td></td></tr>
<tr><td>기초종별</td><td>T형</td></tr>
<tr><td colspan="2">기 사</td></tr>
<tr><td colspan="3">사 진 첨 부</td></tr>
</table>

주 사진은 강재의 매입길이 및 형틀의 치수가 동시에 판독 가능한 것 1장으로 한다.

양식 제12호

프리스트레치(Pre-stretch) 시공기록

년 월 일

도급자

공사번호								구 간								
선별	측정 장소	전주 번호	전선		표준장력[kg]	과장력 시간	기온 [℃]	개시 직후			종료직전			종료후		기 사
			종별	길이[m]				시각	장력 [kg]	신량 [mm]	시각	장력 [kg]	신량 [mm]	장력 [kg]	신량 [mm]	
	기점측															
	종점측															
	평균장력 합계신량															
	기점측															
	종점측															
	평균장력 합계신량															
	기점측															
	종점측															
	평균장력 합계신량															
	기점측															
	종점측															
	평균장력 합계신량															

주 늘어나는 양은 프리스트레치 부하를 걸기 직전에 표준장력을 건 상태를 0으로 한다.

양식 제13호

전선압축접속기록

년 월 일

도급자

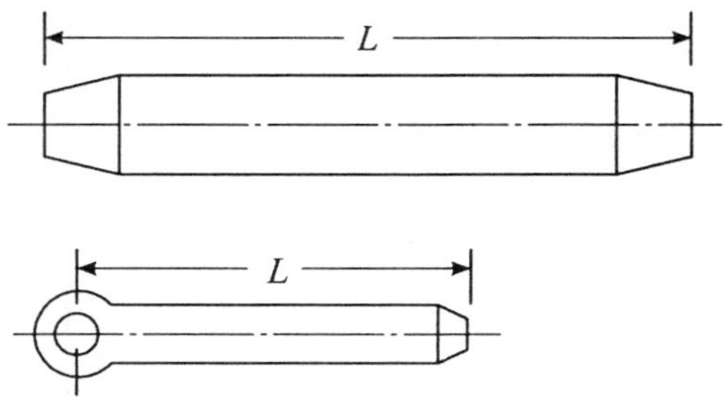

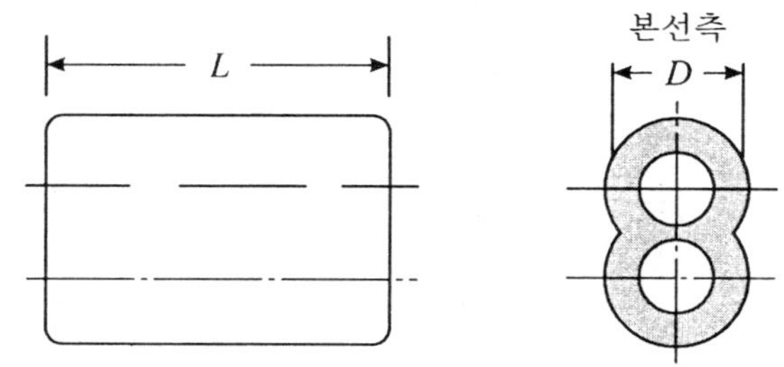

공사번호						구 간					
전주 번호	설비종별	전선종별	접속관		Dice 번호	압축전 L[mm]	압력계 지시표	압축후 촌법[mm]		신량[mm]	기 사
			종별	Maker				*L*	*D*		

주 ① D치수의 측정은 압축 치수 게이지에 의할 것. ② 10 Ton Press에 의한 압축은 제외
③ 선별은 기사란에 기입한다.

양식 제14호

전차선 평행부분 측정기록

년 월 일

도급자

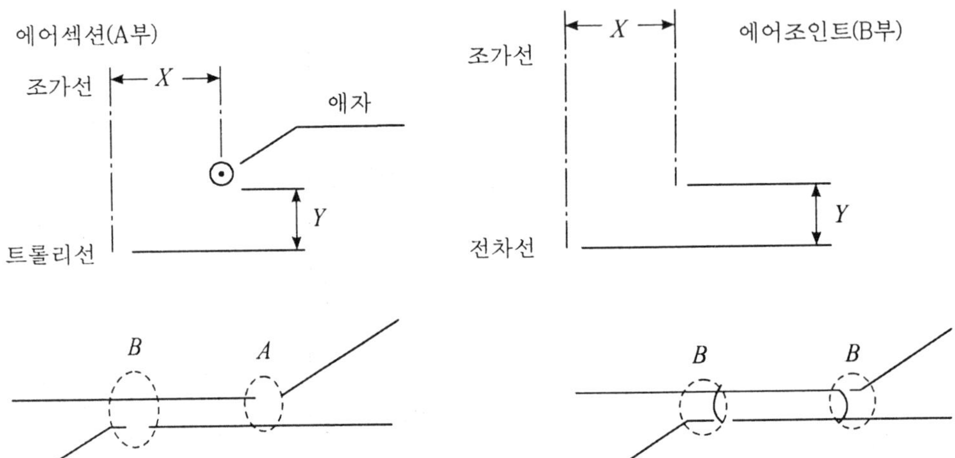

주 AS, AJ의 구분은 기사란에 기입

공사번호									
측정년월일	기온[℃]	구 간	전주번호	선 별	기점측		종점측		기 사
					X	Y	X	Y	

양식 제15호

건널선장치 측정기록

년 월 일

도급자

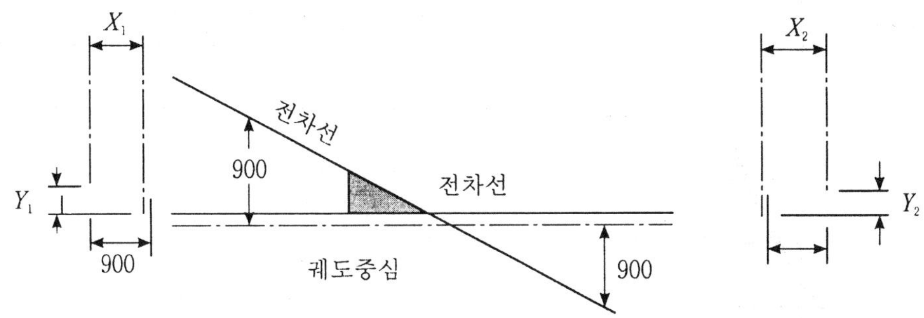

공사번호									
측정년월일	기온[℃]	구 간	전주번호	선 별	유효부분		무효부분		기 사
					X_1	Y_1	X_2	Y_2	

양식 제16호

이격 측정기록

년 월 일

도급자

공사번호			구 간		
전주번호	경간[m]	선종	이도[mm]	기온[℃]	기 사

주 ① 측정은 1드럼에 대해서 1장소를 표준으로 한다.
② 전차선은 제외
③ 선별은 기사란에 기입한다.

양식 제17호

장력조정장치 시공기록(1)

년 월 일

도급자

공사번호

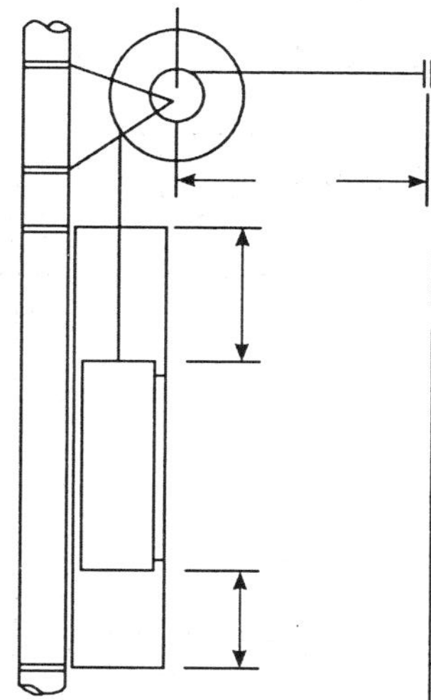

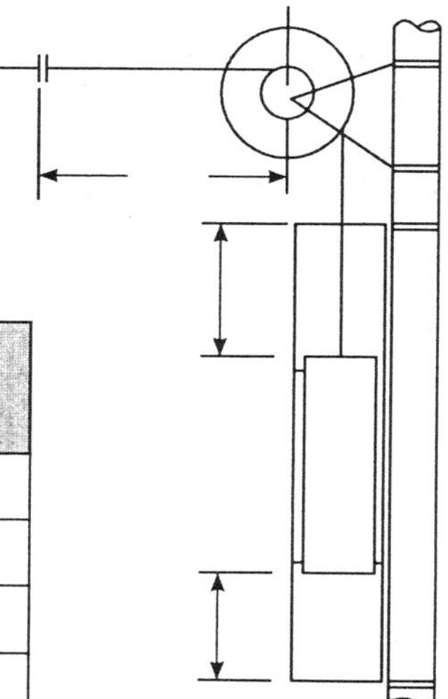

주 좌측을 기점으로 한다.

번호	Maker		제조년월	Maker		제조년월
	본체	중추		본체	중추	
1						
2						
3						
4						

번호	측정 년월일	기온 [℃]	구 간	전주 번호	형식	치수[cm]			전선길이 [m]	구 간	전주 번호	형식	치수[cm]		
						A	B	C					A	B	C
1															
2															
3															
4															

양식 제18호

장력조정장치 시공기록(2)

년 월 일

도급자

공사번호

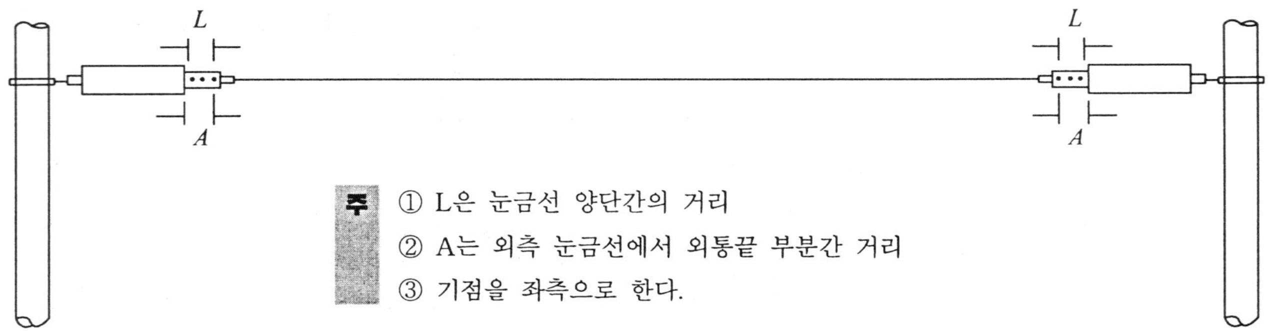

주
① L은 눈금선 양단간의 거리
② A는 외측 눈금선에서 외통끝 부분간 거리
③ 기점을 좌측으로 한다.

측정 년월일	기온 [℃]	구 간	전주 번호	L[mm] / A[mm]	형식	Maker	제조년월	전선길이[mm]	구 간	전주 번호	L[mm] / A[mm]	형식	Maker	제조년월

양식 제19호

전선류 시공기록

년 월 일

도급자

공사번호			구 간				
전주번호	설비명칭	선 종	전선길이[m]	Maker	제조년월	드럼번호	기 사

주 ① 설비종별은 급전선, 급전 분기선, 조가선, 전차선, 귀선, 보호선, 가공지선, 지선으로 한다.

② 선별은 기사란에 기입한다.

양식 제20호

애자 시공기록

년 월 일

도급자

공사번호			구 간			
전주번호	설비명칭	애자종별	수 량	Maker	제조년월	기 사

양식 제21호

가선 금구류 시공기록

년 월 일

도급자

공사번호			구 간			
전주번호	품 칭	품 형	수 량	Maker	제조년월	기 사

주 ① 품명은 더블이어, 행어이어, 피드이어, 커넥터금구, 곡선당김금구, 진동방지금구, 드로퍼 클립, 와이어 클립, 교차금구, 가동브래킷, 전주밴드로 한다.
② 선별은 기사란에 기입한다.

제5편

고속철도(전철)설비

제 1 장

개 요

1. 경부고속철도

경부고속철도 건설의 1단계 사업이 완료되어 2004년 4월 1일 역사적인 개통이 있었다. 일본, 프랑스, 독일, 스페인에 이어 세계 다섯 번째로 시속 300[km]의 고속철도 보유국이 된 것이다.

1992년 6월 30일 천안에서 착공식을 가지면서 대공사의 시작 이래 12년만에 이룬 쾌거였다.

1970년 7월에 경부고속도로가 개통된 후 실로 34년만에 일어난 교통혁명이다. 고속도로 개통으로 전국이 일일생활권이 되었고 이제 고속철도 개통으로 전국이 반나절 생활권이 되었다.

고속철도 개통은 명실상부 우리나라가 동북아 물류 중심국으로 발돋음하는데 크게 기여할 것이다.

경부고속철도는 대구이남 기존선을 이용한 1단계 준공으로 서울~부산간 영업거리는 408.5[km]로 신설선 232.9[km], 기존선 전철화 156.4[km], 기존선 19.2[km]로 구성되었다. 2단계 준공은 2010년을 목표로 공사중이다.

경부고속철도는 1981년부터 시작된 '제5차 경제사회발전 5개년계획'에 반영되면서부터 시작되었다. 1993년 기준으로 총사업비 10조 7천 4백억원이라는 건국이래 최대의 국가사업으로 2001년 완공 목표로 서울 - 천안 - 대전 - 대구 - 경주 - 부산간 430.7[km]를 건설 계획이었으나 정치, 경제, 사회적 문제 돌출로 계속 사업이 지연되어 겨우 12년만에 우선 1단계 구간만 개통되었다. 앞으로는 주요 국책사업이 도중에 표류하는 일이 없도록 국민이 뜻을 모아야 할 것이다.

2. 교육과정

"고속철도 전차선로"에 대한 교육단계는 다음과 같은 것을 포함한다.

① 전철화 시스템
② 고속선(TGV)에서 사용하는 가공전차선로의 특징
③ 전차선로를 지지하는 구조물 및 조가설비
④ 장력장치
⑤ 구분장치
⑥ 각종 개폐설비
⑦ 전차선로 지지물

3. 세계 고속전철의 특징 비교

구 분	신간선(동북선)	TGV(대서양)	ICE	한국고속전철
전차선 전압	교류단상 25[kV] 50[Hz]	교류단상 25[kV] 50[Hz]	교류단상 25[kV] 16 2/3[Hz]	교류단상 25[kV] 60[Hz]
가선방식	콤파운드 커티너리	변Y형 심플커티너리	변Y형 심플커티너리	심플커티너리
지지방식(역간)	CP 13[m]	H형강 8[m]	CP, 강관주	H형 강주 13[m]
최대경간[m]	50	63	65	63
전주건식위치	3.3[m]	3.5[m]	3.5[m]	3.235[m]
가고[mm]	1,800	1,400	1,800	1,400
전차선 현수방식	행어 및 드로퍼	드로퍼	균압겸용 드로퍼	드로퍼
전차선 및 장력 (t)	Cu 170[mm^2] (1.5)	Cu 150[mm^2] (1.5)	CuAg 120[mm^2] (1.5)	Cu 150[mm^2] (2.0)
조가선 및 장력 (t)	St 180[mm^2] (2.5)	Bz 65[mm^2] (1.4)	Bz 70[mm^2] (1.5)	Bz 65[mm^2] (1.4)
장력장치	일괄자동장력	개별자동장력	개별자동장력	개별자동장력

구 분		신간선(동북선)	TGV(대서양)	ICE	한국고속전철
구분 장치	이 상	이중 Over Lap	이중 Over Lap	이중 Over Lap	이중 Over Lap
	동 상	에어섹션, 다이아몬드형	에어섹션, 다이아몬드형	에어섹션, 다이아몬드형	에어섹션, 다이아몬드형
전차선 높이		5,000[mm]	5,080[mm]	5,300[mm]	5,080[mm]
전차선 편위		좌우 200[mm]	좌우 200[mm]	좌우 300[mm]	좌우 200[mm]
최대 인류구간		1,500[m]	1,600[m]	1,200[m]	1,200(1,500)[m]
운전최고속도		240[km/h]	300[km/h]	250[km/h]	300[km/h]
수전방식		AC 3상3선식 154[kV](2회선)	AC 3상3선식 225[kV](2회선)	AC 3상3선식 225[kV](2회선)	AC 3상3선식 154[kV](2회선)
변전소 간격		50~70[km]	22.4~93[km]	50[km]	50~70[km]
구분소 간격		10[km]	15[km]	15[km]	10[km]
주변압기	형식	SCOTT	V결선	V결선	SCOTT
	용량	100[MVA]× 2[대]	40~60[MVA]× 2[대]	50[MVA]×2[대]	120[MVA]× 2[대]

4. 기존선과 경부선 고속신설구간(신동~부산)의 전차선로 비교

구 분	기존선	경부선(신동~부산)	비 고
전차선전압, 주파수	교류단상 25[kV] 60[Hz]	교류단상 25[kV] 60[Hz]	
급전방식	AT급전방식	AT급전방식	
가선방식	헤비 및 심플커티너리	헤비 심플커티너리	측선, 건널선은 심플
전주형별	콘주, H주, 조합철주	H주, 조합철주	
전주경간(최대)	60[m]	50[m]	신설구간 : 63[m]
조가방식	행어이어, 드로퍼	드로퍼	
전주건식위치	표준 3[m]	표준 3[m]	
전주기초	콘크리트 기초	콘크리트 기초	
전차선지지	가동 브래킷	가동 브래킷	
전차선 및 장력	Cu 110[mm^2]/1[t]	Cu 110[mm^2]/1[t]	심플구간

구 분	기존선	경부선(신동~부산)	비 고
전차선 및 장력	Cu 170[mm²]/1.5(1.3)[t]	Cu 150[mm²]/1.4[t]	본선신선구간 : 2[t]
조가선 및 장력	CdCu 70[mm²]/1[t]	CdCu 70[mm²]/1[t]	심플구간
조가선 및 장력	CdCu 80[mm²]/1.5(1.3)[t]	Bz 65[mm²]/1.4[t]	본선헤비심플구간
가선장력방식	일괄 활차식	일괄 활차식	
이상절연구분방식	절연체 22[m]	연속(2중) 에어섹션	산업선일부 40[m]
동상절연구분장치	애자섹션	애자섹션	
전차선 높이	표준 5.2[m]	표준 5.2[m]	경부선T : 4,750[mm]
전차선 편위	표준 좌우 200[mm]	표준 좌우 200[mm]	
최대인류구간	1,600[m] 이하	1,600[m] 이하	장력거리 : 800[m] 이하
보호방식	보호선(PW)	FPW 및 공동매설접지방식	AT구간
운전최고속도	110(80)[km/h]	140[km/h]	

제 2 장

프랑스 전철화 소개

1. 전철화의 선택

프랑스 철도의 전철화는 20세기 초부터 시작되었다. 전철화를 채택한 계기는 급구배에서 스팀 견인동력을 사용할 경우 견인력 문제 때문에 전철화가 선택되었다. 이러한 전철화는 제3궤조방식과 커티너리방식에 의하여 달성되었다.

1920년 초부터, 당시의 회사들은 철도망의 주요선로에 운행되는 스팀동력을 점차적으로 전철화하는 광범위한 계획을 착수하기 시작하였다.

전원공급(AC 또는 DC)의 방식을 고려하지 않더라도 다음과 같은 장점 때문에 전철화 방식을 선택하게 되었다.

① 전기모터는 순시 과부하에 적합한 고출력을 갖는다.
② 견인동력과 속도의 증감에 유리
③ 도시교통의 특이성에 적합(가감특성과 차량조작의 용이성)
④ 차량운영의 고밀도화
⑤ 동력차 유지보수의 경제성
⑥ 기관사와 유지보수직원들의 격무를 경감
⑦ 승객과 선로접경 주민들에 대한 민원 해소

반면에, 전철화운영은 많은 비용이 소요되는 송·변전설비를 필요로 하는 단점이 있다.

2. 전철화 방식

철도망의 전철화를 위하여 프랑스 철도(SNCF)는 두 가지 형태의 전철화 방식을 채택하였다.

· DC 1,500[V]

· 단상 25,000[V] 50[Hz]

(1) DC 1,500[V] 전철화

직류 전기모터는 견인력이 매우 좋을 뿐 아니라, 튼튼하며 제작하기 쉽고 경량화 할 수 있다. 반면에, 직류전류는 장거리 급전에는 부적합하고, 견인동력에 필요한 에너지는 고전압 3상 교류의 형태로 전송되며, 전철화 된 선로에 근접한 변전소에서 다시 DC 1,500[V]로 변환하여야 한다.

비교적 낮은 전압인 1,500[V]는 큰 전차선 단면적(구리 단면적 400[mm^2]~480[mm^2] 이상)이 필요하고, 전기차가 필요로 하는 동력을 공급하기 위한 각각의 급전점은 인접해서 설치하여야 한다.(변전소 간격 : 10~20[km])

· 팬터그래프의 집전전압은 모터가 최대부하에 충분히 도달할 수 있는 정격전압을 유지하여야 한다.

· 주울열에 의해 발생되는 전차선의 발열은 전선의 기계적인 특성을 약화시키지 말아야 한다.

더욱, 전차선로 지지물 그리고 규격화된 경간이 연속적으로 설치되어 이 설비들이 전체선로 대부분의 하중을 차지하기 때문에 특히 중량화된 고정설비를 필요로 한다.

DC 전철화방식의 장·단점은 다음과 같다.

① 장점

㉠ 간단하고 튼튼한 전기차량의 설계 용이

㉡ 전차선로 절연의 용이

㉢ 가압상태에서 일부 유지보수 작업이 가능

㉣ 통신유도장해가 없으며, 경량 단거리 수송에 유리하다.

② 단점

㉠ 변전소의 수가 많아지고 소내 변압설비가 복잡(변전소 간격이 짧다)

㉡ 운전전류가 커서 누설전류에 의한 전식(電蝕)대책이 필요하고, 전류용량이 큰 급전선을 가설해야 한다.

(2) 25,000[V] 50[Hz] 단상교류 전철화

이 방식의 전철화는 1950년 이후부터 프랑스에서 발전되었다. 이 전철화방식은 상용 고전압망으로부터 직접 전원을 공급받으므로 별도의 철도용 송전선로를 가설할 필요가 없으므로 필요한 산업전기를 직접사용하는 장점이 있다.

일반적으로 간단한 변압설비로 구성된 전철변전소에서 25,000[V] 50[Hz]의 단상전류를 전차선로에 공급한다.

이와같은 고전압은 변전소의 간격을 50[km]~70[km]로 할 수 있고 전차선의 단면적을 작게할 뿐만 아니라(145[mm^2] 동환산 단면적)고정설비의 경량화가 가능하다.

AC 견인전동기에 있어서는 교류를 직류로 변환하는 소형, 경량의 정류기의 개발로, DC 구간에서 사용되는 견인전동기와 같이 AC구간에서도 동일하게 사용된다.

하지만, 이 시스템은 다음과 같은 단점이 있다.

① 선로에 인접한 모든 가공전선은 정전유도 및 전자유도의 영향을 받으므로 가공 통신선은 케이블화할 필요가 있다. 즉 전식의 우려는 없으나 통신유도대책이 필요하다.

② 전차선로의 유지보수작업은 반드시 단전후 시행하여야 한다.

③ 일부 장소에서는 절연이 용이하지 않다.(공해지역, 서로다른 전원계통구간)

(가) 두가지 전철화 방식의 연결

AC와 DC로 공급되는 두 방식의 연결문제는 "견인전원 공급 교차장소(AC-DC 절연구간)"의 설치로 해결되었다.

다음으로, AC-DC 겸용 견인모터의 사용으로 교차장소의 복잡한 설비를 설치하지 않아도 될뿐 아니라, 이 구역을 통과할 때 팬터그래프를 내려야 하는 하나의 갭섹션(절연구분장소)를 사용하게 되었다.

(나) 설비별, 주요사항별 비교 분석

기존선	비교내용	고속선
1 : 4(수도권) 1 : 3(산업선)	활차비	1 : 5
활차식 등	형 태	도드래식
일괄 조정	조정방식	개별 조정
V지선 · 2단 지선	지선종별	2단지선 · 철봉지선
800[m]	최대 장력 거리	750[m]
일괄조정 철추(504.01[kg]) 28.89[kg]×15[EA] 29.94[kg]× 2[EA] 10.78[kg]× 1[EA]	장력추	전차선(400[kg]) : 40[kg]×9[EA], 20[kg]×2[EA] 조가선(280[kg]) : 40[kg]×6[EA], 20[kg]×2[EA]

(다) 표준장력에 의한 비교

전차선은 무빙, 무풍지구의 표준온도(10[℃])에서의 장력을 표준장력으로서 가설한다. 일반의 표준장력은 기상이 최악상태에서 장력이 허용장력(항장력/안전율) 이내로 오도록 정해지고 있다. 전차선은 고속도에 접동하는 집전장치에 대응하기 때문에 풍압을 받은 상태로 집전장치의 통과에 지장없이 운전가능한 전차선 편위의 확보와 자동장력조정장치의 유무에 따라 장력이 변화하고 집전장치의 접동에 따라 마모로 인한 잔존 단면적의 감소 등을 고려해서 정해진다. 전차선의 표준장력을 정리하면 다음과 같다.

단위 : [kgf]

구 분	150[mm²](고속철도)	170[mm²]	110[mm²]
일괄자동장력조정장치		1,500	1,000
개별 자동장력조정장치	2,000		900
자동장력조정장치가 없는 경우			800

제 3 장

전철의 일반원리

1. 전차선의 일반적인 특성

전기차에 전원을 공급하기 위하여 설치된 선을 전차선이라고 한다. 전차선은 하나 혹은 두개의 전차선으로 구성된다. 전차선은 드로퍼 혹은 행어에 의해 수직으로 조가된다.

이 가선방식을 "커티너리 전차선로"라고 부르며, 현재는 간략히 "커티너리"라고 한다. 일반적으로 커티너리는 전 설비(선로와 지지물)로 정의한다.

전차선로는 다음과 같은 전기적, 기계적 특성을 가지고 설계되어야 한다.

(1) 전기적 특성

전차선은 차량의 동력원으로 전류를 공급하여야 한다. 전차선은 양질의 도전체와 전압강하가 적게 발생되도록 제작되어야 한다.

커티너리의 전체 단면적은 다음과 같은 변수에 의하여 결정된다.

① 선로형태(구배 및 곡선)

② 차량중량, 속도 및 운송량

③ 변전소의 주 변압기 용량

④ 도체의 허용온도 ($W_j = RI^2t$)

이 단면적은 항상 표준 동환산 단면적으로 표현된다.

(2) 기계적 특성

전차선로를 구성하는 각종 설비들은 발생할 수 있는 모든 일반적인 하중(정적, 동적)에 견딜 수 있거나, 표준안전율을 고려하여 설계하여야 한다.

팬터그래프가 접촉하는 전차선은 고속으로 운행하는 동안에도 이선이나 과도한 변형이 없어야 한다.

그러므로 다음과 같은 사항이 요구된다.

① 커티너리의 가요성(조가선과 전차선의 지지의 탄력성)
② 극한 온도조건하에서도 커티너리는 자체형상을 유지하여야 한다.
- 프랑스(－20[℃]～＋50[℃])
- 한국(－20[℃]～＋60[℃])(일반전기철도 : －20[℃]～＋40[℃])
  (표준온도 : ＋20[℃])

전차선의 표면(마찰표면)에는 굴곡이 없이 제작되어야 한다. 전차선은 가선시에 드로퍼에 의하여 조가선에 지지될 수 있도록 두 개의 홈이 파여져 있다.

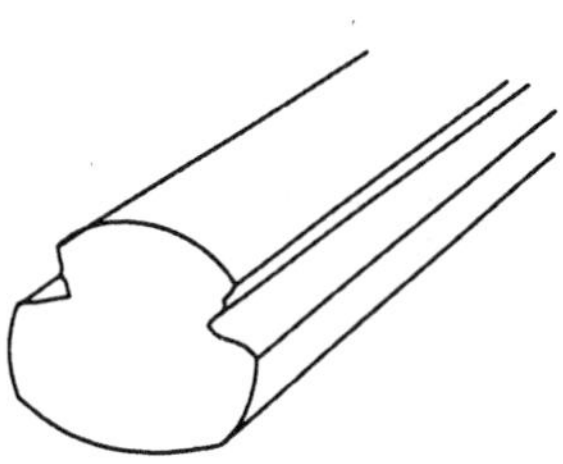
(a) flat

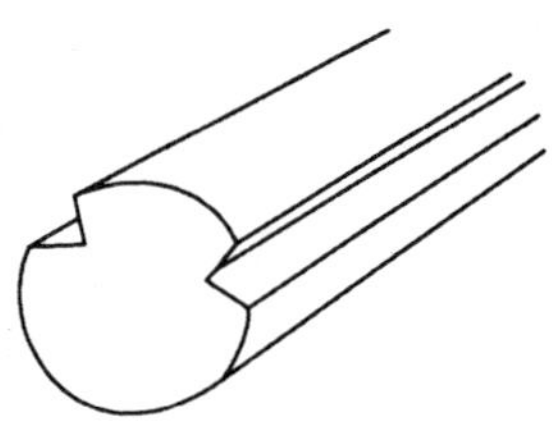
(b) round

그림 1 전차선의 형태

2. 절연에 대한 원칙

모든 도체는 대지와 절연되어야 한다.

가공전차선은 세부분으로 구성된다.

① 접지 : 대지와 직접 연결되는 부분과 도전체를 통하여 대지에 접촉된 부분
② 가압 : 대지와 절연되어 운전전류를 공급하는 부분

③ 중성 : 접지된 부분과 가압된 부분 양쪽과 절연되는 부분
(25000방식에서는 매우 드물다)

3. 운전회로

운전전류는 선로를 따라서 설치된 변전소에 의해 전철용 전원으로 변환되며, 전차선로에 의하여 전기차 견인에 필요한 전력을 공급한다.

팬터그래프에 의하여 집전된 운전전류는 견인전동기에 공급되고 주행레일을 통하여 변전소로 귀환한다.

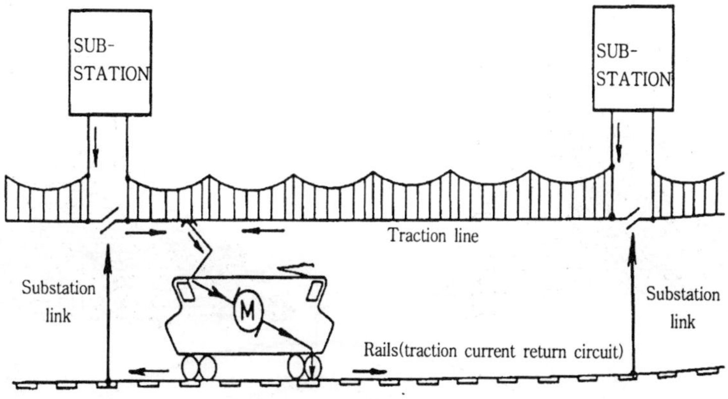

그림 2 귀환회로 구성을 포함하는 운전전류 회로

4. 설비구성방법

(1) 다각형(Polygonal) 형태의 설비(1,500[V], 25,000[V])

① 이 방식은 현대 전기철도에서 주로 채택되고 있는 방식이다.

② 설치가 용이하고 고속에 적당하다.

③ 모든 도체(전차선, 조가선, 드로퍼)는 지지물에 기계적으로 연결되어 지고, 수평파이프와 곡선당김금구에 의해서 동일 수직면상에 위치하게 된다.

④ 커브에서는 수직면에 연속적으로 설치되고 수평면상에 투영하였을 때는 선로 곡선의 접선을 따라 다각형 형상으로 설치된다.

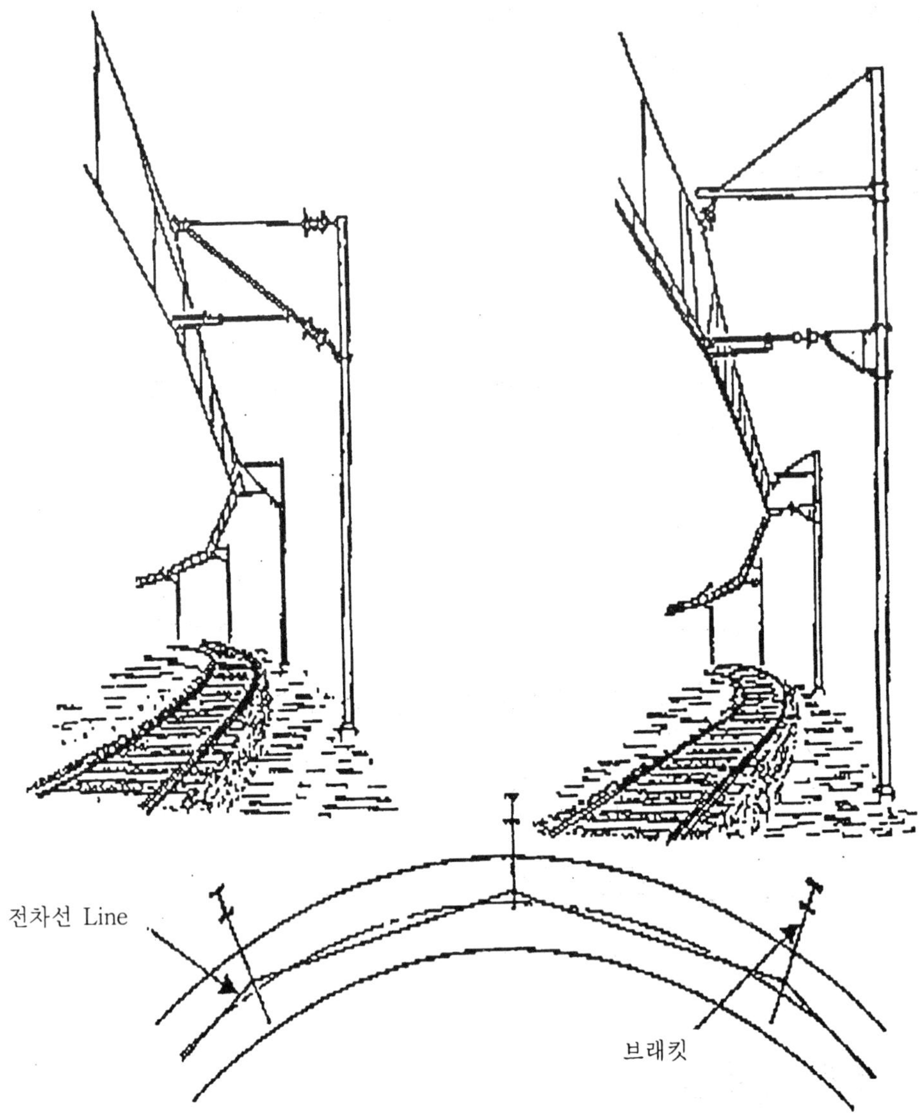

그림 3 다각형(Polygonal) 형태의 설비

제 4 장 25,000[V] 고속선의 전차선로

1. 전차선로의 특성

커티너리 방식의 전차선로는 65[mm^2]의 청동 조가선과 150[mm^2]의 단면적을 가지는 동전차선으로 이루어 진다. 전차선로에서의 가고는 1.4[m]이다.

조가선과 전차선의 기계적 장력은 −20[℃]에서 +60[℃] 사이의 온도범위에서 조정된다.

① 드로퍼 간격 : 6.75[m]

② 전차선의 사전이도(pre-sag) : 1경간의 1/1000(TGV 동남선)
1경간의 1/1000(TGVA)

③ 커티너리 : 수직

④ 지지점에서의 최대 압상높이 : 9~10[cm]

⑤ 집전 : 100[m] 당 약 1번의 이선(Arc) 현상

⑥ 전차선 높이 : 전차선로의 높이는 지지점에서 5.08[m]로 고정된다.

파리 동남선 고속선에서의 동환산 단면적은 ACSR 288[mm^2]의 25,000[V] 급전선에 의하여 보강되어 있고, 변전소 양단을 기준으로 하여 4[km] 마다 전원이 공급된다. 이 거리는 2×25,000[V]의 변전소의 전차선로는 8[km]마다 커티너리에 전원이 공급된다.

ACSR 288[mm^2]로 제작된 25,000[V] 급전선은 2×25,000[V]의 두 변전소 사이

에서 단권변압기를 통해서 급전지점에서 전차선에 견인전력을 급전한다.

급전선은 완철을 이용하여 선로외측에 설치된다.

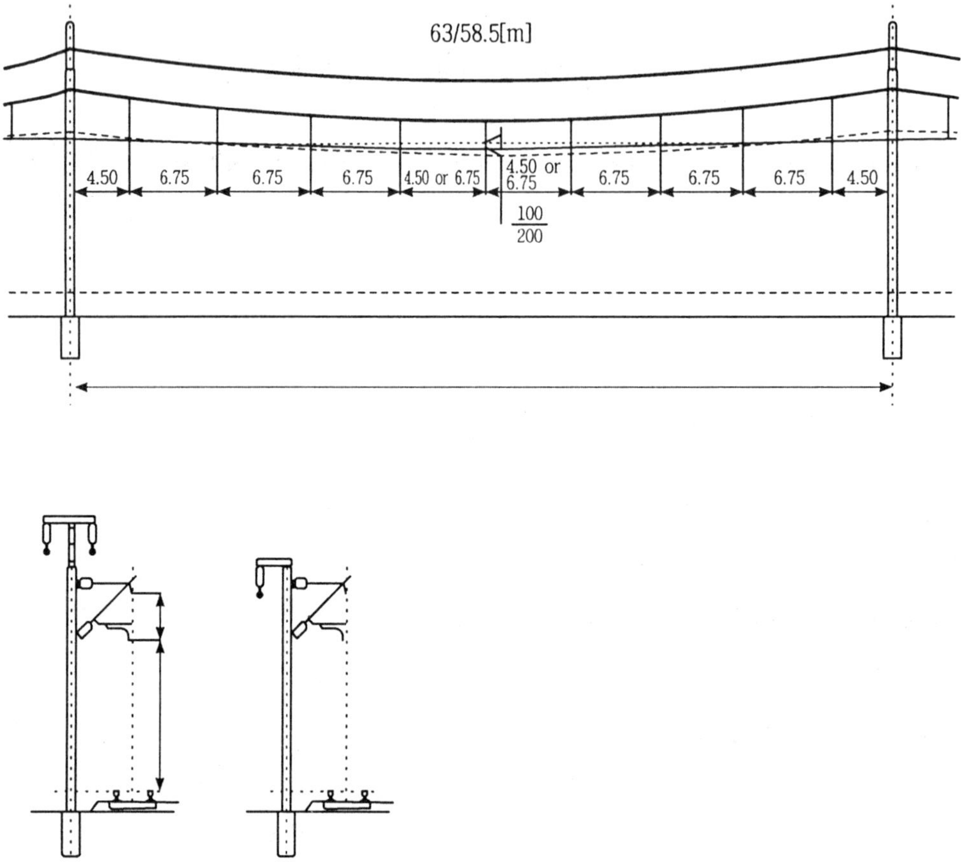

그림 1 드로퍼의 간격

Bz 65.4[mm^2]의 조가선

Cu 150[mm^2] 전차선

ACSR 93.3[mm^2] 가공 보호선

ACSR 288[mm^2] 급전선(또는 ACSR 261.5[mm^2])

총 중량(전차선, 조가선)은 1.99[kg/m]이다.

2. 도 체

도체의 특성은 표 1과 같다.

표 1 도체의 특성

구분 \ 도체의 종류		조가선	전 차 선		보호선	
			round	flat		
재 질		얇은 경동	냉간압연동	냉간압연동	알루미늄-철	
단면적		65.4[mm²]	150[mm²]	150[mm²]	Al=58.9[mm²] St=34.4[mm²]	
직 경		10.5[mm]	14.40	15.10×13.60(h)	13.26	
형태	도선수	37	홈붙이선	홈붙이선	Al=12	St=7
	지 름	1.5[mm]			2.5[mm]	2.5[mm]
단 중		0.605	1.334	1.334	0.437	
인장하중		4218[daN]	5210[daN]	5210[daN]	4610[daN]	
도전율		61[%]	98[%]	98[%]	61[%]	
구리환산단면적		39.3[mm²]	147[mm²]	147[mm²]	35.9[mm²]	
선팽창계수		17×10^{-6}	17×10^{-6}	17×10^{-6}	18×10^{-6}	

3. 급전선

한개 또는 여러개 급전선은 특정한 급전형태에 따라 선택되어 설치된다. 이러한 급전선들은 하나 또는 그 이상의 동 또는 알루미늄 케이블로 제작된다.

이 급전용 케이블은 전차선로의 전원공급을 위하여 단권변압기 전철화방식(AT 방식)에 사용된다.

일반적으로 급전선은 지지물의 말단에 설치된 급전완철의 지지금구에 의하여 선로의 외측에 설치된다.

급전선의 형태는 표 2와 같다.

표 2 급전선의 특성

		동급전선		ACSR 급전선	
명 칭		145.8	262	228	288
도선의 구성		Cu 37가닥 Φ=2.24[mm]	Cu 37가닥 Φ=3.00[mm]	Al 30가닥 Φ=2.8[mm] St 7가닥 Φ=2.8[mm]	Al 30가닥 Φ=3.15[mm] St 7가닥 Φ=3.15[mm]
형 태	단면적	145.8[mm^2]	261.53[mm^2]	227.83[mm^2]	288.35[mm^2]
	직 경	15.7[mm]	21[mm]	19.6[mm]	22.05[mm]
중 량		1.325	2.375	0.874	1.107
인장하중		5370[daN]	9100[daN]	7710[daN]	9600[daN]
도전율		98[%]	98[%]	61[%](Al)	61[%](Al)
구리환산단면적		142.88[mm^2]	256.30[mm^2]	112.62[mm^2]	142.62[mm^2]
선팽창계수		17×10^{-6}	17×10^{-6}	18×10^{-6}	18×10^{-6}

4. 경 간

경간은 4.50[m]의 배수이다. 직선상에서 연속된 지지점간의 경간은 최대 63[m]까지 할 수 있다.

곡선상에서, 최대경간은 일반적으로 곡선반경에 의하여 정하여 진다.

이 경간은 일련의 전주와 곡선 또는 전주가 설치된 호에서 정확하게 측정될 수 있다.

① 선로의 수가 홀수일 때는 중앙선로의 내측레일에서

② 선로의 수가 짝수일 때에는 선로의 중심축에서 외측 첫 번째 선로의 안쪽레일에서

고속선에서 사용되는 현재선로의 경간의 길이는 표 3과 같이 요약할 수 있다.

곡선반경

$R_1 = 1600[m] < R < 2000[m]$

$R_2 = 2000[m] < R < 2500[m]$

$R_3 = 2500[m] < R < 3200[m]$

$R_4 = 3200[m] < R < 4400[m]$

$R_5 = 4400[m] < R < 7000[m]$

$R_6 = 7000[m] < R < 10000[m]$

$R_7 = 10000[m] < R < 20000[m]$

$R_8 = 20000[m] < R <$

주 인접한 경간 차이는 9[m]를 초과해서는 안된다.

표 3

곡선		R_8	R_7	R_6	R_5	R_4	R_3	R_2	R_1
A 보호구역(바람의 영향이 없는 구역)									
굴착지 및 보호지역		63	63	63	63	58.5	58.5	54	54
B 일반구역									
일반지역	평탄 및 경사 $h \le 20[m]$	63	63	63	58.5	54	54	54	49.5
일반지역	경사 $20 < h \le 38[m]$	63	63	63	58.5	54	54	49.5	49.5
특수지역	평탄 및 경사 $h \le 20[m]$	54	54	54	54	49.5	49.5	49.5	49.5
특수지역	경사 $20 < h \le 38[m]$	54	54	54	49.5	45	45	45	45
풍속지역									
일반지역	평탄 및 경사 $h \le 20[m]$	54	54	54	49.5	49.5	49.5	49.5	49.5
일반지역	경사 $20 < h \le 38[m]$	54	54	54	49.5	45	45	45	45
특수지역	평탄 및 경사 $h \le 20[m]$	49.5	49.5	40.5	40.5	40.5	40.5	40.5	40.5
특수지역	경사 $20 < h \le 38[m]$	45	45	45	40.5	40.5	40.5	40.5	40.5

곡선		R_8	R_7	R_6	R_5	R_4	R_3	R_2	R_1
강풍지역									
일반 지역	평탄 및 경사 $h \leq 20$[m]	49.5	49.5	45	40.5	40.5	40.5	40.5	40.5
	경사 $20 < h \leq 38$[m]	45	45	45	40.5	40.5	36	36	36
특수 지역	평탄 및 경사 $h \leq 20$[m]	45	45	40.5	36	36	31.5	31.5	31.5
	경사 $20 < h \leq 38$[m]	40.5	40.5	40.5	36	31.5	31.5	31.5	31.5

주 H = 지표면에서 레일표면까지의 높이

5. 곡선선로의 연결

직선부에서 곡선부로 곡선방경 R을 가지고 지나가는 선로는 완화곡선에 의하여 연결된다.

직선부에서 완화곡선이 시작되는 지점을 "완화곡선의 시점(ORP)"라고 하며, 커브의 끝점은 "완화곡선의 종점(FRP)"라고 한다.

전부 또는 부분적으로 완화곡선이 있는 각 경간은, 곡선부 상에서의 경간 종점(전주 건식위치)에서 곡선반경 R의 함수에 의하여 결정된다.

$$R_1 = \frac{R \cdot l}{X}$$

R : 곡선부에서 주어진 곡선반경

l : 완화곡선의 길이

X : 완화곡선의 시점에서 경간의 가장 먼 곳과의 거리

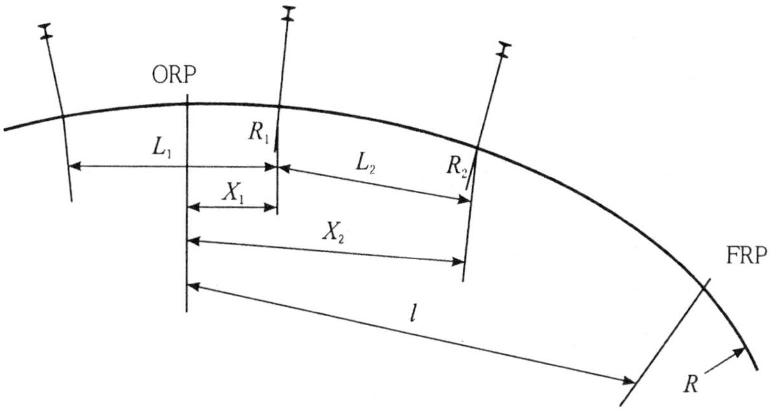

그림 2 완화곡선의 연결

6. 특수구간

(1) 교 량

일반적으로, 시설규정에서 주행선로 상판의 높이는 교량이나 제방에서 동일한 높이를 가지도록 건설하여야 한다. 미적인 감각을 고려하여, 지지물은 토목구조물의 교각과 가능하면 동일위치에 설치하여야 하며, 주위환경과 조화를 이룰 수 있도록 건설한다.

(2) 구분장치와 장력장치를 가진 주행선로의 접속

두 개의 연속적인 지지물 사이의 편위는 항상 팬터그래프의 중심을 기준으로하여 양단에 놓여지고, 구분장치와 장력장치가 인류되는 전주의 편위는 강제로 조정된다. 주행선로상에서 인류주 전방의 지지물의 편위는 인류주의 반대방향의 편위를 줄 수 있거나, 혹은 동일한 방향의 편위를 줄 수 있다.

첫 번째의 경우는 정상적인 설치방법이고, 두 번째의 경우는 반대로 설치하는 방법이다.

(3) 곡선부에서의 전주경간 결정

함수에 의하여 곡선부를 연결하는 곡선반경 R에서의 경간 L의 길이는 다음 규칙에 따라 결정된다.

· $R \geq 16,000$[m]에서 $L \leq 63$[m]
· $R < 16,000$[m]에서 $L \leq 54$[m]

(4) 기존선과 고속선간의 연결

① 25,000[V] 설비 : 전차선로 설비는 섹션 갭을 고속선과 동일하게 한다. 설비는 기존선에서 사용하는 전주건식 규칙과 동일 방법을 따른다.
② 1,500[V] 설비 : 전차선로 설비는 섹션 갭을 고속선과 동일하게 한다. 설비는 기존선에서 사용하는 전주건식 규칙과 동일 방법을 따른다.

(5) 가공 전차선로의 보호선

동일선로상의 모든 지지물은 보호선에 연결된다. 이 케이블은 인덕턴스(임피던스본드)에 의해서 레일에 접속된다. 두 선로의 인덕턴스(임피던스 본드)는 등전위 연결설비에 의하여 결합된다.

7. 도체의 상호위치

지지물의 설치와 고정은 두 개의 축에 의하여 고정된다.

· 선로의 수직축
· 팬터그래프의 축

이 두 축은 직선상에서 일치되고 곡선상에서는 두 레일의 높이의 차이에 의하여 결정된다.(Trank Banking : 두 레일의 높이의 차)

캔트상에서의 기관차의 이동축은 수직이 아니므로, 이 경우 팬터그래프의 축과 레일의 수직중심축 사이에는 차이가 있다.

전차선의 수평면 상에서 팬터그래프 축사이의 곡선부의 편위 P, 선로축을 수직으로 통과하는 전차선의 높이 H, 캔트 D를 고려하면 다음과 같이 식으로 표현된다.

$$P = \frac{D \times H}{1.51}$$

수직선에서의 관련된 도체의 위치는 그림 3에 주어진다.

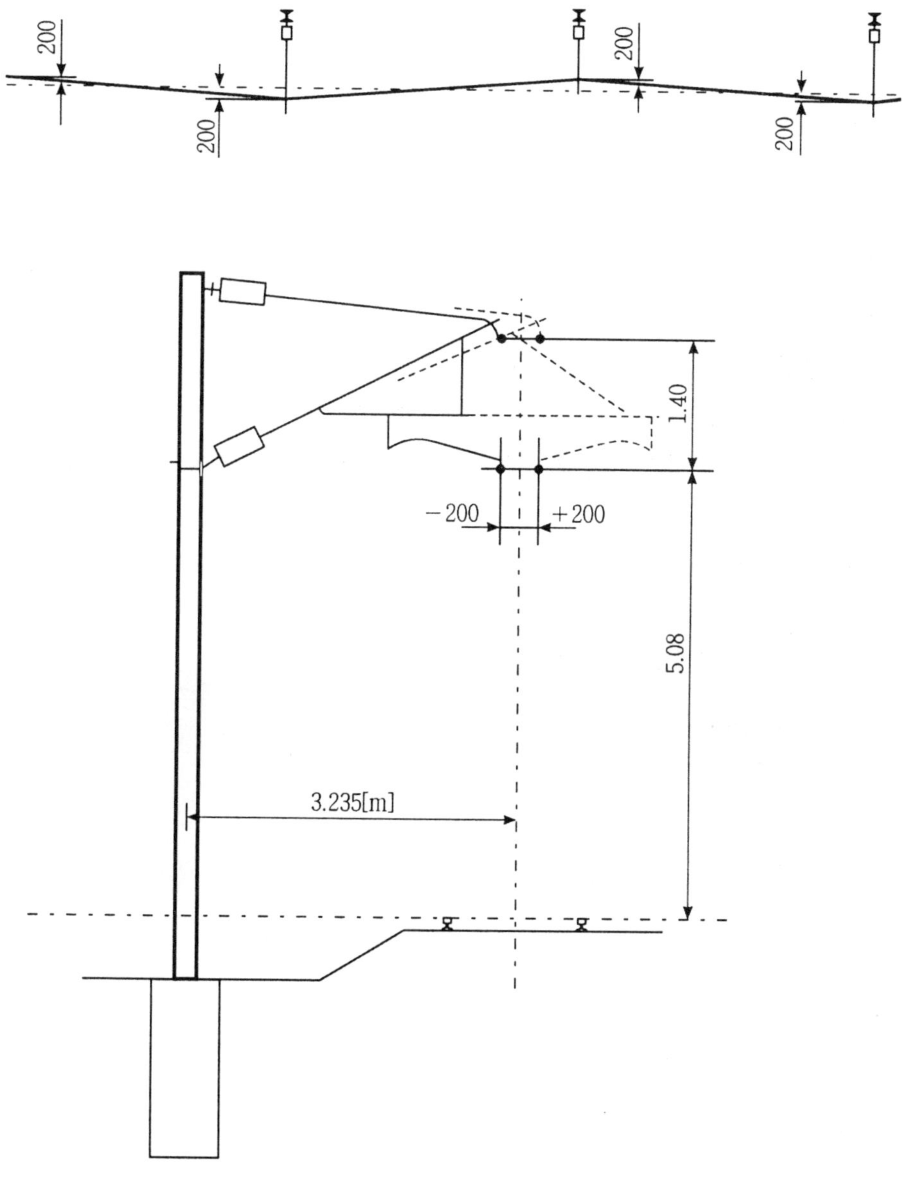

그림 3 직선선로에서의 전주건식게이지 및 편위

8. 편위와 곡선장력

(1) 편 위

지지점에서의 편위는

- 직선로에서는 팬터그래프의 편마모 방지
- 곡선상에서는 전주 경간의 중심에서 편위를 확보하기 위하여

편위를 주게 된다.

편위는 항상 팬터그래프의 축을 고려하여 결정된다.

팬터그래프의 축은 항상 트랙 중심축과 동일한 커브로 표시된다. 지지점에서 편위가 없다면, 경간의 중심에서 곡선의 편위값 F는 다음과 같은 식으로 표시된다.

$$F = \frac{L^2}{8} \times R$$

여기서, L : 경간길이, R : 곡선반경

그림 4를 참조한다.

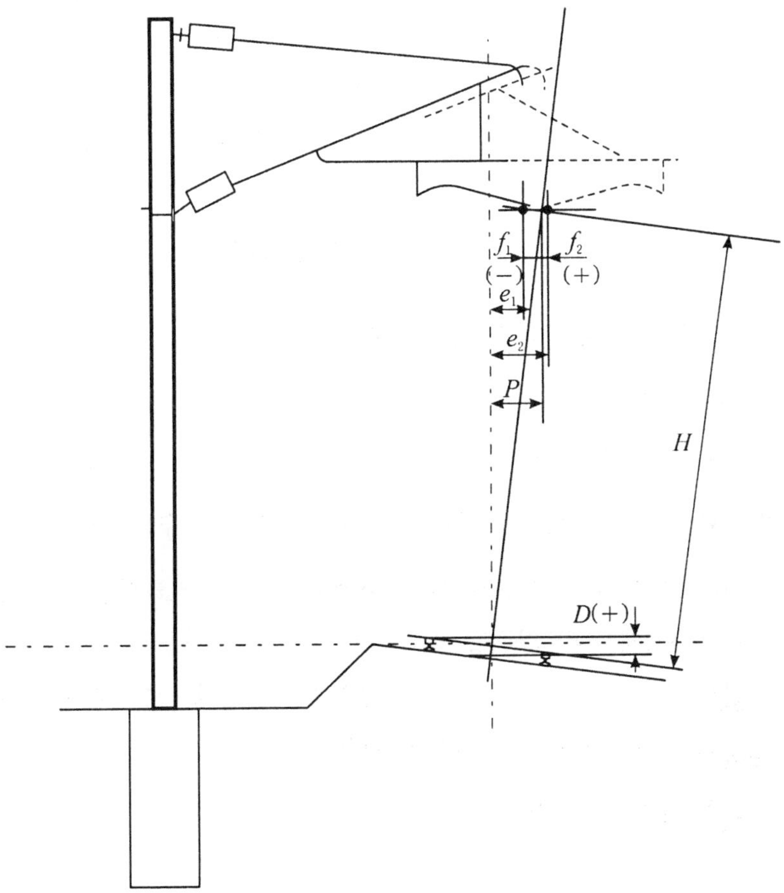

그림 4 곡선선로에서의 전주건식게이지 및 편위

(2) 곡선장력

만약 도체의 두 지점 A와 B사이에서 장력 T가 가해졌다면 AB의 중심축을 C점으로 이동하려면 어떤 힘이 필요한데 이 힘 t를 곡선장력이라 한다.

그림 5에 따르면 곡선장력 t의 값은 다음과 같이 표현된다.

$$t = 2T\sin\frac{\alpha}{2}$$

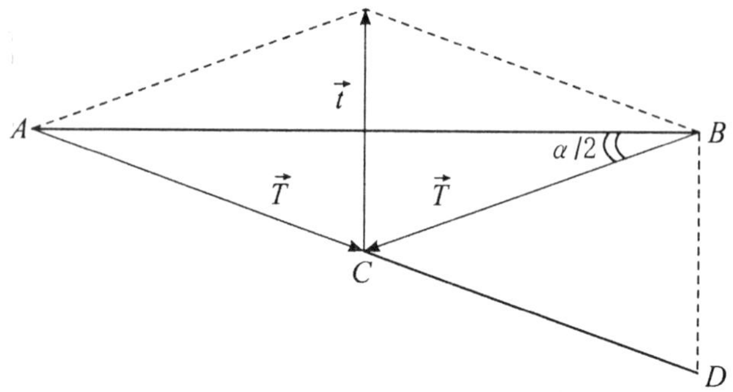

그림 5 곡선장력의 벡터도

조가선 지지금구는 다음에 의하여 정하여 진다.

① 전차선의 수직하중 P

② 조가선의 곡선장력 t

각각의 P와 t의 값에 의하면, 두 가지 경우를 고려할 수 있다.

① 첫 번째 $P>t$인 경우 : 두 힘의 합력의 결과는 브래킷을 누르는 방향으로 힘이 작용하므로, 상부파이프(Guy wire)는 인장력이 작용한다.

② 두 번째 $P<t$인 경우 : 두 힘의 결과는 브래킷을 들어올리는 경향이 있고 상부파이프(Guy wire)는 압축력이 작용한다.

그림 6은 두 경우를 보여준다.

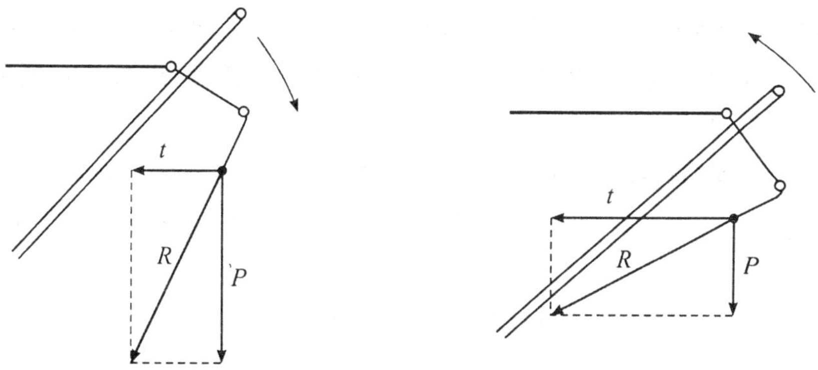

그림 6 압축과 인장력의 작용 원리

9. 단독주에 설치되는 주요설비

역간에서는 단독전주에 가동브래킷이 설치되며, 마주보는 지지물은 각각의 선로와 직각을 이루면서 설치된다.

장력설비나 절연체, 구분장소와 같은 설비도면들은 잘 보관되어야 한다.

(1) 브래킷의 일반적인 설치

① 주파이프(브래킷)와 상부 파이프(guy wire)는 전주상에 가동으로 고정된다.

② 특별한 경우 진동방지파이프(registration arm)에는 바람을 막아주는 설비가 부착된 곡선당김금구(steady arm)가 설치된다.

(2) 여러 개의 브래킷 설치

① 이러한 형태는 동일 지지물에 여러 개의 커티너리 설치를 할 수 있다.

② 주파이프와 상부 파이프는 횡 빔에 의하여 견고하게 지지된다.

(3) 축소 브래킷 설치

전차선로의 치수는 과선교와 터널에 인접한 경우 축소될 수 있다.

이러한 설치형태 즉, 고속선 운행에 적합한 형태의 곡선당김금구는 전차선이 25[cm]까지 상승을 허용한다. 260[km/h]로 운행시 지지물 직상부에서 팬터그래프는 전차선을 적어도 10[cm] 이상 상승시킨다. 25[cm]의 여유는 파리 동남선 고속선에서의 취약한 운행조건(차량 전부에서 부는 바람, 열차속도)에서도 열차운행을 가능하게 하였다.

이러한 다양한 형태의 설비에서 상부파이프와 주파이프에는 절연캡이나 강화유리로 만들어진 절연체로 절연되며, 취약장소에서는 합성 재질의 절연체를 사용한다.

다음의 그림은 여러 가지 설치형태를 보여준다.

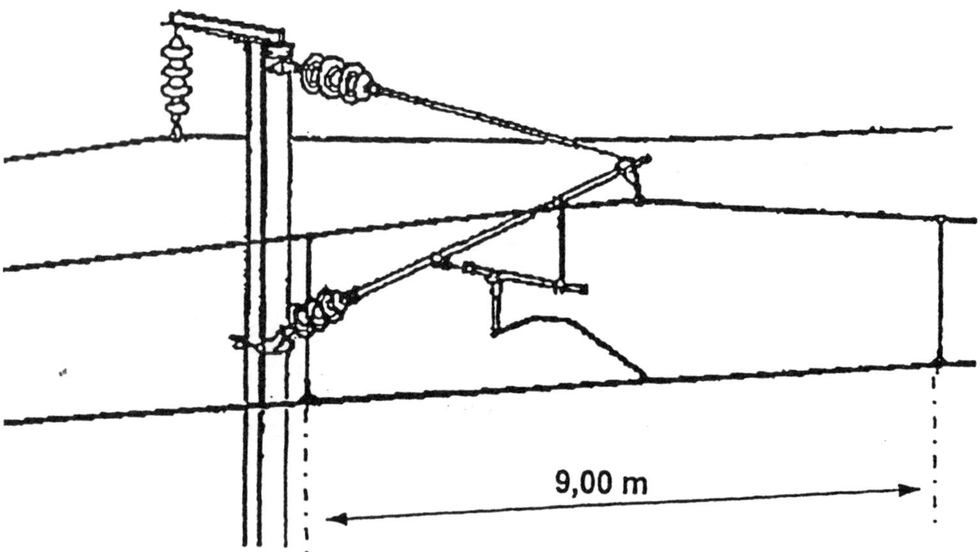

그림 7 SNCF TGV 복선의 25[kV] 커티너리 시스템

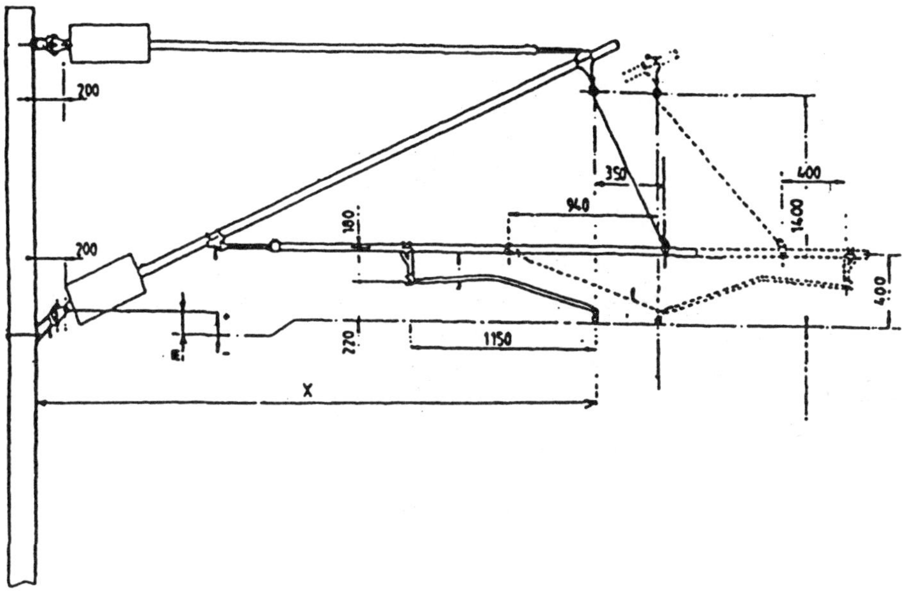

그림 8 TGV 동남선 인장형, 압축형 가동브래킷 상세도

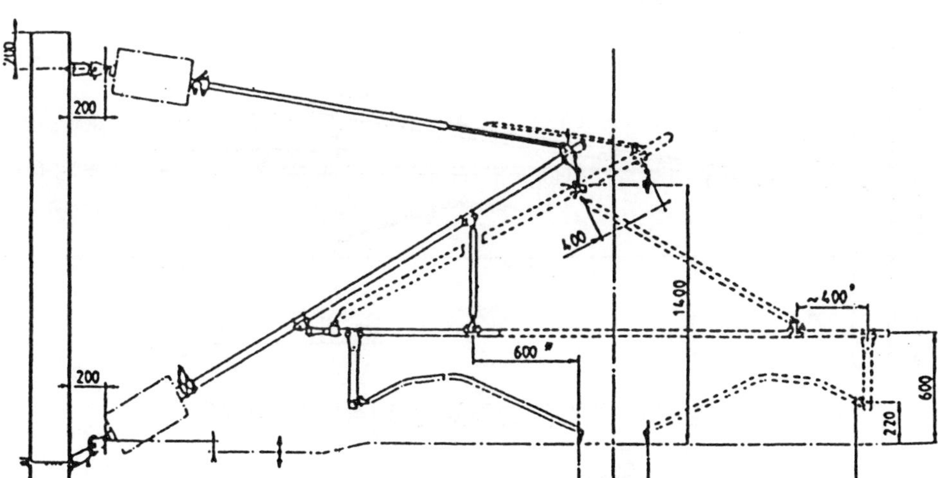

그림 9 TGV 대서양선 인장형, 압축형 가동브래킷 상세도

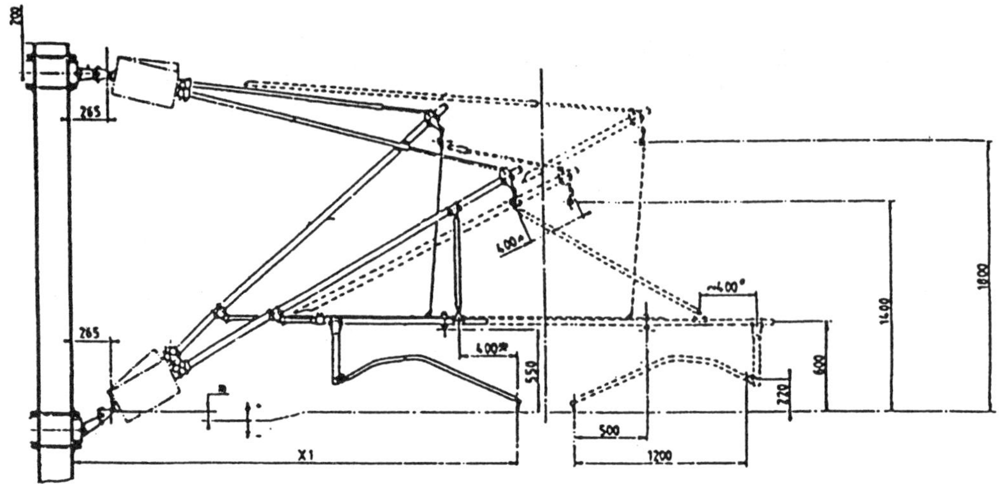

그림 10 여러 개의 브래킷이 설치된 인장형, 압축형 상세도

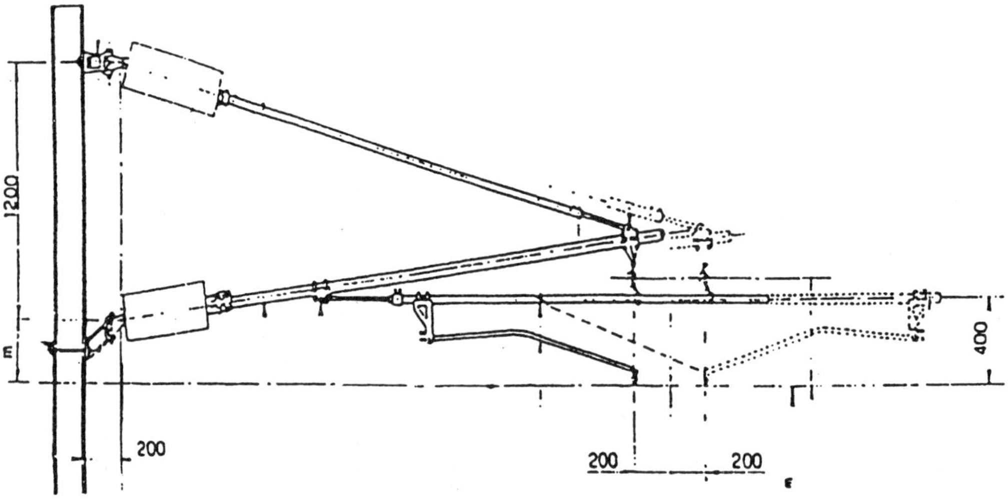

그림 11 축소된 브래킷 설비(직선용) 상세도

10. 주 선로에서의 고정문형 구조물의 설비

분기장소와 특정한 역구내에서는 선로사이에는 단독 지지물을 설치할 수 있는 공간이 없으므로 지지물을 사용한다.

이는 두 개의 수직 지지물로 구성된다.

① HEB 260 지지물 : 10.80[m]<~<11.55[m]

② HEB 300 지지물 : 11.55[m]<~<19.80[m]

③ PP 지지물 : 19.80[m]<~<30.30[m]

조합형태로 만들어진 빔에 의하여 함께 지지된다.

전주에 설치된 브래킷과 빔에 고정되어 설치된 하수강 설비가 궤도상에 설치된다.

하수강의 형상이 작거나, 하수강의 길이가 절연 이격거리를 확보하지 못하였을 경우 진동방지파이프는 브래킷으로부터 분리할 수 있다.

브래킷의 상부 파이프와 빔하부 최소 이격거리인 0.5[m]의 위치에 설치한다.

그림 12와 13은 문형빔의 구조의 예를 보여준다.

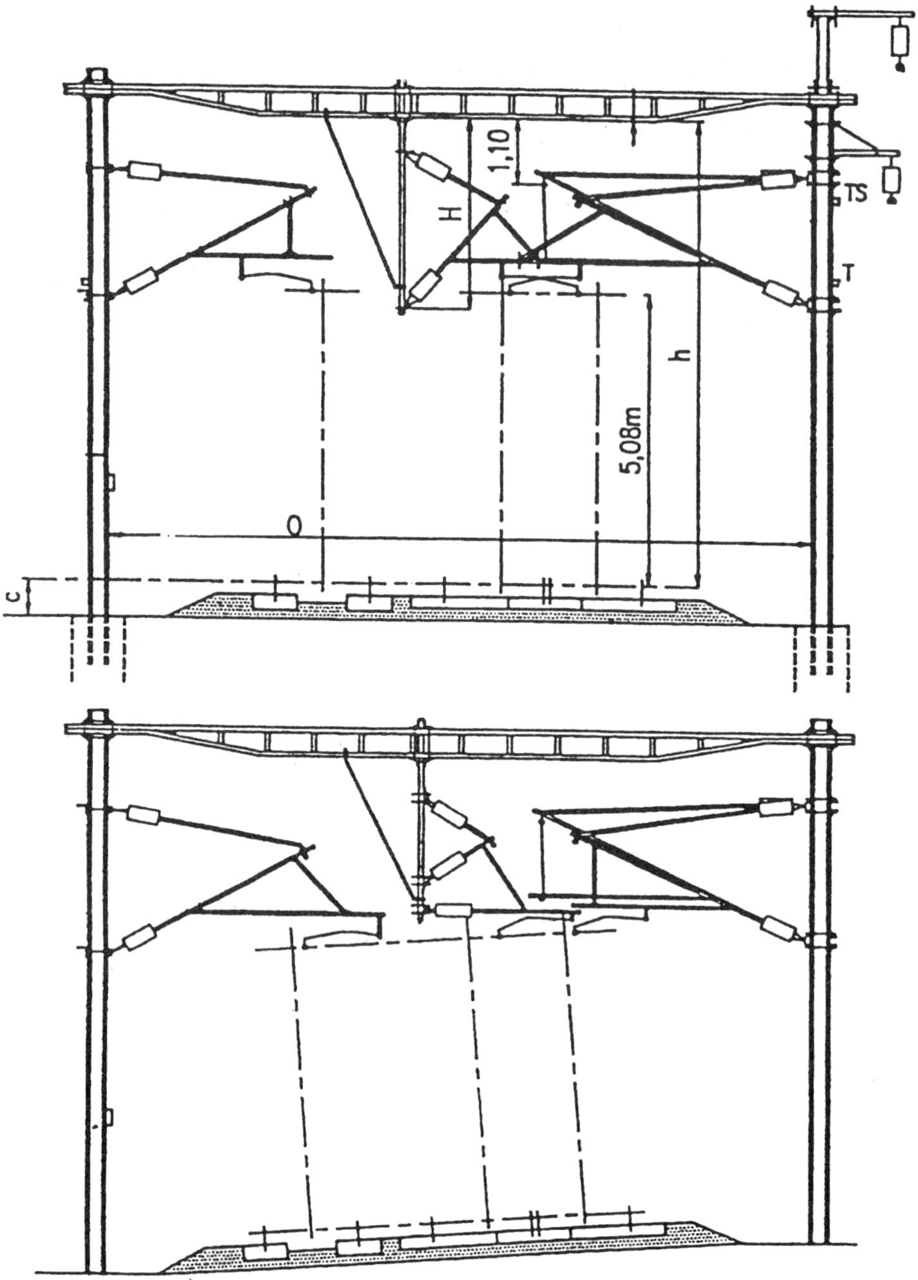

그림 12 고정 문형빔

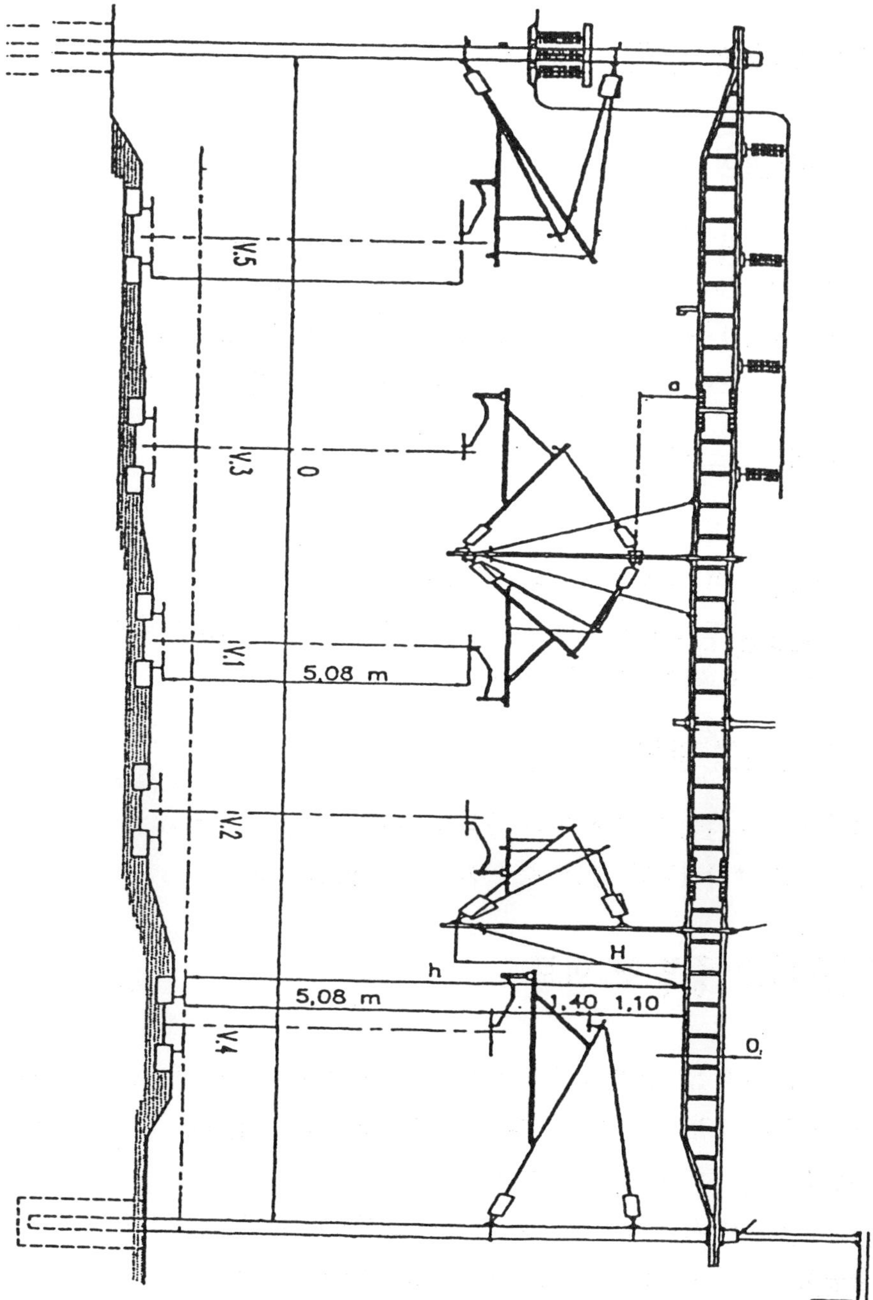

그림 13 PP용 고정 문형빔

11. 드로퍼의 조정

(1) 드로퍼의 구성

① 드로퍼는 단면적 12[mm^2]와 직경 5[mm]의 청동선으로 제작된다.

② 구성 : 0.63[mm]의 선 7개로 꼬여진 중심의 1묶음과 외피를 만드는 0.5[mm]의 직경을 가지는 7개의 선으로 꼬여진 여섯 묶음으로 구성된다.

③ 드로퍼는 조가선과 전차선에 클립의 형태로 체결된다.

(2) 드로퍼 설치간격

① 1번째 드로퍼 : 4.50[m]

② 2번째 드로퍼 : 1번째 드로퍼로부터 6.75[m]

③ 그 다음의 드로퍼는 경간의 길이에 따라서 경간의 중앙에서부터 6.75[m] 또는 4.50[m]의 간격으로 설치된다.

(3) 드로퍼의 종류

드로퍼가 사용되는 형태에 따라 다음과 같이 경간을 구분한다.

: 주행선로의 일반적인 경간, 특수경간, 구분장소의 경간

12. 도체의 종방향 인류

도체는 세 개의 캡, 로드형태의 절연체인 CT 258+1개의 탭, 로드 타입의 절연체인 CT175로 고정된다. 즉, 4개의 캡과 로드타입의 절연체는 강화유리로 만들어졌다. 합성 물질 절연체도 또한 이용된다.

합성물질의 절연체는 절연보강의 목적으로 사용된다(횡단빔의 경우)

흐름방지용 전선은 Bz 65[mm^2] 또는 St 93[mm^2]의 단면적을 가지는 선을 사용한다.

전차선은 플라스크 형태의 금구를 이용하여 앵커링된다.(구멍 중심에서의 간격은 0.50[m]) 일련의 조정을 하기 위하여 조금씩 이동하기 위하여 고안되었다(동남선 고속선)

(1) 지 선

① 인류주는 직경 20, 24[mm] 또는 30[mm]의 아연도강봉으로 대지에 고정된다.

② 지선은 형태와 크기가 다른 콘크리트 기초 또는 지선용 블록으로 고정된다.

③ 지선과 콘크리트 블록의 선택은 인류되는 설치형태에 따라 선정된다.

④ 지선의 안전율은 2.5 이상으로 한다.

(2) 지지물의 제작(천공)

① 지지물은 천공책자에 명시된 천공기록부에 따라 천공된다.

② 지지물은 천공에 따라 세가지 형태로 구분된다.

③ 만약에 천공이 추가적으로 필요하다면 천공기록부에 기록하여야 한다.

제 5 장

에어조인트와 에어섹션

5.1 에어조인트(Air Joint)

1. 일 반

본선의 전차선로는 인류구간(Block Section)이라 불리는 각각의 독립된 설비들의 연속으로 구성된다.

두 개의 인접한 인류구간의 중첩부분과 공통부분(등고구간)들의 양끝은 하나의 장력조정장치로 구성된다.

인류장소 양 단말 전차선로의 두 도체(전차선, 조가선)에 일정한 기계적인 장력을 유지하도록 설계된 장력조정장치가 설치되며, 이러한 설비로 전차선로는 장력이 조정된다.

장력을 효과적으로 조정하기 위해서는 일반적으로 한 인류구간은 1,400[m]를 초과하여서는 안된다.

700[m] 또는 그 이하에서는 일반적으로 열차 운행방향 전방의 끝부분에 1개의 장력장치를 설치한다.

변전소의 주변에서는 인류길이인 1,400[m]를 조정하여 가선할 수 있다.

선로의 전기적인 연속성은 중간전주(Intermediate support)에 설치된 균압장치에 의하여 유지된다.

집전전류의 연속성은 200[mm]의 간격으로 평행하게 가선 된 두 전차선의 평면이 동일 레벨인 "등고구간(Common Zone)"의 존재로 확보된다.

에어조인트의 중앙 전주에서 궤도에 서 있는 점검자가 전주에 설치된 커티너리의 가선상태를 보았을 때 왼쪽방향으로 전차선이 상승할 경우 에어조인트를 일반적인 설치(Normal)라고 하고, 반대일 경우는 역으로 설치(Inverse)되었다고 한다.

중간전류(인류전주와 축전주 사이의 전주)에서의 전차선의 상승은 550[mm]이다.

에어조인트는 4경간 이상으로 구성된다. 에어조인트와 에어섹션 장소가 상하선의 동일한 장소에 설치될 경우 에어조인트 경간은 에어섹션의 경간과 동일한 경간을 갖는다.

전주 건식 규칙에 의하여 결정된 경간의 길이를 축소하고자 할 경우에는 우선 에어조인트와 에어섹션의 경간의 축소를 고려하여야 한다.

2. 흐름방지장치

전차선로의 두 도체가 장력에 의하여 조정될 경우 전차선로는 인류구간의 중간지점에서는 거의 움직이지 않는다.

이러한 목적으로 브래킷은 조가선과 동일한 안전율을 가진 케이블로 두 개의 고정된 전주에 연결된다. 따라서 어떠한 전차선로의 흐름도 일어나지 않는다.

이 설비를 "조가선 흐름방지장치"라고 한다.

전차선의 흐름방지장치는 설치하지 않았다.

특히 고려해야할 설비의 배치는 에어섹션의 축, 에어조인트의 축, 흐름방지장치의 축은 양측선로의 동일한 위치에 설치된다. 만일 조인트가 에어섹션의 반대쪽에 설치된다면 에어조인트는 에어섹션과 동일한 경간수를 가질 것이다.

3. 자동장력조정장치

전차선과 조가선의 기계적 장력은 인류전주상에서 자동장력장치에 의하여 조정된다.

자동장력조정장치는 도체의 기계적 장력을(활차비율에 의하여) 다중분할하여 조정한다.

장력추의 무게는 장력의 활차비에 따라 전선에 가해지는 장력의 균형에 맞게 추의 무게를 조정한다. 조가선과 전차선은 장력장치에 의하여 전주에 고정된다.

여기에 사용된 자동장력조정장치는 "도르래형(muffle)"형이다. (도르래는 동일한 블록에 여러 개의 풀리로 조합되어 있다.)

도드래의 비율은 1 : 5이다.

평행축에 활차로된 도르래형 장력조정장치는 전주에 고정된 조합형 도르래(3개의 도르래)와 전차선 및 조가선에 연결된 가동 조합형 도르래(2개의 도르래)로 구성된다.

① Fixed Muffle : 고정된 조합형 도르래(전주에 고정된 3개의 Pulley로 조합된 도르래)

② Mobile Muffle : 구동 조합형 도르래(전주에 설치되지 않은 2개의 Pulley로 조합된 도르래)

정력추의 무게는 조가선은 280[kg]이고 전차선은 400[kg]이다. 장력추는 주철제로 1개당 무게는 40[kg]이고, 보조추는 20[kg]이다.

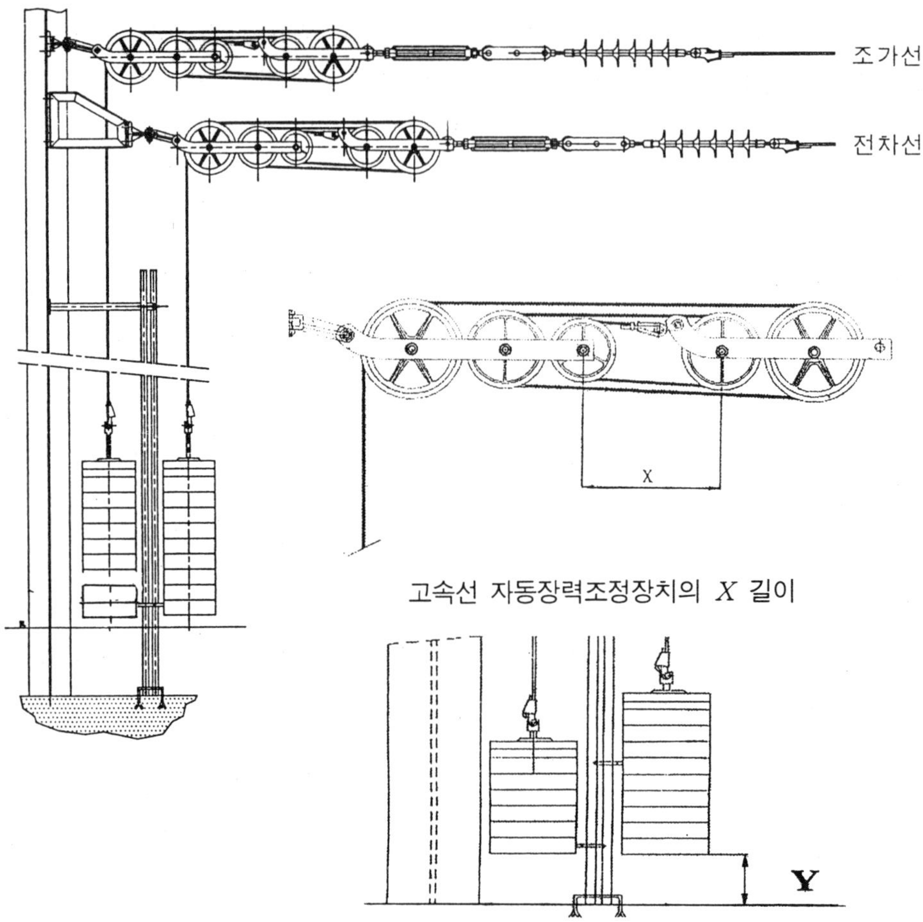

고속선 자동장력조정장치의 X 길이

고속선 자동장력조정장치의 Y 길이

그림 1

4. 장력조정장치의 조정

자동장력조정장치의 도르래는 1/5의 도르래 비를 가지므로 중추의 수직운동 거리는 온도의 변화(신축)에 의하여 일어나는 전선의 신축의 5배에 해당된다.

장력조정장치는 +60[℃]에서는 다음과 같은 값은 가진다.

① X의 치수는 0.40[m]의 값을 갖는다.

② Y의 치수는 0[m]의 값을 갖는다.

X와 Y의 치수는 다음 공식에 의하여 계산된다.

$$X = (17 \times 10^{-6} \times L)(60[℃] - T[℃]) + A$$

$$Y = (5 \times 17 \times 10^{-6} \times L)(60[℃] - T[℃])$$

17×10^{-6} : 구리(Cu)와 청동(Bz)의 선팽창계수

L : 전선의 길이[m]

T : 현재온도

A : +60[℃]에서의 X값(0.40[m])

X값은 도체(전차선과 조가선)의 신축에 의하여 결정되며, Y값은 현수되어 있는 중추를 지지하는 와이어의 동작에 의하여 결정된다.

5. 브래킷과 곡선당김금구의 조정

−20[℃]~+60[℃]의 범위에서 브래킷과 곡선당김금구를 조정시 조정범위의 평균온도(즉, +20[℃])에서는 선로와 수직한 곳에 위치하여야 한다.

브래킷과 곡선당김금구는

① +20[℃] 이상일 경우 장력추 방향으로 움직이고
② +20[℃] 이하일 경우 흐름방지방향으로 움직인다.

이러한 움직임은 다음과 같은 공식에 의하여 계산된다.

$$D = (17 \times 10^{-6} \times d)(T[℃] - 20[℃])$$: +20[℃] 이상일 경우 장력방향

$$D = (17 \times 10^{-6} \times d)(20[℃] - T[℃])$$: +20[℃] 이하일 경우 장력방향

17×10^{-6} : 구리(Cu)와 청동(Bz)의 선팽창 계수

D : 브래킷과 곡선당김금구의 움직임[m]

d : 브래킷 또는 곡선당김금구에서 흐름방지장치(양장력) 또는 고정인류지점(인류장치)까지의 거리(장력거리[m])

T[℃] : 현재온도

5.2 에어섹션(Air Section)

1. 정 의

운영과 유지보수를 위하여 전차선로는 "기본섹션"이라고 불리우는 다양한 길이의 여러 개의 섹션으로 구분된다. 이러한 전차선로는 원격조작이 가능한 차단기로 인접한 기본섹션과 구분된다.

이러한 두 기본섹션의 전기적인 구분은 에어섹션에 의하여 얻어진다.

두 개의 연속된 기본섹션에 서로다른 전원(다른전압, 다른 상)이 공급될 때 이러한 기본섹션의 사이에는 절연구분장치를 삽입하여야 한다.

2. 에어섹션의 경간

에어조인트에서처럼, 에어섹션의 경간은 전차선로의 몇 개의 경간상에서 두 개의 연속으로 중첩되는 두 개의 경간에서 이루어진다. 전차선 상호 이격거리는 전기적인 독립이 가능하도록 0.5(0.2[m]) 이격하여야 한다.

축의 전주에 설치된 단로기는 전차선로의 전기적인 연속성을 자유롭게 투입 또는 개방할 수 있다.

에어조인트에서처럼, 장력조정장치는 각각의 경간의 말단에 도체의 신축을 확보하기 위하여 설치한다.

경간의 중앙 전주에서 궤도에 서 있는 점검자가 전주에 설치된 커티너리의 가선상태를 보았을 때 왼쪽방향으로 전차선이 상승할 경우 에어섹션을 일반적인 설치(Normal)라고 하고, 반대일 경우는 역으로 설치(Inverse)되었다고 한다.

상승경간에 설치된 애자를 팬터그래프 위로 끌어올리기 위해서 중간전주에서는 0.55[m] 이상의 이격을 확보하여야 한다.

집전전류의 연속성은 500[mm]의 간격으로 평행하게 가선 된 두 전차선의 평면이 동일 레일인 "등고구간(Common Zone)"의 존재로 확보된다.

전기적인 구분은 4경간으로 하고 작은 곡선반경 또는 강풍구간에서는 5경간으로 한다.

에어섹션이나 절연구분장치내에 전기차가 정차하는 것을 피하기 위하여 정지신호기의 600[m]의 전방에 위치하여야 한다.

① **1경간 평행 구간** : 평행 장소의 경간은 50[m] 이상 장소에 에어섹션을 설치하든가 또는 50[m] 미만인 경우 2경간으로 하고 평행 부분의 전차선 상호 이격거리는 300[mm]를 표준 이격 거리로 정하고 있다.

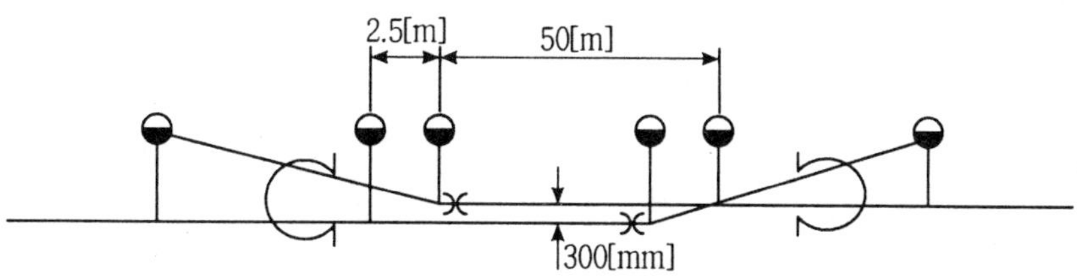

그림 2

② **2경간 평행 구간** : 가선의 특성상으로 볼 때 전주 경간 길이에 관계없이 평행 장소를 2경간으로 하는 것이 전차선의 집전 성능을 향상시키고, 평행 부분의 전차선 상호 이격 거리도 500[mm]로 이격하는 것이 강풍이나 정전 작업 시 안전거리 확보면에서 안전하므로 각국의 고속 전철 구간에 널리 채택 사용되고 있으며 그 이점은 다음과 같다.

㉠ 전차선의 구배가 완만하게 되어 팬터그래프의 충격이 감소되므로 전차선의 전기적 기계적 이상 국부 마모를 감소시킨다.

㉡ 전차선의 구배가 완만하므로 가선 진동이 감소되어 재질 피로의 진행도가 감소된다.

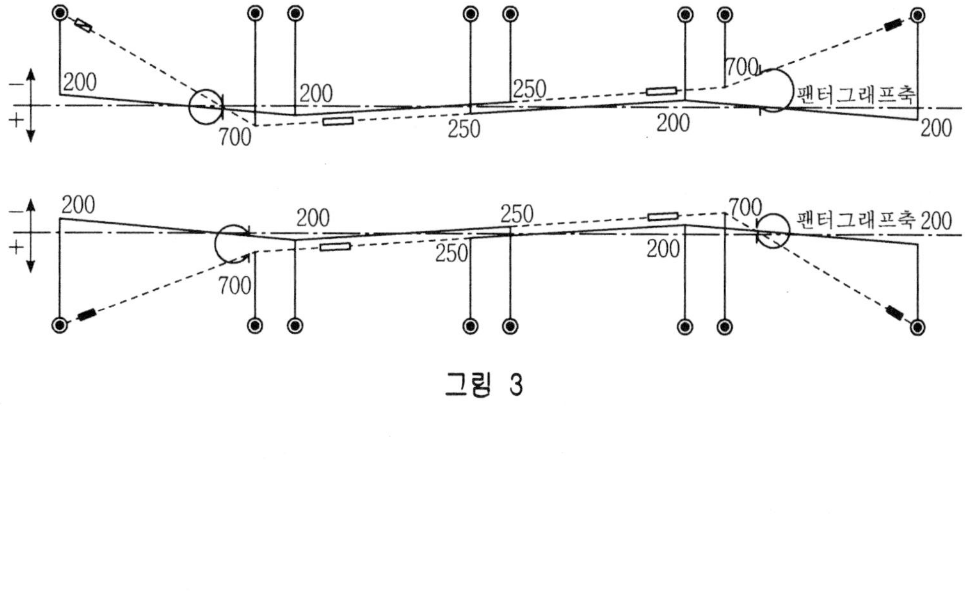

그림 3

㉢ 온도 변화에 의한 평행 장소(over lap) 구성에 변형이 적다. 또한 곡선이 심한 장소에는 평행 부분을 3경간으로 시설한다.

표 1 구분장치의 사용구분

구 분	종 별	사용 구분	비 고
전기적 구 분 장 치	에어섹션	동상의 본선 구분용 흡상 변압기 및 직렬 콘덴서용	공기 절연
	애자섹션	동상의 상·하선 및 측선 구분용	애자제, 수지제
	절연구분장치	이상 구분용 및 교·직 구분용	수지제, 2중 Over Lap
	비상용 섹션	사고시 긴급 구분용	상시는 전기적으로 접속
기계적 구 분 장 치	에어조인트	합성 전차선 평행 설비 구분	전기적으로 접속
	R-Bar 및 T-Bar 조인트	강체 전차선 평행 설비 구분	전기적으로 접속

제 6 장

변전설비

전차선로에 공급하는 전원은 선로의 차량운행에 따른 부하의 특성에 의하여 결정되어지는 변전소와 견인동력 공급설비로 구성된다.

1. 전기적인 구분

고속선의 전기적인 구분은 전원공급과 계통을 구분하는 구분장치와 절연구분장치에 의하여 구성된다.

① 구분장치의 설치위치
  ㉠ 변전소
  ㉡ 구분소와 병렬장소
  ㉢ 분기장소
  ㉣ 절연구간의 길이가 긴 경우
② 절연구분장치의 설치장소
  ㉠ 구분장소나 병렬급전소
  ㉡ 특정 변전소에서 상이 변환되거나, 동상으로 할 경우(연장급전의 경우)
  ㉢ 후자의 경우(연장급전의 경우), 정상 운전시 갭섹션(Gap Section)의 구분장치의 하나는 수동으로 조작하여 연결시킬 수 있다.

2. 개폐설비

(1) 소내용 차단기

변전소의 기점을 고려하여 상선방면 및 하선방면으로 선로별, 방면별로 차단기를 설치한다.

AT 급전방식을 사용하는 지역에서는 급전선을 보호하기 위하여 차단기를 2극으로 한다.

① 차단기의 설치장소

㉠ 병렬급전이 가능한 구분소

㉡ 병렬급전이 가능한 보조구분소

㉢ 병렬급전소(PP)

㉣ 상하선의 연결이 가능한 건넘선과 분기장소

② 단로기의 설치장소

㉠ 역구내 측선

㉡ 차단기와 소내용 차단기의 양단

㉢ 특정한 Sub-Section의 중간

[1,200[A]의 단로기는 선로상에 설치(구분장소)]
[3,500[A]의 단로기는 케이블 헤드(급전장소)의 단로기로 사용된다.]

이 단로기는 수직 하향방향으로 개방된다.

차단기를 구분하기 위하여 설치된 단로기 및 소내용 차단기를 제외하고, 단로기는 원격제어 할 수 있다.

유지보수의 안전을 위하여, 차단기와 유지보수와 관련된 설비를 접근이 가능한 장소에 설치한다. 이와같은 배치는 반대편의 전차선로에 전원을 공급하는 설비를 유지보수하기 위하여 선로를 횡단하는 가공선로가 필요하다.

3. 변전소

변전소에서는 3상의 전원을 한전[프랑스에서는 EDF(440,000[V]) : 국영 전력회

사]에서 공급받아 이를 25,000[V]로 변환하여 전기차에 공급한다.

이 전원은 스코트 결선 변압기를 통하여 전차선로에 공급되며, 급전선을 통하여 매 15[km] 마다 전압강하를 보상하기 위한 단권변압기(AT)설비에 의하여 전차선에 전원을 공급한다.

변전소는 262[mm^2]의 단면적을 가진 동연선, 18[mm]의 직경을 가진 동 버스바(Bus-Bar : 254.34[mm^2])와 164[mm^2]의 단면적을 가진 동연선(Feeder)을 통하여 전차선에 전원을 공급한다.

4. 급전분기선과 균압장치

급전분기선은 클램프를 사용하여 조가선에 접속하고, 볼트로 된 커넥터(Connec-tor)로 전차선에 접속한다.

균압선(인류장소를 포함)은 다음 원칙에 의하여 접속된다.

① 전차선로는 164[mm^2]와 75[mm^2]의 동케이블에 의하여 균압된다.

② 경간의 중심에서 제일 근접한 위치에 설치된 드로퍼에 고정된 26[mm^2]의 동연선 균압선은 매 3~4경간마다 설치된다.(두 균압선의 최대간격은 200[m]이다.)

③ 164[mm^2] 및 75[mm^2]로 만들어진 균압선은 에어조인트상에서 정상운행 방향의 2번째인 중간전주에 설치된다.

④ 전기적 구분장치로부터 절연된 각 인류의 끝은 104.5[mm^2]의 동케이블 균압선에 의하여 균압된다.

⑤ 각각의 고속분기점에서 164[mm^2] 및 75[mm^2]로 만들어진 균압선은 두 개의 전차선은 상승되고 하나의 전차선로는 균압되어 전주상에 설치된다.

제 7 장

과선교 지역의 선로의 설비

선로를 횡단하는 과선교 하부의 최소높이는 5.80[m] 또는 6.2[m]이다.

과선교 하부에서 전기차(팬터그래프)의 통과를 용이하게 하기 위하여 가고를 축소시킬 수 있다.

폭이 큰 과선교의 경우 0.5[m]의 최소 절연이격거리를 가지는 중간의 현수설비가 필요하다.

가공보호선과 급전선은 교량하부의 상판과 교각에 견고하게 부착하여야 한다.

참고 전차선 높이 비교

철도운영주체	호선별	전차선 높이		비 고
		지하부	지상부	
철도공사	경부고속	-	표준 : 5,080	AC/25[kV] 고속철도신선구간
철도공사	경부선	T : 4,750	표준 : 5,200 (5,000～5,400)	AC/25[kV] 신동～부산간
철도공사	수도권, 산업선	T : 4,850	표준 : 5,200 (5,000～5,400)	AC/25[kV]
철도공사	과천선, 분당선	4,750	표준 : 5,200 (5,000～5,400)	AC/25[kV]
서울지하철	1-4	4,750	표준 : 5,200 (5,000～5,400)	1호선 AC/DC 겸용차
서울도시철도	5-8	4,250	표준 : 5,200 (5,000～5,400)	DC 1,500[V]
부산지하철	1-3	4,320	표준 : 5,200 (4,700～5,150)	DC 1,500[V]
대구지하철	1-2	4,250	표준 : 5,200 (5,000～5,400)	DC 1,500[V]
인천지하철	1	4,250	표준 : 5,200 (5,000～5,400)	DC 1,500[V]
광주지하철	1	4,250	표준 : 5,200 (5,000～5,400)	DC 1,500[V]
※서울지하철	9	4,560	표준 : 5,200 (5,000～5,400)	AC/DC 겸용
※IREX	공항철도	4,560	표준 : 5,200 (5,000～5,400)	AC/25[kV]

주 ※ 인천국제공항철도와 서울지하철 9호선 직결 운행시를 고려하여 선정

제 8 장

교차설비

1. 일 반

선로평면도는 교차설비의 위치를 고려한다.

2. 원 리

인접한 선로의 전차선에 팬터그래프의 측면접촉(충돌)을 피하도록 하기 위한 것이다.

이러한 목적을 위하여 교차설비 장소에서의 보조 전차선은 다음과 같이 설치된다.

모든 경우에서 인접한 전차선로는 에어섹션이나 에어조인트에서처럼 수직상승하는 원리를 이용하여 인접한 전차선에 팬터그래프가 접촉이 용이하도록 설치한다.

선로 중심축으로부터 0.35[m](팬터그래프의 수평부분의 절반지점을 고려한 거리), 인접한 전차선로의 전차선이 약 0.10[m] 상승하여야 한다. 이 값은 전차선로의 정상적인 상승높이에 따라 매우 민감하다.

이 원칙에 따라, 교차설비의 중앙지점을 고려하여 전주의 건식을 고려하는 것이 필요하다.(교차장치에 의하여 주어지는 두 방향 축의 연결점)

3. 건넘선 장치

이 건넘선장치의 설비형태는 분기기에 주어지는 값에 따라 다르다.

① 탄젠트 1/65 분기기(0.0154) :
곡선 및 연결선 또는 직선 선로에 설치된 연결점과의 거리(분기장소의 거리)가 386.83[m]의 분기기 → 선로상에서 속도(V) ≦ 220[km/h]로 운행

② 탄젠트 1/46 분기기(0.0218) :
곡선 및 연결선 또는 직선 선로에 설치된 연결점과의 거리(분기장소의 거리)가 273.72[m]의 분기 → 선로상에서 속도(V) ≦ 170[km/h]로 운행

고속선에서, 이론상으로 상선에서 하선 또는 하선에서 상선으로 가는 건넘선 설비는 약 20~25[km] 마다 설치한다.

보조전차선의 사용은 상선과 하선 상호 중심 축에서 전기적인 구분(에어섹션)이 이루어지도록 설치되어 진다.

이 에어섹션의 공통부분의 설치는

① 3경간으로 설치되는 경우의 구분장치는 경간의 중심에 설치
② 4경간으로 설치되는 경우 구분장치는 현수되는 지점의 직상부에 설치된다.

3경간으로 설치되는 구분장치는 구분장치 경간의 축이 54[m]인 존 “A”와 “B”($H < 5$[m])에 적용할 수 있다.

다른 경우와 존 “C”의 경우 36[m]의 4경간으로 한다.

각각의 보조전차선로는 한쪽방향에서만 장력이 조절되어진다.

주의 건넘선설비에 설치되는 보조 전차선로(분기선로의 전차선과의 보조전차선)는 전차선을 연속적으로 조정 및 재배치를 용이하게 하기 위하여 본선로와는 기계적으로 독립된다.

곡선로 및 직선로 상에서 전차선로의 전차선면의 정교한 조정은 레일 레벨면상과 관련하여 수행하여야 한다.

전차선로의 지지는 개별전주와 고정문형 빔에 의하여 이루어진다.

4. 분기설비

분기설비의 요소들은 건넘선 설비의 원리와 동일하다.

분기장소의 전차선로(분기선로의 전차선로 및 보조전차선로)는 전차선을 연속적으로 조정 및 재배치를 용이하게 하기 위하여 본선로와는 기계적으로 독립된다.

분기선로의 전차선로와 보조선로의 전차선로는 본선로의 전차선로를 따라 위치하는데, 이론상으로 본선로의 지지물을 이용하여 설치할 수 없다.

(1) 본선분기의 여러 가지 타입

① 탄젠트(Tg) 1/29.7(0.034), 분기선로상에서 100[km/h]의 속도로 운행하도록 설계되어 있다. 이 분기기는 건넘선 설비에 사용할 수 있다.

② 탄젠트(Tg) 1/26(0.038), 분기선로상에서 100[km/h]의 속도로 운행하도록 설계되어 있다.

③ 탄젠트(Tg) 1/21(0.048)

④ 탄젠트(Tg) 1/15.3(0.065) 분기선로상에서 70[km/h]의 속도로 운행하도록 설계되어 있다(특수한 전차선로 설비, 주요 선로의 전차선을 강화하기 위하여 2개의 커티너리를 사용)

곡선 및 직선로상에서 전차선로의 전차선 면의 정교한 조정은 레일 레벨면상과 관련하여 수행하여야 한다.

(2) 다른 분기

분기선 통과속도가 낮은 다른 분기설비의 경우, 기존선의 전주건식 규칙이 적용되며, 분기선로의 전차선은 분기선로의 접촉평면(팬터그래프)에서 8[cm] 상부 위치한다(5[cm] 대신).

제 9 장

전차선로 지지물

1. 일반사항

HEA와 HEB형강으로된 주행선로 지지물은 응력에 따라 용접된 베이스 플레이트상에 체결되거나 콘크리트 블럭에 건식되어진다.

고정문형 구조물은 간단한 HEB형강이나 U자의 형상을 가지는 용접된 평강으로 구성되어진다.

콘크리트 블럭에 건식되는 전주는 철재(E24-1)로 만들어졌고, 베이스 플레이트 또는 U자 형상을 가지는 용접된 전주는 철재(E24-3)로 만들어진다.

- 전주의 보호를 위한 도금 : 6[g/cm^2]당 용융아연도금
- 베이스 플레이트 : 철강(E24-3)으로 만들어진 25[mm]의 두께의 판의 형상을 가진 베이스 플레이트는 빔에 용접되며 삼각 보조강판으로 보강된다. 두께가 두꺼운 베이스 플레이트는 삼각 보조강판이 없이 지지물에 용접된다.

2. 전주길이의 종류

다른 전기철도에서 사용되고 있는 160에서 320까지의 건식된 HEA 또는 HEB 전주의 표준규격은 다음과 같다.

① HEA 전주 : 8.60[m]에서 15.90[m]

② HEB 전주 : 9.40[m]에서 15.90[m]

베이스 플레이트에 의하여 지지되는 빔은 길이가 7.00[m]에서 8.20[m]인 HE180에서 HE240전주에 의하여 지지된다.

① **전주건식** : 전주의 길이는 기초의 레벨 높이와 콘크리트 블럭의 형태에 따라 결정된다. 레벨링 참조(기준점)는 구조물의 상부레벨이다.
② 건식의 깊이는 다양하며 지지물의 하부는 콘크리트 블럭의 기초로부터 0.10[m]와 0.50[m] 사이에 위치한다.
③ **베이스 플레이트의 지지물** : 참조하는 레벨(기준점)은 하부 구조물(콘크리트 블럭의 하부레벨)의 상부레벨 아래 20[cm]이며 일반적인 전주의 길이는 이 레벨과 관련된다.

3. 응력의 분배

계산치는 내부규정에 의하여 정의된 온도와 가상풍속을 참조하여 만들어진다.

① +15[℃]에서 평탄한 면의 압력은 1,000[Pa]이고, 둘레의 종단면에서는 720[Pa]의 압력을 가진다.
② −10[℃]에서 평탄면의 압력은 300[Pa]이고, 둘레의 종단면에서는 180[Pa]의 압력을 가진다.

작용하는 비율의 최대값은 17[daN/mm^2]이며, 표준과 높이의 함수에 따라 다양하다.
표준값은 다음과 같이 결정된다.

① 1,200[Pa]에서 바람의 영향을 고려하여 전차선이 55[mm] 이하로 유동
② 전차선로설비의 사전이도(영구하중을 고려하여 계산한)는 9[mm] 이하이다.

4. 전주의 건식

지지물의 일반적인 영향은 인접된 레일의 외측 면에서부터 전주의 축까지 측정되며 성토부분에서는 2.65[m]이고 절토부분에서는 2.95[m]이다.

지지물들은 지지물 전방에 배수구와 케이블 트로프가, 후방에는 인도가 통과 가능한 공간을 확보하여야 한다.

인류의 축은 인류가 이루어지는 지지물의 축에서 레일로부터 동일한 거리에 위치하여야 한다.

각각의 지지물은 다음 사항을 만족하여야 한다.

① 전주번호 : 본선로의 [km]정, [km]정 내에서의 전주위치 및 전주번호 순으로 나열된다.(상선에서는 짝수 전주번호, 하선에서는 홀수번호)

② 각종 안전표지 : 전주에 볼트로 체결된다.

③ 레일접속 및 접지

5. 전주기초

전주기초는 선로로부터 받는 영향을 흡수하고, 지반에 견고하게 설치되어야 한다. 기초의 크기와 형상은 선로의 진동과 관련된다. 전주기초는 기초가 위치한 토양의 형상과 관련이 되어진다.

지형은 지반의 기계적인 진동의 저항력에 따라 분류되며, 기초가 견딜 수 있는 허용압력에 의하여 결정된다.

2.5[daN/cm^2]의 최대허용압력을 가지는 지반을 "보통지반"이라고 하고, 이 지반은 대부분의 일반적인 지반은 보통지반이다.

2.5[daN/cm^2] 이상의 최대허용압력을 가지는 "암반"은 다음과 같이 구성된다.

· 경암

· 연암

2.5[daN/cm^2] 이하의 최대허용압력을 가지는 지반을 "단층지반"이라고 한다.

이러한 단층지반은 최근에 성토한 것으로서, 불안전하게 다져져 있고, 표면근처에 수분을 포함한 지반이다. 이러한 경우, 지반을 탄탄하게 하는 것이 반드시 필요하며 전도시험(무너지는 것을 점검)을 하여야 한다.

기초는 기초가 설치되는 지면의 허용압력의 함수로 구별된다.

(1) 일반적인 지면에 설치되는 기초

기초의 크기는 다음을 고려하여 계산된다.

① 기초는 지면레벨과 동일하다.
② 지면에서 주어지는 최대압력은 2.5[daN/cm²]과 동등하거나 그 이하이다.
③ 이 한계값은 연속된 지반에서는 일정하다.
④ 지표면의 층의 전도저항(일반적인 지형)은 0이다.(일반적으로 30[cm]에서 50[cm])
⑤ 압력은 작용점과 기초의 회전중심 사이의 거리에 비례한다.
⑥ 수평면에서 작용하는 콘크리트와 지면의 마찰력은 무시된다.

기초의 형상은 다음에 따라 다양하다.

① 굴착방법(굴착기, 삽)
② 기능(전주고정 및 인류)
③ 노반의 형상
　㉠ 평면지반(일반 매설 기초)
　㉡ 성토지반(경사면 기초)

정상적으로 매설된 기초는 원형이나 직사각형이며, 경사기초는 프리즘형상을 가진 기초이며, 기초의 경사진 부분은 경사진 쪽에 위치된다.

(2) 암반지반에 설치되는 전주기초

이 전주기초의 횡 단면은 굴착작업을 할 수 있는 최소 치수이며(이는 굴착하는 방법에 따라 다양하다), 높이는 지지물의 최소 건식높이가 된다.

암반이 지표면에서 0.4[m] 이하일 경우 전주기초는 기초의 전체높이 이상의 횡단면적을 가져야 한다.

암반이 지표면에서 0.4[m] 이상일 경우 매설깊이는 보통기초의 폭과 같아야 한다. 바위속에 있는 부분은 최소단면적을 가진다.

암반지반은 굴착이 어렵기 때문에 실링로드와 베이스 플레이트 지지물을 사용할 수 있다.

(3) 단층지반에 설치되는 기초

지반의 특성과 저항력을 구하기 위하여 가능한 한 음파시험과 전도시험을 한 후 정밀 조사하여야 한다.

① 일반적인 유형에 따라 만들어질 수 있는 참고자료를 통해 특수한 사례를 도출해 낼 수 있다.

② 압력을 견딜 수 있는 동일한 지반 : 이 기초는 직사각형 또는 입식 슬리브(버섯모양)의 형태이다.

③ 기초의 하부에 수분이 포함되어 있는 지반 : 이 기초는 베이스 플레이트상에 전주가 위치하도록 설계된 슬라브나 "버섯형상"의 기초이어야 한다.

지선기초는 일반지형 또는 단층지역에서 치수는 중력을 보강할 수 있도록 하여야 하며 파괴력은 지선의 수직 반작용을 고려하여야 한다.

(4) 베이스 플레이트(하부저판)상의 전주용 기초

이 기초는 S(베이스) 또는 F(드릴링된 저판)형태이다.

(가) 작은 파일의 베이스 블록(S 형태)

140[mm]의 직경을 가진 실린더 형태의 작은 파일위에 세 개의 롯드에 의하여 견고하게 부착된 미리 제작된 콘크리트 슬리브에 의하여 만들어지며 이 길이는 자연지반의 깊이에 따라 다양하다.

슬리브에 부착된 네 개의 롯드는 지지물의 베이스 플레이트를 부착하는데 사용된다.

역청재질의 그리스로 도포된 플라스틱 표피는 베이스의 전체 높이의 금속로드와 베이스-마이크로 파일의 접속단면을 보호한다.

다음의 두 가지 형태가 사용된다.

- S6의 형태 : 6,000[daN/m] 이하 또는 동일한 선로와 수직방향의 모멘트에 사용
- S10의 형태 : 6,000~10,000[daN/m] 사이의 모멘트

베이스의 각각의 형태에 따른 마이크로 파일의 길이는 자연지반의 성질에 따라 정의된다.

(나) 드릴된 기초(FE형)

이 기초는 두 종류의 기초 지반 사이에 놓여지기 때문에 작은 길이로 설치 가능한 지역에 사용할 수 있다.

이 치수는 기존의 실린더형의 전주기초와 동일하다.

이것은 다음과 같은 것으로 구성된다.

① 전주의 하부 플레이트를 부착하기 위하여 강화되어 조합된 네 개의 스틸 롯드 세트, 고정할 목적으로 상부와 하부의 콘크리트에 두 개의 탬플레이트를 함침 시켰다.

② 원형공간을 가지는 브레이싱의 최대는 0.30[m]이다.

전주기초, 너트와 로드는 선로면상에서 0.10[m] 돌출되어 있는 콘크리트 다이스 상부에 부착되어 있다.

6. 인류기초

(1) 기초형태

일반적인 지반에 위치한 인류기초는 5,600[daN] 이하의 인류응력에 대해서는 실린더 형태이고, 이 값을 초과하는 인류응력에 대해서는 프리즘 형태이다.

배수지역에서는 이 기초는 배수시스템과 겹치는 것을 피하기 위하여 선로에 수직일 때에는 치수를 감소시킨 직사각형 형태이다.

베이스 기초 지역에서는 두 개의 타이로드 상부에 인류된다.

(2) 굴착된 실린더형 전주기초

인류기초는 0.700[m]의 직경을 가지고 인류응력에 비례하는 깊이를 가지며 굴착된 전주기초와 같다.

인류 지선와이어의 고정용 U형 볼트는 기초에 건식된 HEA 200에 견고히 고정된다. 콘크리트 다이스는 선로면상 0.10[m]의 높이로 된 고정용 로드를 고정한다.

(3) 지선 타이로드

인류지선은 마이크로 파일에 부착된 로드에 견고히 고정되며, 두 개의 조정가능한 로드의 형태로 지선의 연장선상에 고정된다.

지선과 마이크로파일의 조합은 작은 각도의 형태를 가지며, 수직한 구성부분은 지면을 향한다.

마이크로파일은 140[mm]의 직경을 갖는다. 지선의 각에 의하여 만들어진 어떠한 휨에도 견딜 수 있고 콘크리트의 균열을 피하기 위하여 90[mm] 직경안에 5[mm]의 두께를 가지는 1개의 긴 스틸 튜브가 마이크로 파일의 상부에 합침된다.

콘크리트 기초는 마이크로 파일의 인류로드링크와 선로레벨에서 0.10[m]의 높이의 조정로드를 감싸고 있다.

각각의 지선은 단일의 마이크로 파일에 고정된다.

만약에 두 개의 지선이 사용된다면, 두 개의 마이크로파일이 선로에 팽행하게 0.8[m]의 간격으로 위치한다.

전차선로에서의 모든 인류는 두 개의 마이크로 파일에서 작용된다.

인류 마이크로파일의 길이는 시험결과 6[m]로 고정된다. 시험에 의한 앵커링 로드의 파괴저항에 의하여 나타난다.

제6편

부 록

➡ 풍압하중의 종별과 그 적용(第72조)

가공 전선로에 사용하는 지지물의 강도 계산에 적용하는 풍압하중은 다음의 3종으로 한다.

(1) 갑종 풍압하중

표에 열거한 구성재의 수직 투영면적 1[m²]에 대한 풍압을 기초로 하여 계산한 것.

갑종 풍압하중

풍압을 받는 구분			구성재의 수직 투영면적 1[m²]에 대한 풍압(풍속 : 35[m/s])	
목　　주			60[kg]	588[Pa]
지지물	철 주	원형의 것.	60[kg]	588[Pa]
		삼각형 또는 능형의 것.	144[kg]	1,411[Pa]
		강관에 의하여 구성되는 4각형의 것.	114[kg]	1,117[Pa]
	철 주	기타의 것	복재가 전후면에 겹치는 경우에는 166[kg], 기타의 경우에는 182[kg]	
지지물	철근콘크리트주	원형의 것.	60[kg]	588[Pa]
		기타의 것.	90[kg]	882[Pa]
	철 탑	강관으로 구성되는 것.	128[kg]	1,254[Pa]
		기타의 것.	220[kg]	2,156[Pa]
전선 기타 가섭선	다도체(구성하는 전선이 2조마다 수평으로 배열되고 또한 당해 전선 상호간의 거리가 전선의 외경의 2배 이하인 것에 한한다)를 구성하는 전선		68[kg]	666[Pa]
	기타의 것.		76[kg]	745[Pa]
애자장치(특별 고압 전선로용의 것에 한한다.)			106[kg]	1,039[Pa]
목주 · 철주(원형의 것에 한한다.) 및 철근콘크리트주의 완금류(특별고압 전선로용의 것에 한한다.)			단일재로서 사용하는 경우에는 122[kg], 기타의 경우에는 166[kg]	

(2) 을종 풍압하중

빙설이 많은 지방의 저온계에서 가섭선에 빙설이 부착한 상태에서 갑종 풍압의 1/2의 바람이 있는 경우의 하중.

전선 기타의 가섭선 주위에 두께 6[mm], 비중 0.9의 빙설이 부착한 상태에서 수직 투영면적 1[m^2]당 38[kg](다도체를 구성하는 전선은 34[kg]), 그 이외의 것은 갑종 풍압의 1/2를 기초로 하여 계산한 것.

(3) 병종 풍압하중

갑종 풍압의 1/2를 기초로 하여 계산한 것.(인가가 많이 연접된 장소 및 저온계에 있어서 강풍이나 빙설이 적은 지방을 대상으로 함.)

풍압치는 다음 계산식으로 규정하고 있다.

$$P = \frac{1}{2}\rho V^2 C$$

여기서, P : 풍압[kg/m^2]

ρ : 공기밀도[$kg \cdot sec^2/m^2$]

: 0.115(고온계절시 대기상태 : 기압 720[mmHg], 온도 23[℃]에서)

: 0.125(저온계 표준대기상태 : 기압 760[mmHg], 온도 15[℃]에서)

V : 풍속[m/sec]

: 35(각 지방의 기상대 기록에 의하여 지상 15[m]에 있어서 10분간 최대 평균풍속을 토대로 하여 정한 설계풍속)

C : 공기저항계수(바람을 받는 대상 물체의 형상, 대소 등에 의하여 다르지만 풍속실험에 의하여 가섭선에 있어서는 $C=1$, 목주, 철근콘크리트주에 있어서는 $C=0.8$)

풍압하중의 적용

<table>
<tr><th colspan="3" rowspan="2">지방별 및 시설장소</th><th colspan="2">풍 압</th></tr>
<tr><th>고온계</th><th>저온계</th></tr>
<tr><td colspan="3">인가가 많이 연접된 장소 *</td><td>병종 풍압하중</td><td>병종 풍압하중</td></tr>
<tr><td rowspan="3">상기이외의 장소</td><td colspan="2">빙설이 많은 지방 이외의 지방</td><td>갑종 풍압하중</td><td>병종 풍압하중</td></tr>
<tr><td rowspan="2">빙설이 많은 지방</td><td>하기 이외의 지방</td><td>갑종 풍압하중</td><td>을종 풍압하중</td></tr>
<tr><td>해안지방 기타 동계에 최대 풍압이 생기는 지방</td><td>갑중풍압하중</td><td>갑종 풍압하중 또는 을종풍압 하중 중 큰 것.</td></tr>
</table>

비고 * 표는 다음의 구성재에 한한다.

① 저압 또는 고압 가공 전선로의 지지물 또는 가섭선

② 사용전압이 35[kV] 이하인 특별 고압 가공 전선로의 지지물에 시설하는 저압 또는 고압 가공전선

③ 사용전압이 35[kV] 이하인 특별 고압 가공 전선로에 사용하는 케이블 및 이를 조가하는 금속선(이하 "조가용선"이라 한다.)

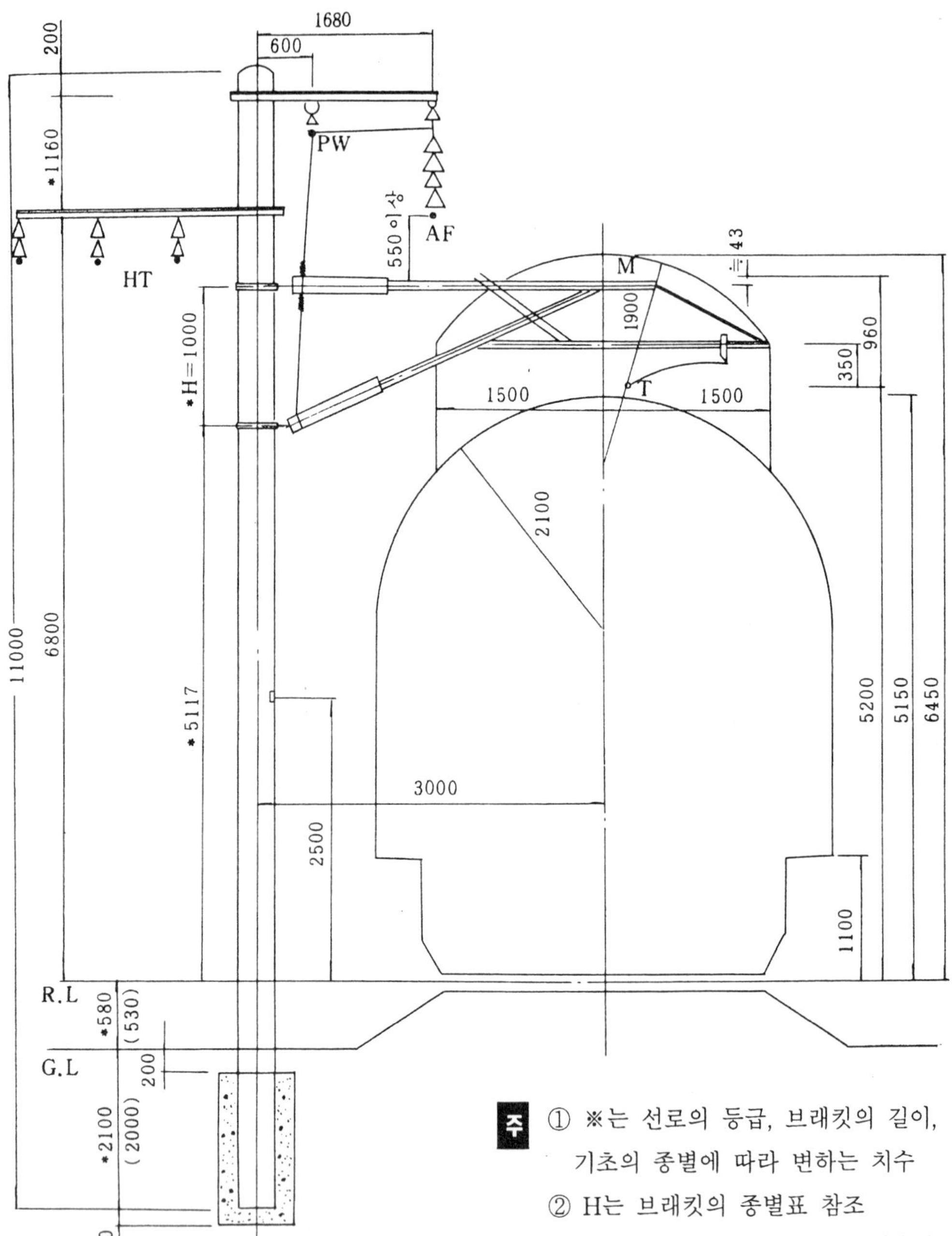

주
① ※는 선로의 등급, 브래킷의 길이, 기초의 종별에 따라 변하는 치수
② H는 브래킷의 종별표 참조
③ 고배선은 부득이한 경우 2선용과 1선용 2본으로 한다.

명칭	AT구간 표준장주도	도면번호	OF-1301A
	(역간 - 직선)	참 조	

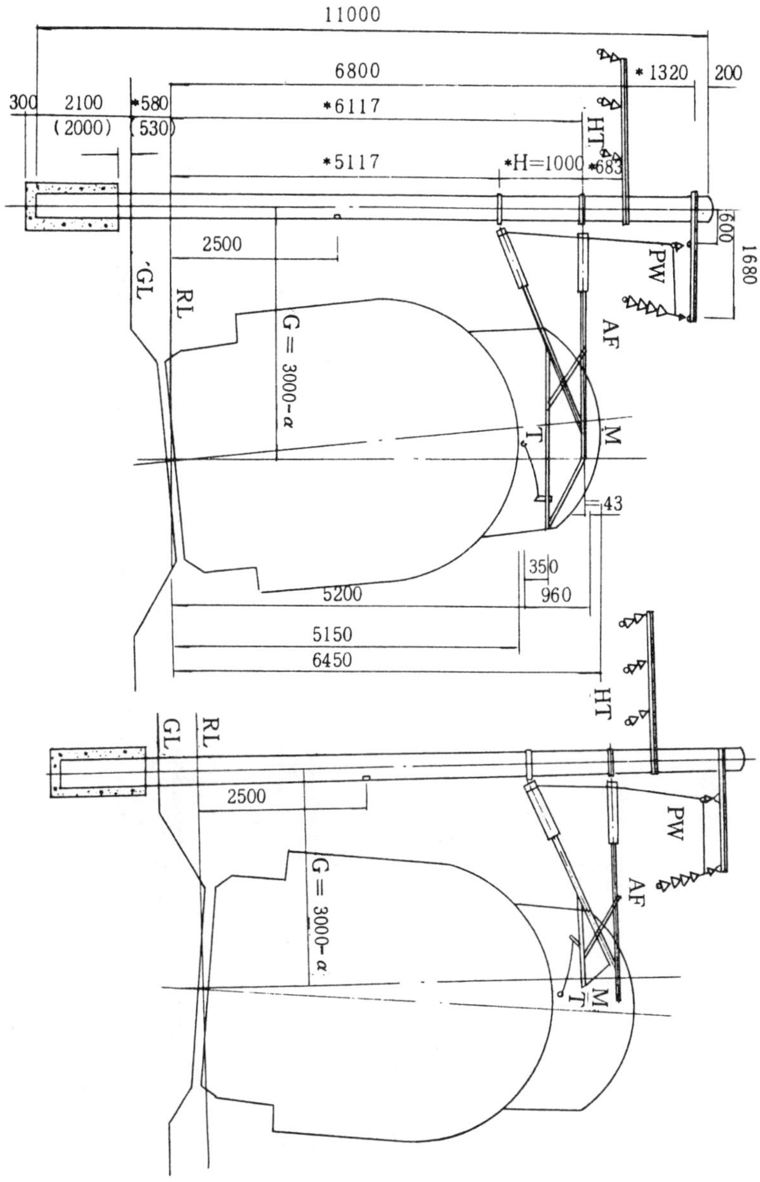

주 ① ※는 선로의 등급, 브래킷의 길이, 기초의 형별에 따라 변하는 치수

② H는 브래킷의 종별표 참조

③ $\alpha = \frac{\text{전차선높이}}{\text{궤간}(1435)} \times \text{캔트}$

캔트는 "곡선반경과 속도에 의한 캔트치수표" 참조

명칭	AT구간 표준장주도	도면번호	OF-1302A
	(역간 - 곡선)	참 조	

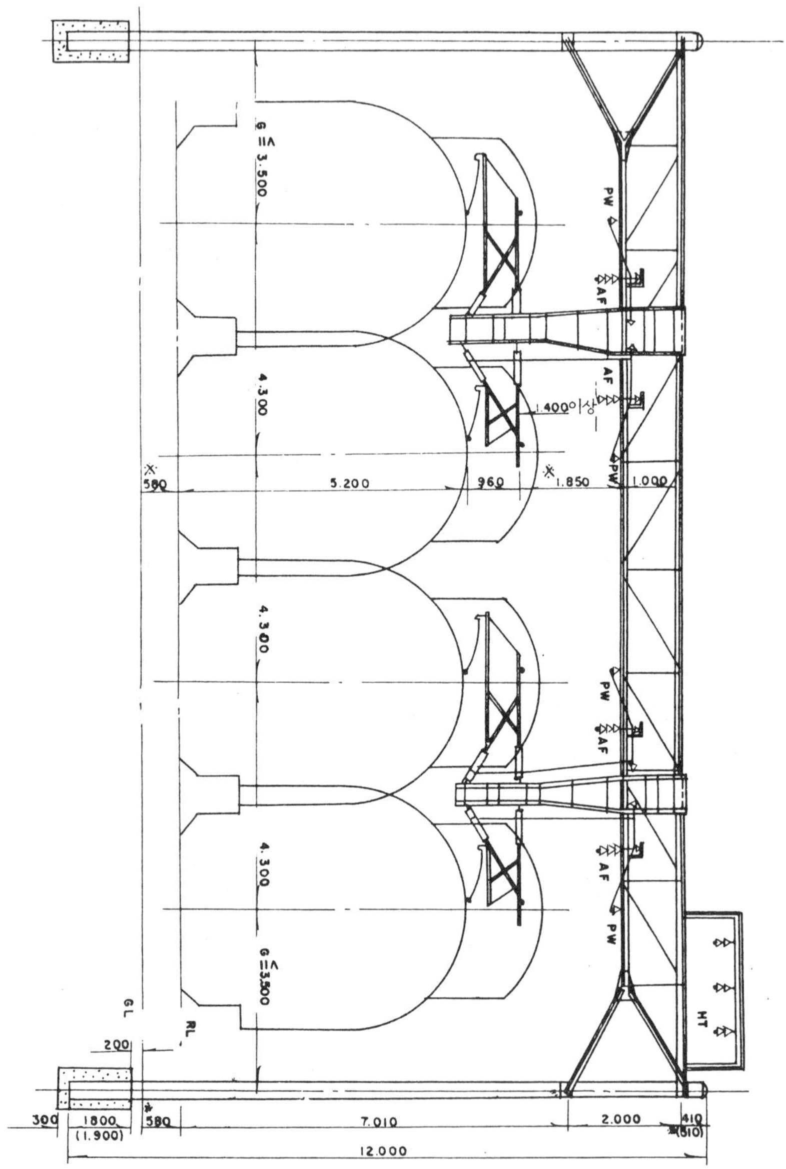

주 ① ※는 선로등급, 도상등에 따라 변하는 치수
② 주장은 구내 레벨에 따라 결정

명칭	AT구간 표준장주도	도면번호	OF-1303A
	(역구내 - 하수강식) No. 1	참 조	

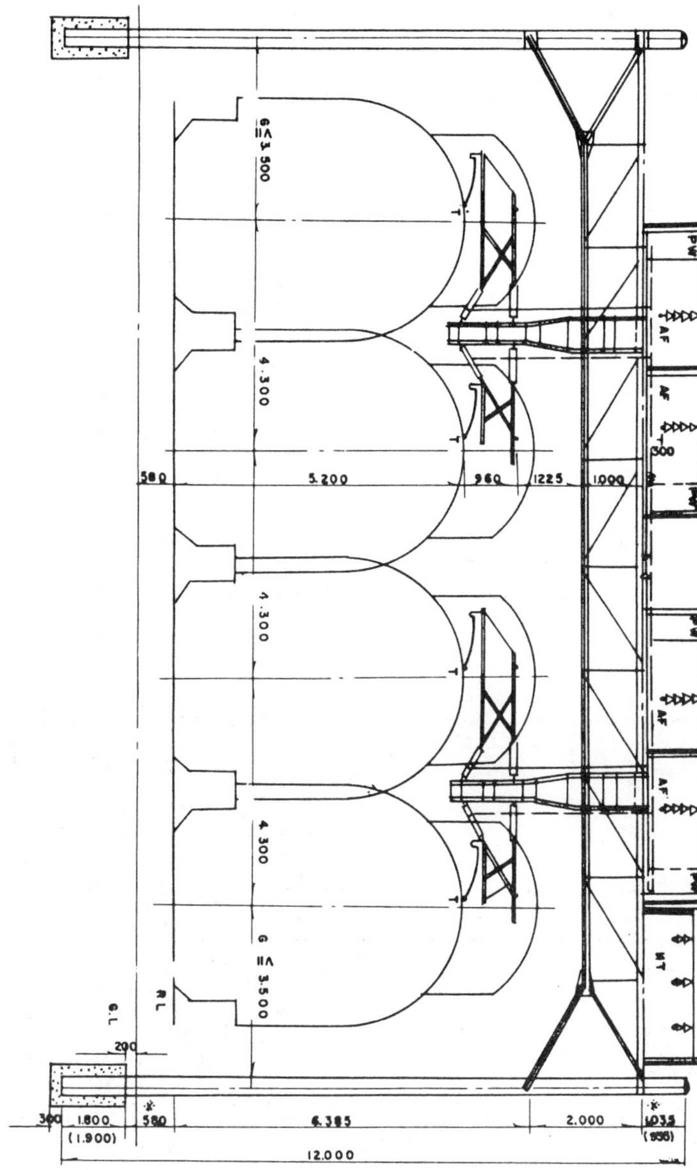

주 ① ※는 선로등급, 도상등에 따라 변하는 치수
② 주장은 구내 레벨에 따라 결정

명칭	AT구간 표준장주도	도면번호	OF-1304A
	(역구내 - 하수강식) No. 2	참 조	

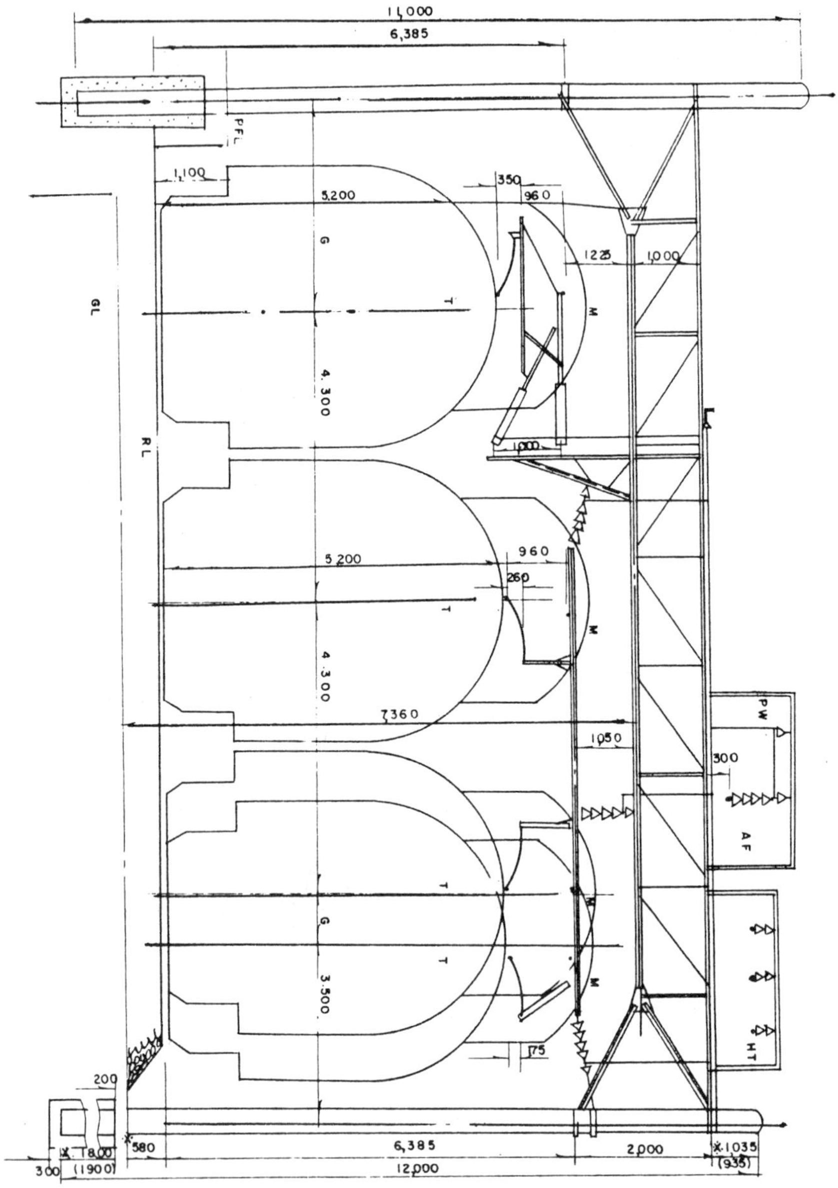

주 ① ※는 선로등급, 도상등에 따라 변하는 치수
② 주장은 구내 레벨에 따라 결정

명칭	AT구간 표준장주도	도면번호	OF-1305A
	(역구내 - 가압빔식)	참 조	

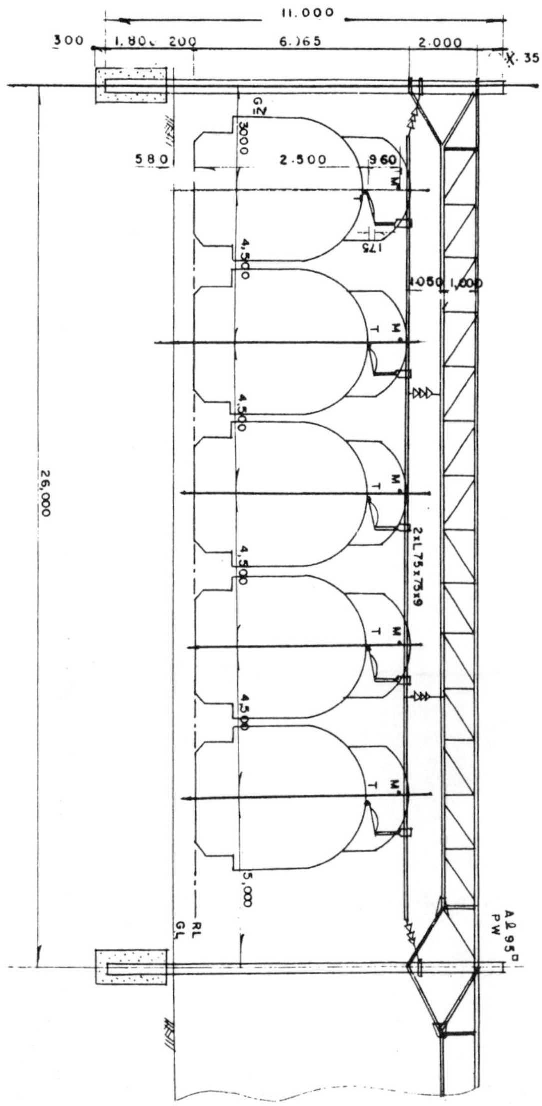

주 ① ※는 선로등급, 도상등에 따라 변하는 치수
② 주장은 구내 레벨에 따라 결정

명칭	AT구간 표준장주도	도면번호	OF-1306A
	(차량기지 - 가압빔식)	참 조	

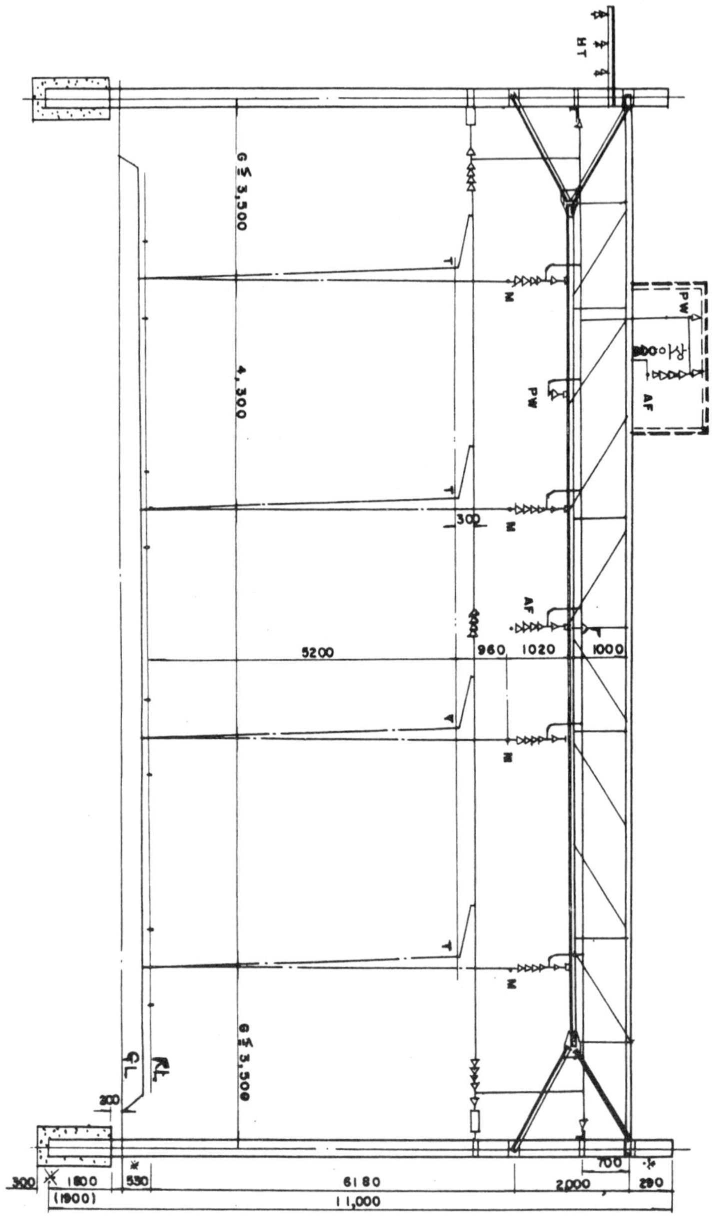

주 ① ※는 선로등급, 도상등에 따라 변하는 치수

② 주장은 구내 레벨에 따라 결정

③ 문형완철은 부득이한 경우에 사용

<table>
<tr><td rowspan="2">명칭</td><td>AT구간 표준장주도</td><td>도면번호</td><td>OF-1307A</td></tr>
<tr><td>(역구내 - 빔하스팬선식)</td><td>참　　조</td><td></td></tr>
</table>

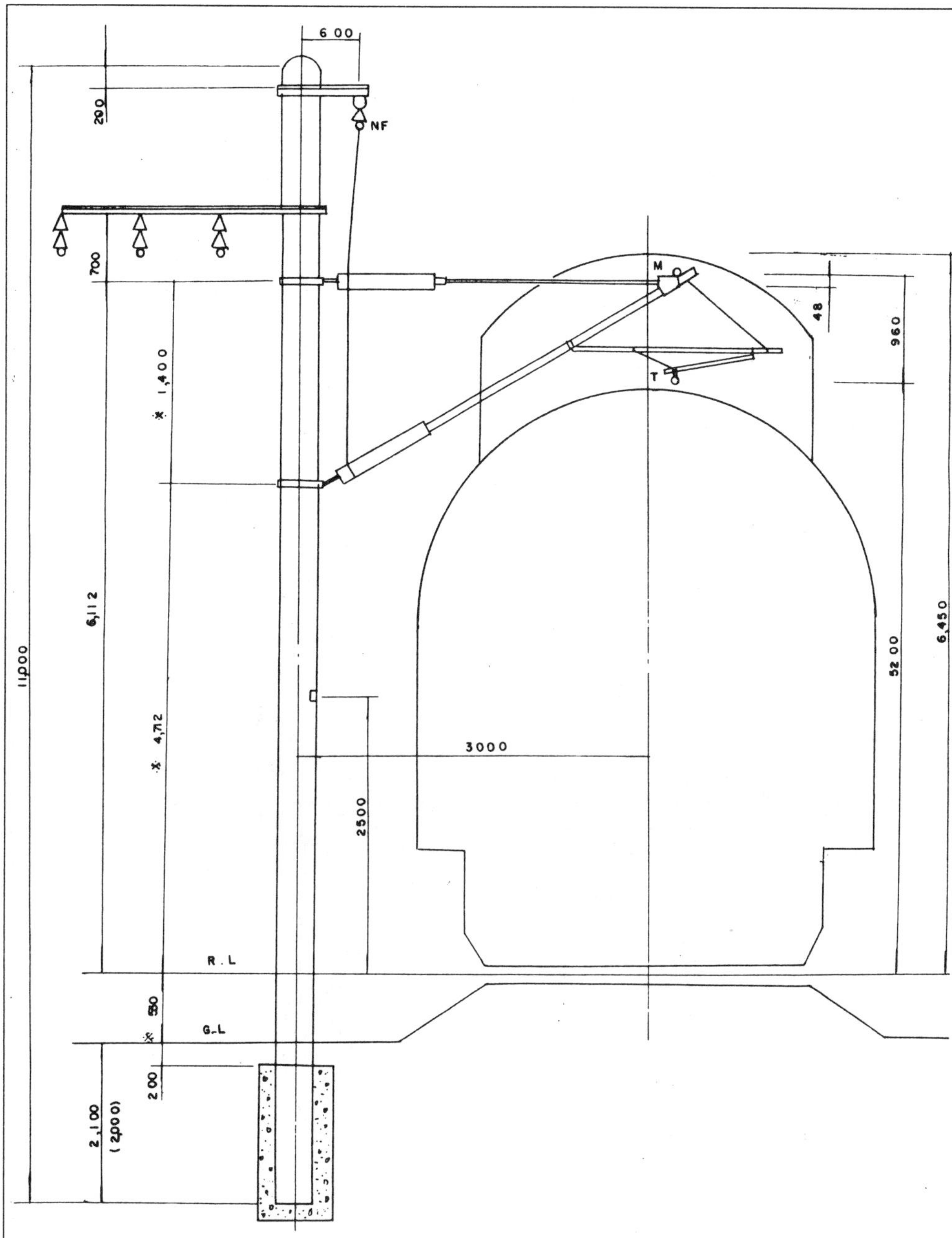

주 ① ※는 선로등급, 기초의 종별에 따라 변하는 치수

② 고배선은 부득이한 경우 2선용과 1선용 2본으로 한다.

명칭	BT구간 표준장주도	도면번호	OF-1308B
	(역간 - 직선)	참 조	

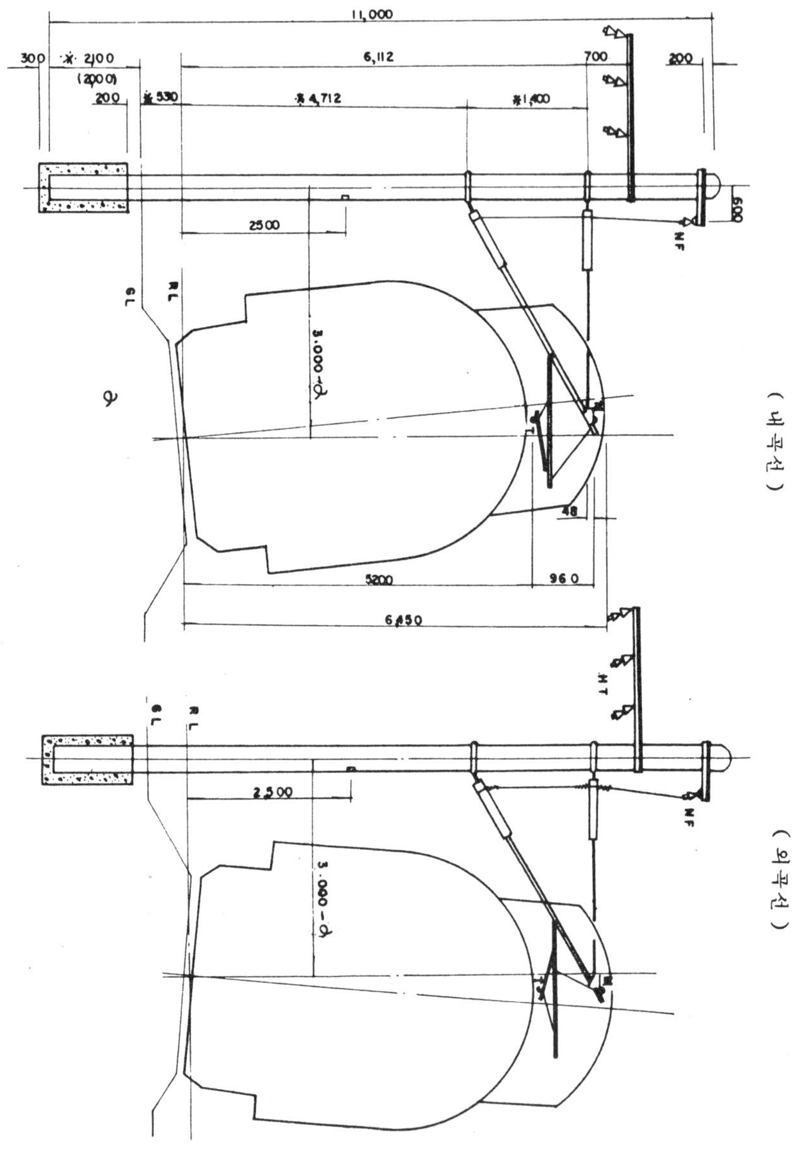

주 ① $\alpha = \dfrac{\text{전차선높이}}{\text{궤간}(1435)} \times \text{캔트}$

② ※는 선로등급, 가동브래킷의 길이, 기초의 종별에 따라 변하는 치수

명칭	BT구간 표준장주도	도면번호	OF-1309B
	(역간 - 곡선)	참 조	

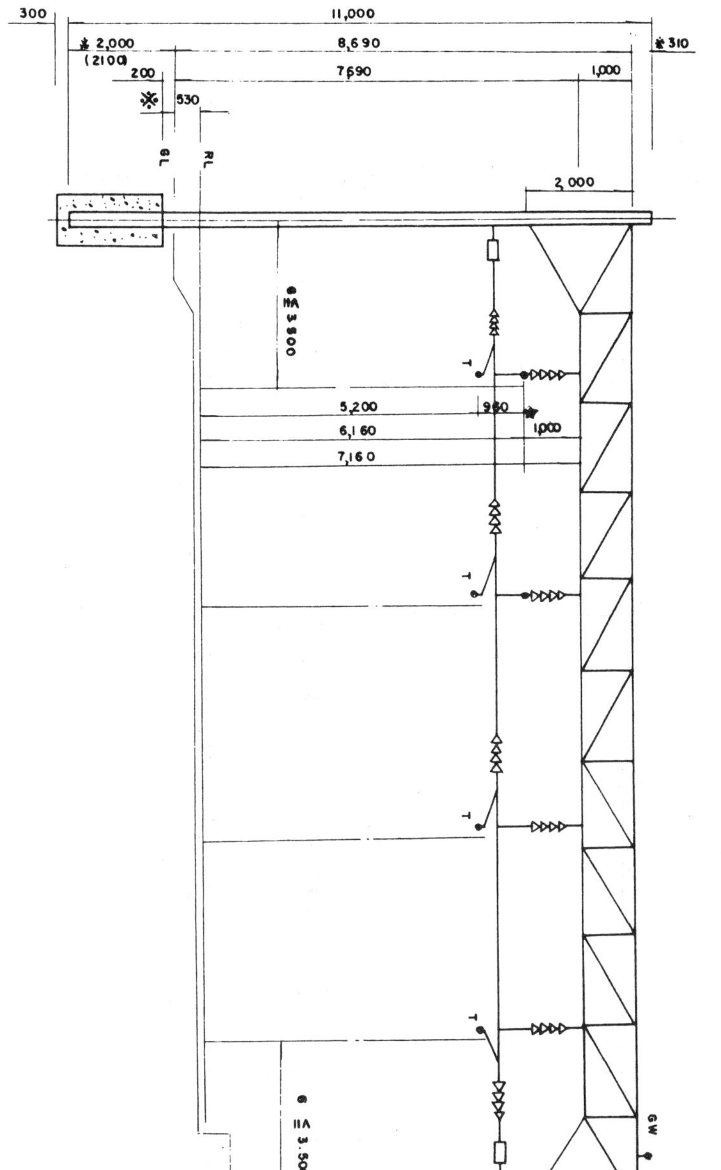

주 ① ※는 선로등급, 기초의 종별에 따라 변하는 치수

② ☆는 클레비스현수애자 및 삼각아이볼트 사용시는 750까지 단축 가능

명칭	BT구간 표준장주도	도면번호	OF-1310B
	(역구내 - 빔하스팬선식)	참 조	

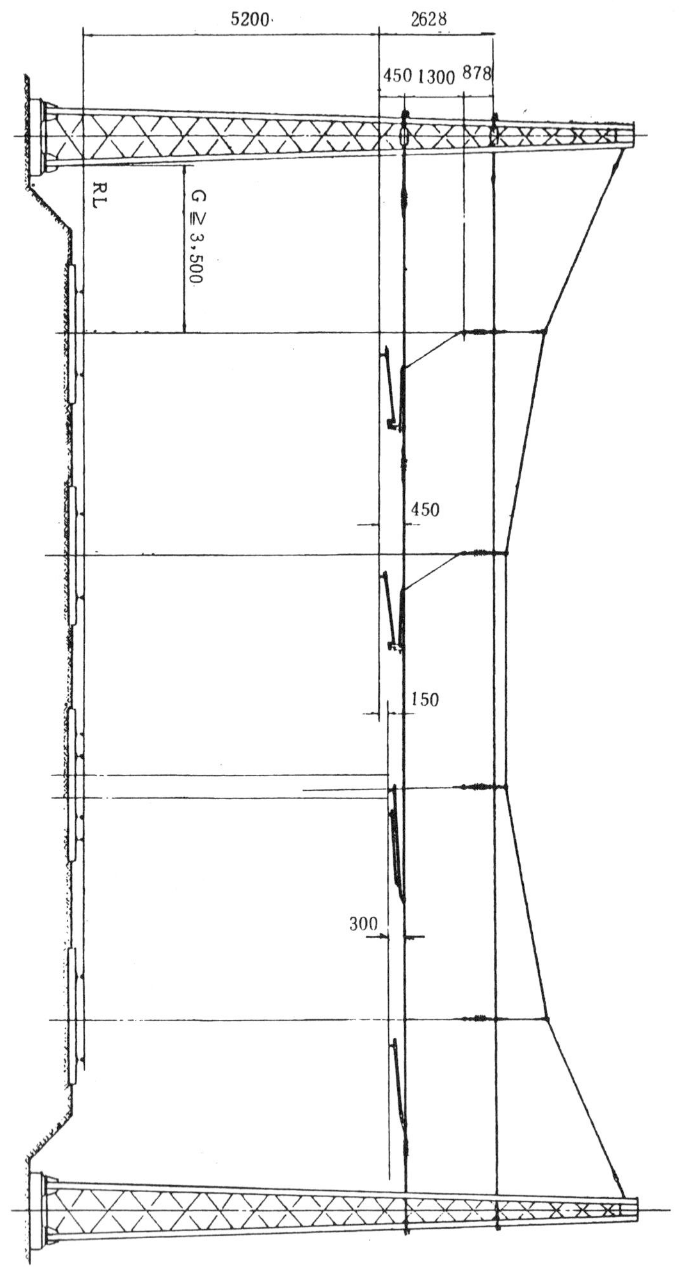

명칭	BT구간 표준장주도	도면번호	OF-1311B
	(역구내 - 스팬선빔식)	참　　조	

(직 선 장 소)

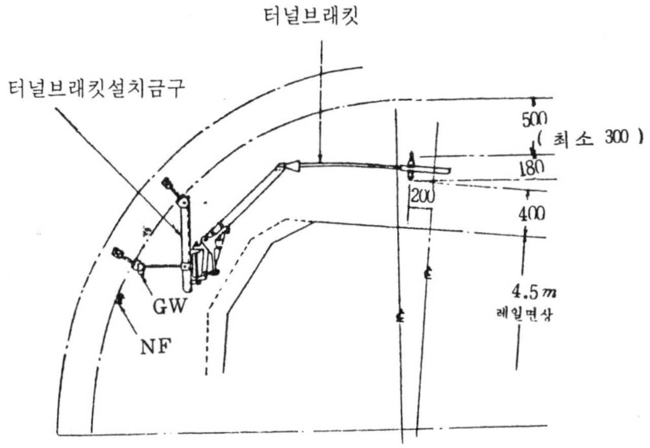

(곡 선 장 소)

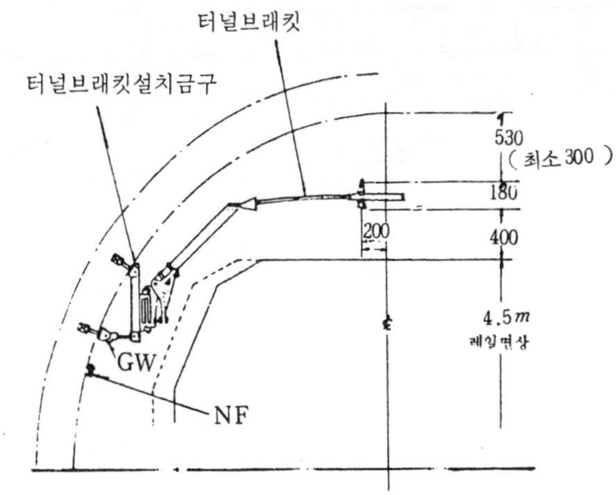

명칭	터널브래킷 표준시설도	도면번호	OF-1312B
		참 조	F9-201

· 현행(복선)

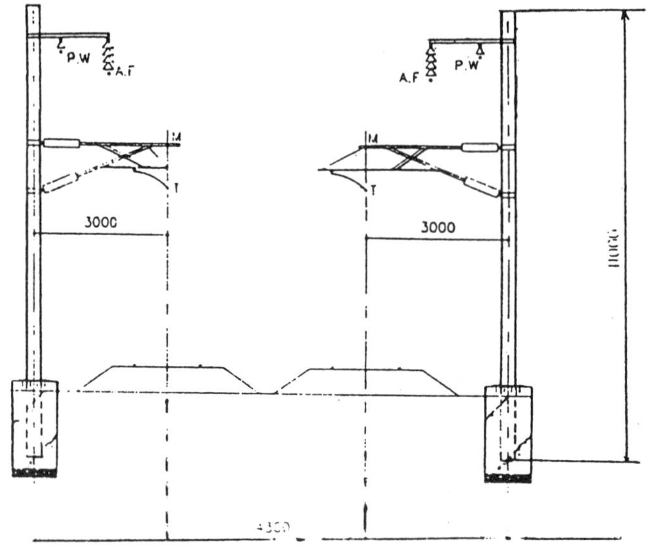

· 변경(복복선)

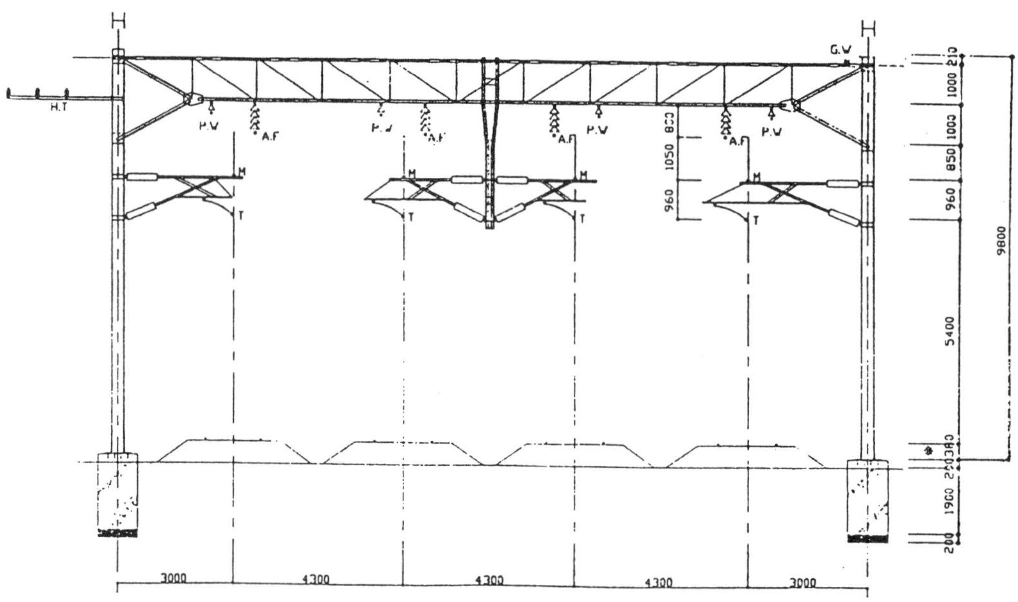

<table>
<tr><td rowspan="2">명칭</td><td>역간 전차선로 표준장주도</td><td>도면번호</td><td></td></tr>
<tr><td>복선, 복복선</td><td>참 조</td><td></td></tr>
</table>

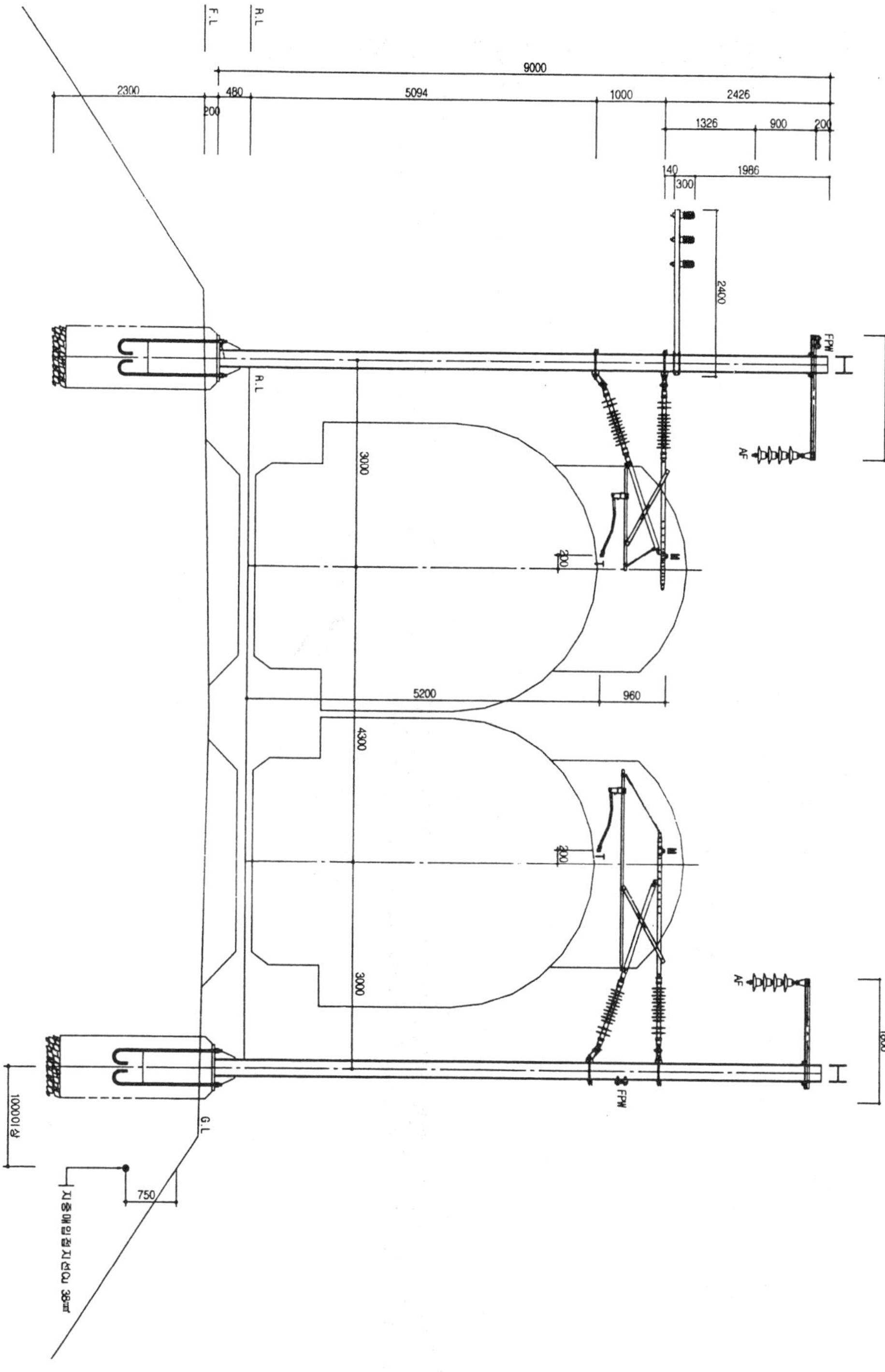
F.L
R.L
9000
2300
480
5094
1000
2426
200
1326
900
200
140
1986
300
2400
FPW
1800
AF
3000
200
5200
960
4300
300
3000
G.L
1000이상
750
지중매입접지선(Al 38㎟)

단독주 표준 장주도

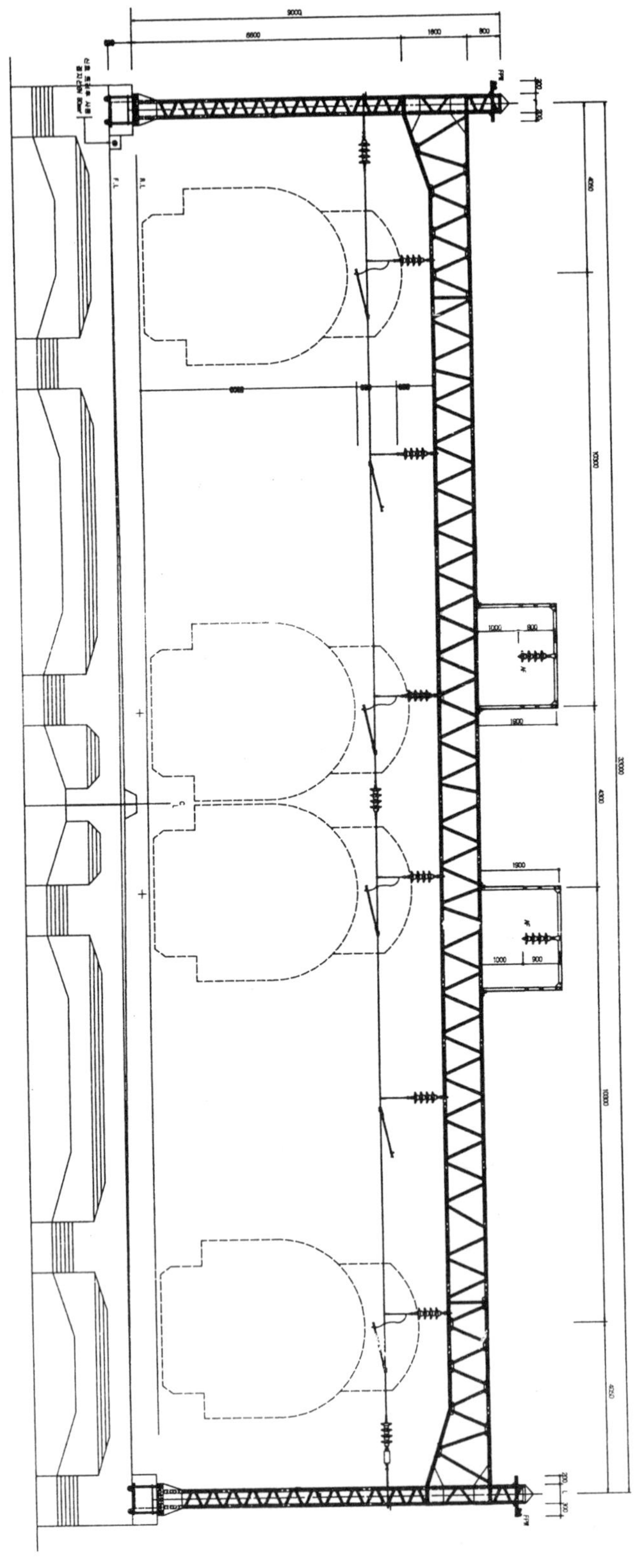

역구내 표준 장주도

교량구간 표준장주도

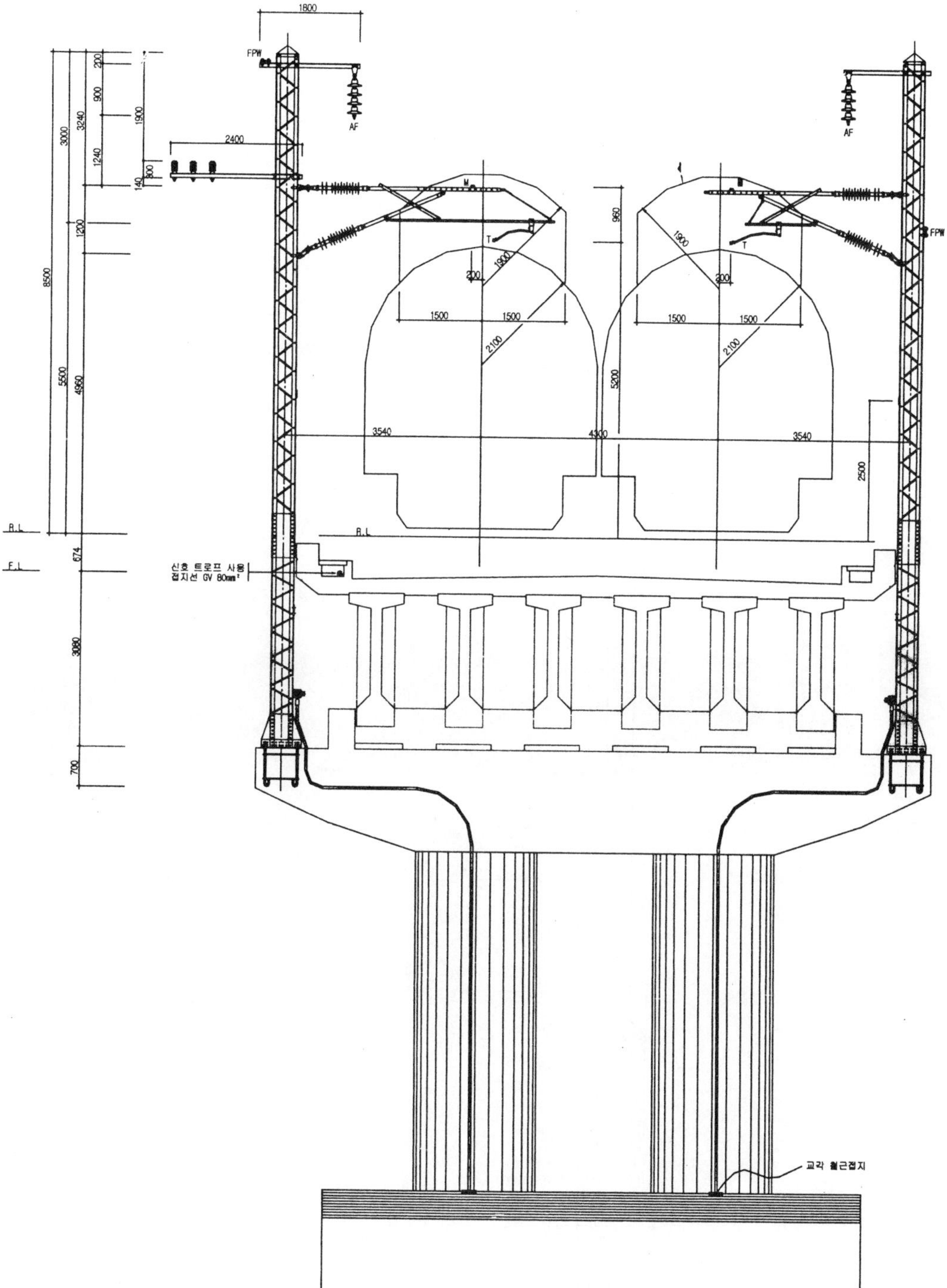
1800
FPW
AF
2400
8500
3000
3240
200
900
1900
1240
300
140
1200
5500
4960
960
1900
200
1500
1500
2100
5200
3540
4300
3540
2500
R.L
F.L
674
신호 트로프 사용
접지선 GV 80㎟
3080
700
교각 철근접지

표준장주도(강관주용)

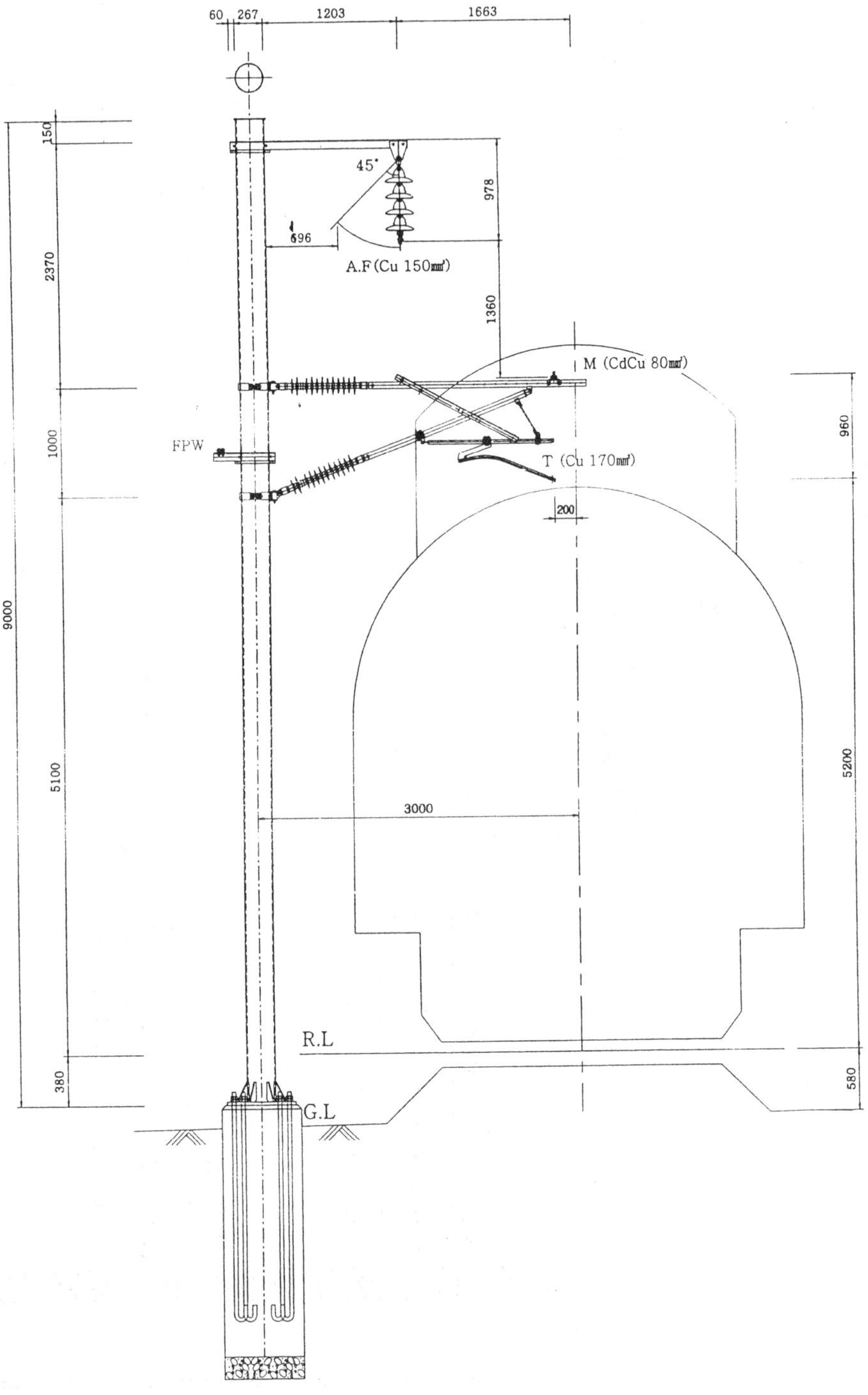
60
267
1203
1663
150
978
45°
696
A.F (Cu 150㎟)
2370
1360
M (CdCu 80㎟)
960
FPW
1000
T (Cu 170㎟)
200
9000
5100
3000
5200
R.L
380
580
G.L

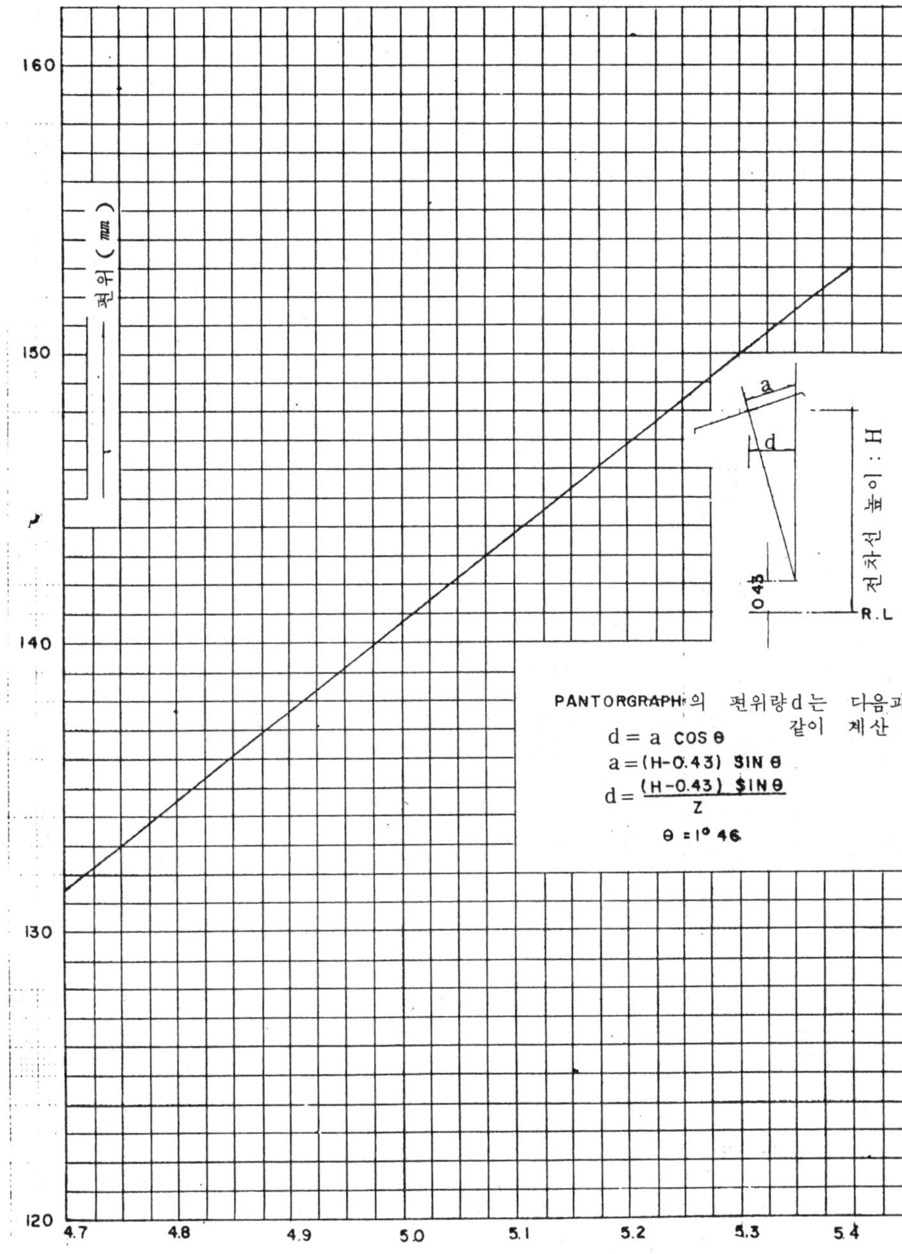

명칭	차량동요에 의한 팬터그래프의 편위	도면번호	OF-8301
		참 조	

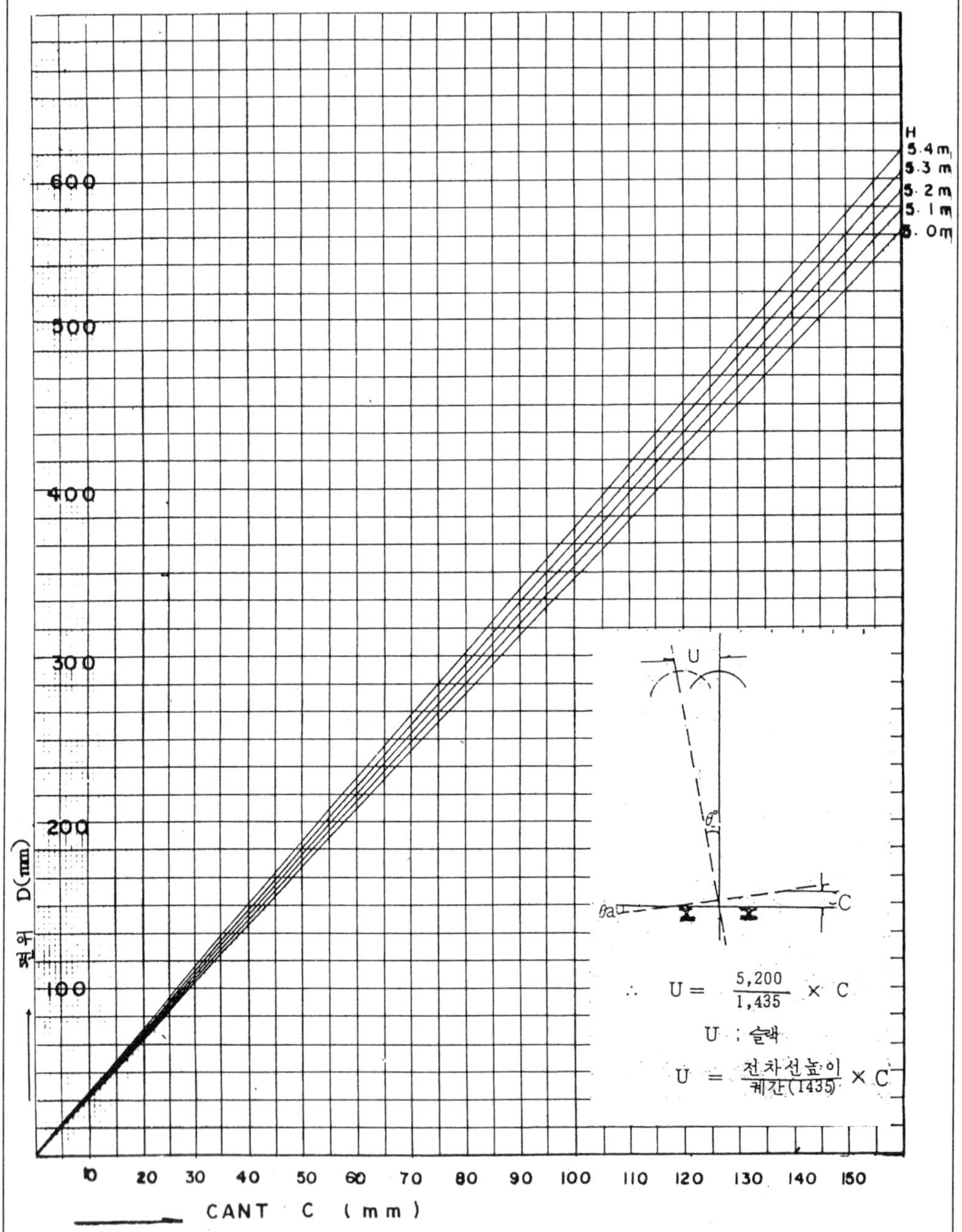

명칭	캔트에 의한 팬터그래프의 편위	도면번호	OF-8302
		참 조	

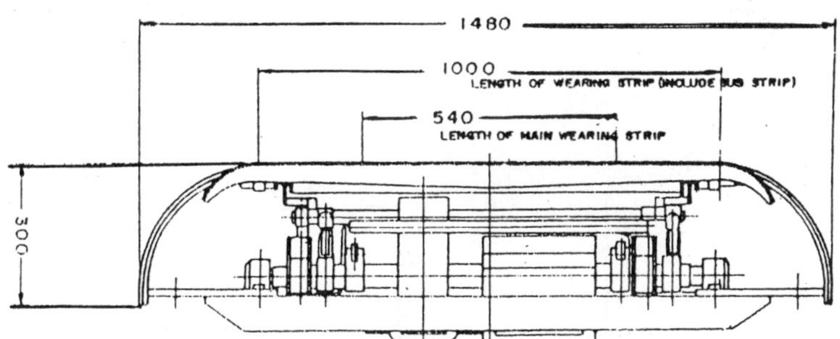

규격명	전기동차용 팬터그래프	정부물품분류번호	
		철도용품규격번호	
종별명		도 면 번 호	OF-8505

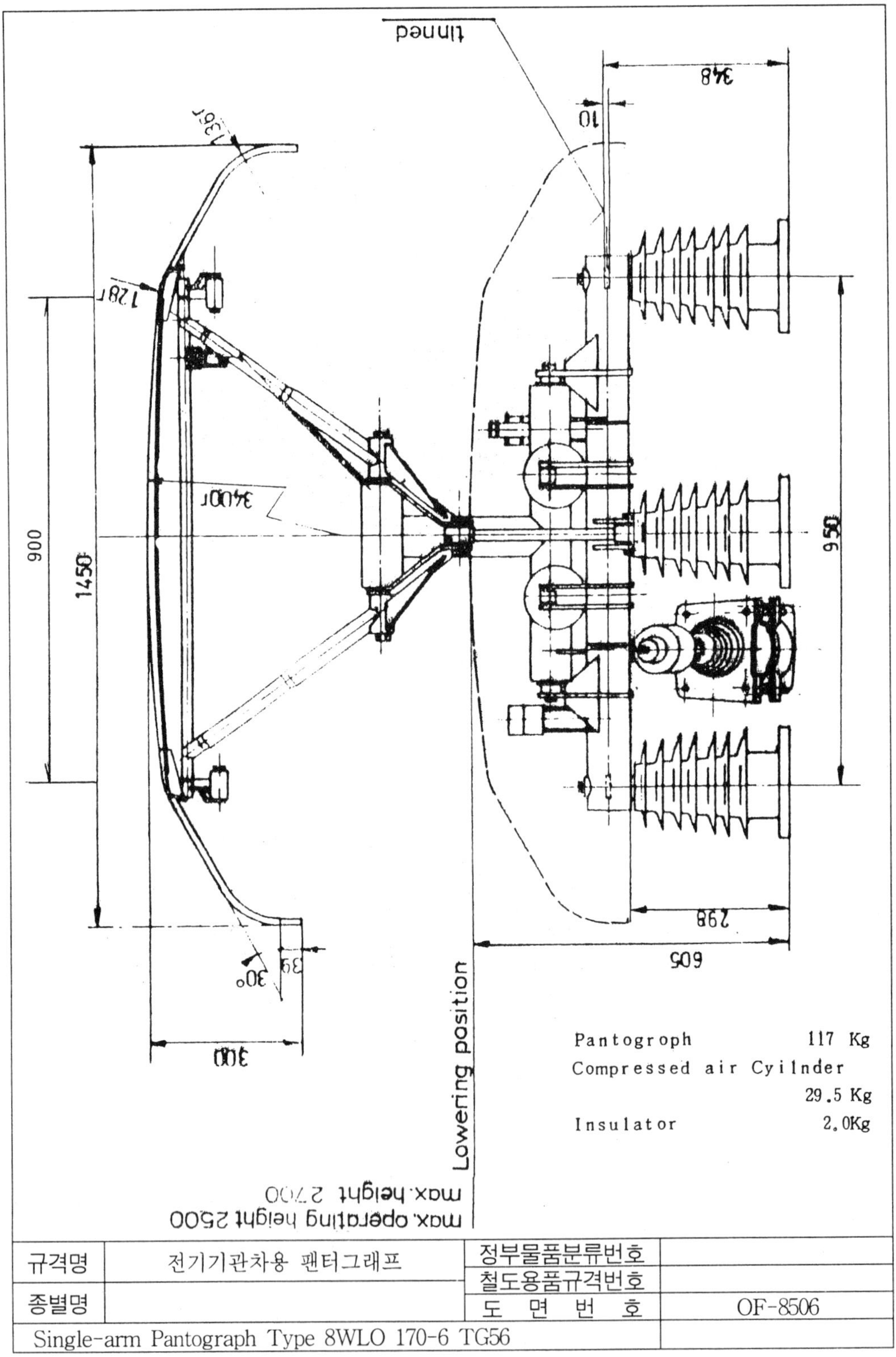

규격명	전기기관차용 팬터그래프	정부물품분류번호	
		철도용품규격번호	
종별명		도 면 번 호	OF-8506
Single-arm Pantograph Type 8WLO 170-6 TG56			

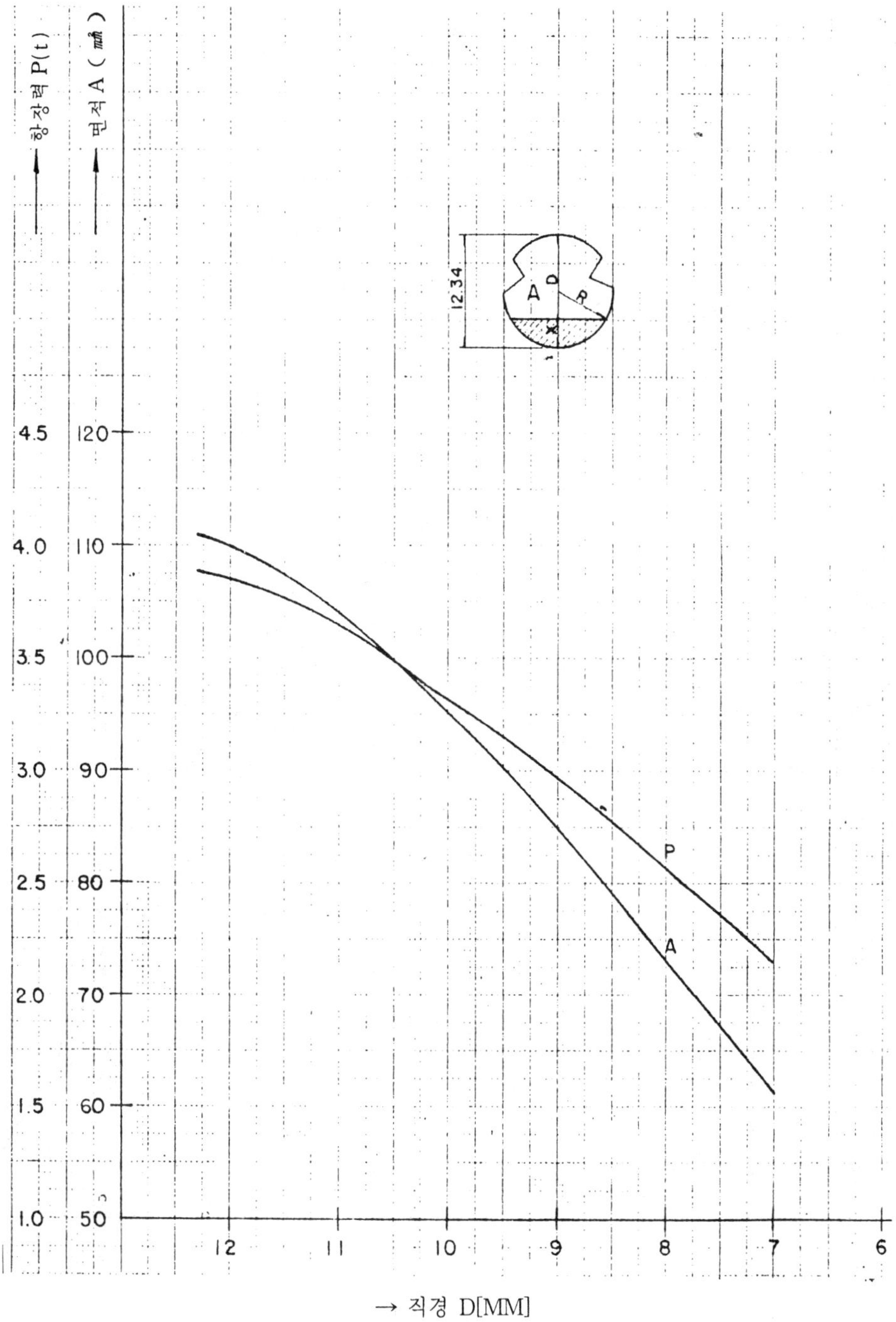

명칭	전차선의 직경과 잔존단면적 및 항장력	도면번호	OF-8201
	(110[mm^2])	참 조	

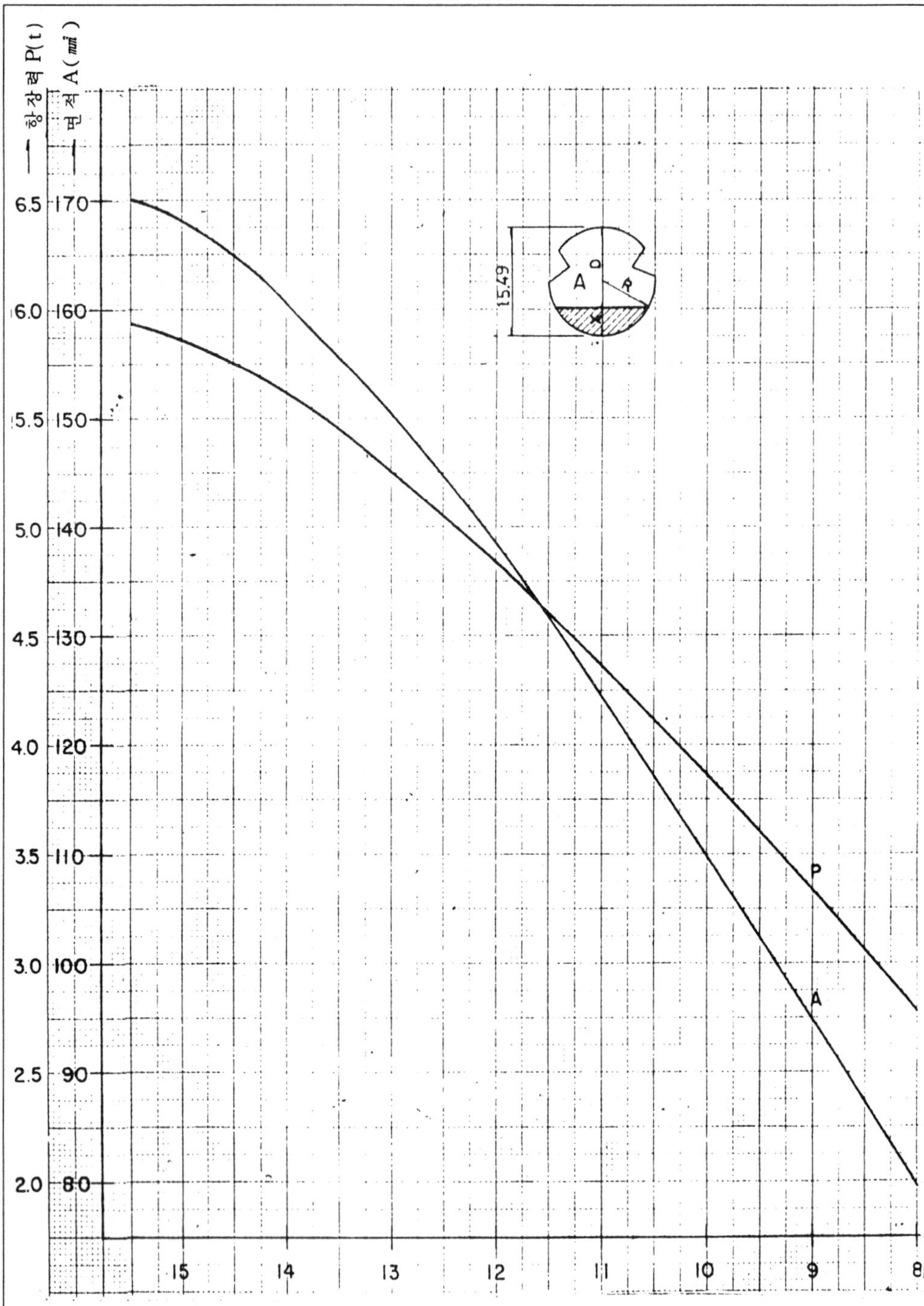

→ 직경 D[mm]

명칭	전차선의 직경과 잔존단면적 및 항장력	도면번호	OF-8202
	(170[mm²])	참 조	

전주 기초 적용기준표

경 간(M)		60						50			40			30		
곡 선 반 경(M)		직 선			1600			800			500			300		
지 질 계 수		0.6	1.0	1.2	0.6	1.0	1.2	0.6	1.0	1.2	0.6	1.0	1.2	0.6	1.0	1.2
일반장소	헤비심플커티너리방식	B_0	B_0	B_0	B_0	B_0	B_0	B_2	B_1	B_0	B_4	B_2	B_0	B_5	B_3	B_1
	심플커티너리방식	B_0	B_0	B_0	B_0	B_0	B_0	B_2	B_0	B_0	B_3	B_0	B_0	B_4	B_1	B_0
평행장소	헤비심플커티너리방식	B_0	B_0	B_0	B_0	B_0	B_0	B_2	B_0	B_0	B_5	B_1	B_0	B_5	B_2	B_1
	심플커티너리방식	B_0	B_0	B_0	B_0	B_0	B_0	B_1	B_0	B_0	B_2	B_0	B_0	B_4	B_0	B_0
인류장소	헤비심플커티너리방식	B_0	B_0	B_0	B_2	B_1	B_0	B_4	B_2	B_0	B_5	B_2	B_1	B_5	B_4	B_2
	심플커티너리방식	B_0	B_0	B_0	B_1	B_0	B_0	B_3	B_0	B_0	B_4	B_1	B_0	B_5	B_2	B_0

※ 평행개소 기초는 복주방식에 적용

콘크리이트주 적용기준표

경 간(M)		60		50	40	30
곡선반경 (M)		직 선	1600	800	500	300
일반장소	헤비심플커티너리방식	11-A-5.5	11-A-8.5			
	심플커티너리방식	11-A-5.5	11-A-6.5			
평행장소	헤비심플커티너리방식	12-E-6.5				
	심플커티너리방식	12-A-6.5			12-A-9.5	
인류장소	헤비심플커티너리방식	12-A-6.5	12-A-9.5			
	심플커티너리방식	12-A-6.5		12-A-9.5		

명칭	전주기초 및 콘크리트주 적용기준표	도면번호	OF-2101
		참 조	

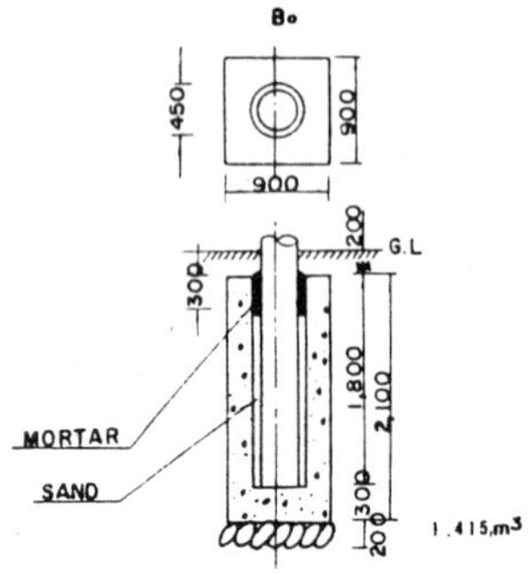

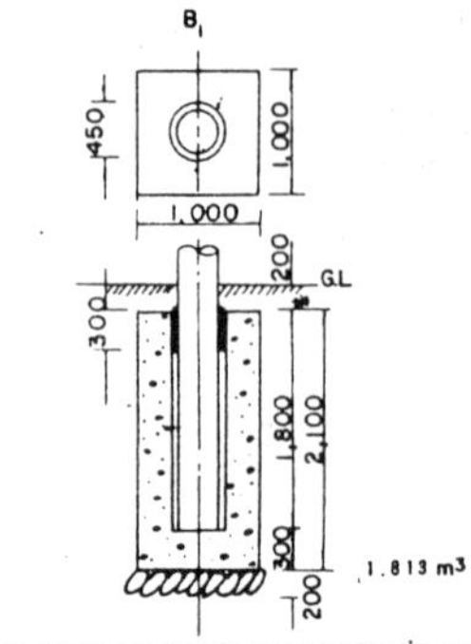

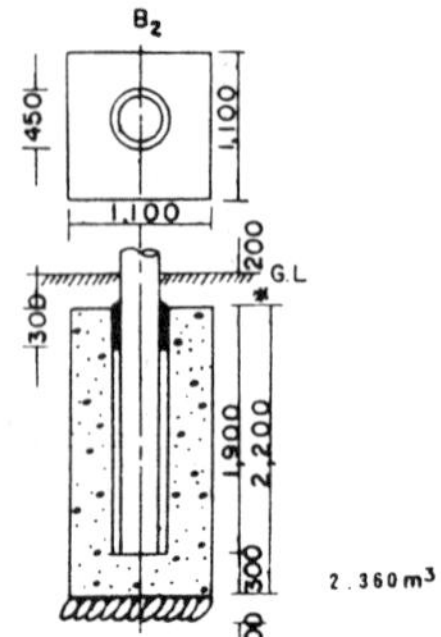

K	0.6 BANKING	1.0 FLAT	1.2 CUTTING
α=1.2	5.8	8.6	10.3
α=0.75	3.6	5.3	6.4

K	0.6 BANKING	1.0 FLAT	1.2 CUTTING
α=1.2	6.3	9.4	11.3
α=0.75	3.9	5.9	7.0

K	0.6 BANKING	1.0 FLAT	1.2 CUTTING
α=1.2	7.3	10.9	13.1
α=0.75	4.6	6.8	8.1

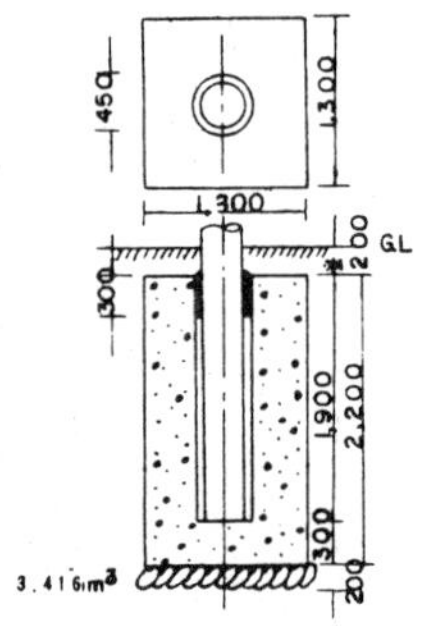

B₄

K	0.6 BANKING	1.0 FLAT	1.2 CUTTING
α=1.2	8.3	12.5	15.0
α=0.75	5.2	7.8	9.4

B₆

K	0.6 BANKING	
α=1.2	12.0	
α=0.75	7.3	

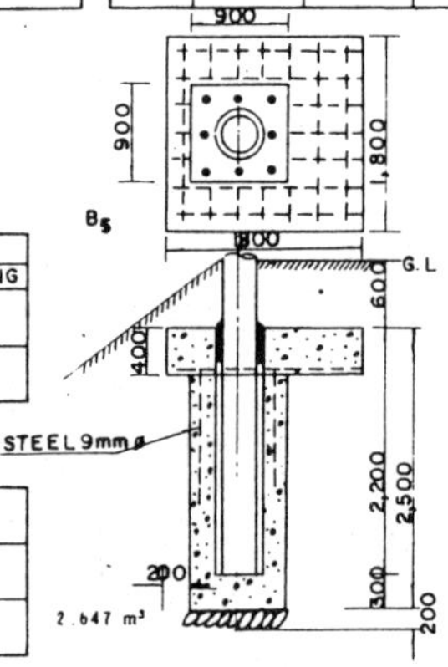

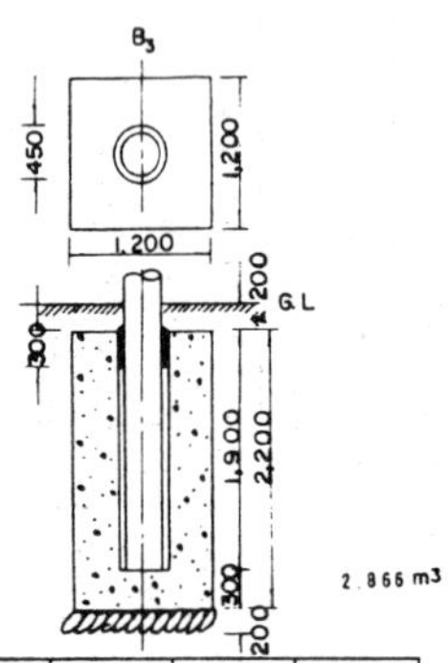

K	0.6 BANKING	1.0 FLAT	1.2 CUTTING
α=1.2	7.9	11.7	14.1
α=0.75	4.8	7.3	8.8

$$M=k.f.\alpha.L^2\times\sqrt[3]{d^2\left(1+0.57\frac{b^2}{L^2}+0.45\frac{b}{d}\right)^2}\ (tf\cdot M)$$

d : 기초의 하중방향에 대한 직각폭(*m*)
b : 기초의 하중방향의 폭(*m*)
ㄴ : 기초깊이(*m*)
k : 지질계수
α : 강도계수 – { 0.75 : 운전시 최대하중에 대하여
f : 형상계수 { 1.2 : 폭풍시 최대하중에 대하여
Banking : 성토개소
Flat : 평지
Cutting : 깍기개소

※ B_5는 B_4'를 변경한 것임.

※막돌(잡석)은 용수개소, 진흙개소등 지반이 연약한 곳에 한한다.

명칭	콘크리트주 기초종별	도면번호	OF-2102
		참 조	

KR의 Catenary System 현황

가선 System	조가선(MW) 선 종	전차선(TW) 선 종	자동장력 조정장치	비 고
Simple Catenary	① St 90[mm^2] (10[kN])	Cu 110[mm^2] (10[kN])	WTB 2[t]	수도권 당초 (1974. 8) (Hanger Ear)
	② CdCu 70[mm^2] (10[kN])	Cu 110[mm^2] (10[kN])	WTB 2[t]	수도권 현재 (Hanger Ear) (1992. 2 이후) 충북선(Dropper)
	③ CdCu 70[mm^2] (12[kN])	Cu 110[mm^2] (12[kN])	WTB 2.4[t]	사용 가능
	④ Bz 65[mm^2] (12[kN])	Cu 110[mm^2] (12[kN])	WTB 2.4[t] (3[t] 활차사용)	경부선 측선 (조치원 이남) 호남선, 전라선 (Dropper)
Heavy Simple Catenary	⑤ CdCu 80[mm^2] (14[kN])	Cu 150[mm^2] (14[kN])	WTB 2.8[t]	사용 가능
	⑥ Bz 65[mm^2] (14[kN])	Cu 150[mm^2] (14[kN])	WTB 2.8[t] (3[t] 활차사용)	경부선 본선 (조치원 이남) (Dropper)
	⑦ St 135[mm^2] (15[kN])	Cu 170[mm^2] (15[kN])	WTB 3[t]	수도권 당초 (1974. 8) (Hanger Ear)
	⑧ CdCu 80[mm^2] (15[kN])	Cu 170[mm^2] (15[kN])	WTB 3[t]	경부선 수원~조치원 본선(Dropper)
	⑨ St 135[mm^2] CdCu 80[mm^2] (13[kN])	Cu 170[mm^2] (13[kN])	WTB 3[t]	수도권 당초
			WTB 2.6[t]	(1992. 이후) (Hanger Ear)

주 ④, ⑥이 장래 기본 System으로 될 것임.

가. 가선방식(Catenary System)

· 심플커티너리(Simple Catenary) St 90[mm²], GT, Cu 110[mm²](장력 : 1,000[kg])

· 헤비심플커티너리(Heavy Simple Catenary) St135[mm²], GT, Cu 170[mm²](장력 : 1,500[kg])

나. 표준형(Standard Type)

· 등가고(Same Height) H=960

Hanger No.	Span[m]						
	60	55	50	45	40	35	30
1	835	845	855	865	880	890	900
2	615	645	680	715	745	780	815
3	440	495	550	605	660	715	770
4	310	385	465	535	615	690	770
5	225	320	420	515	615	715	815
6	180	295	420	535	660	780	900
7	180	320	465	605	745	890	
8	225	385	550	715	880		
9	310	495	680	865			
10	440	645	855				
11	615	845					
12	835						

다. 에어조인트형

· 등가고(Same Height) H=960

Hanger No.	Span[m]		
	60	50	40
1	865	880	915
2	700	770	860
3	570	700	850
4	490	670	880
5	445	690	910
6	455	750	935
7	505	805	950
8	600	855	960
9	690	900	
10	765	940	
11	850		
12	925		

라. 특수형

600	900	1,200	1,500

기 호	품 명	규 격 / 재 질	기 호	형상, 치수	수 량	비 고

규격명	행어이어 표준길이	정부물품분류번호	
		철도용품규격번호	
종별명	표준형/에어조인트형	도 면 번 호	OF-31A-표1
Length of Hanger Ear			

가. 가선방식(Catenary System)

- 심플커티너리(Simple Catenary) St 90[mm^2], GT, Cu 110[mm^2](장력 : 1,000[kg])
- 헤비심플커티너리(Heavy Simple Catenary) St135[mm^2], GT, Cu 170[mm^2](장력 : 1,500[kg])

나. 표준형(Standard Type)

- 등가고(Same Height) H=710

Hanger No.	Span[m]				
	50	45	40	35	30
1	610	620	630	640	650
2	430	462	495	530	565
3	300	355	410	465	520
4	215	290	365	443	520
5	170	268	365	465	565
6	170	290	410	530	650
7	215	355	495	640	
8	300	465	630		
9	430	620			
10	610				

다. 이행가고(H=960 → H=710)

Hanger No.	Span[m]		
	50	40	30
1	845	865	880
2	645	700	750
3	490	580	665
4	375	505	625
5	305	475	625
6	285	490	670
7	300	545	
8	365	645	
9	470		
10	620		

라. 에어섹션(H=960 → H=1400)

Hanger No.	Span[m]	
	60	50
1	865	890
2	710	795
3	600	740
4	530	730
5	510	765
6	530	815
7	595	860
8	675	905
9	755	940
10	825	965
11	890	
12	950	

기 호	품 명	규 격 / 재 질	기 호	형상, 치수	수 량	비 고

규격명	행어이어 표준길이	정부물품분류번호	
		철도용품규격번호	
종별명	표준형(H=710)/이행가고/에어섹션	도 면 번 호	OF-31A-표2
Length of Hanger Ear			

Hanger Ear 단위 중량표

Hanger Type : B　Standard　H=960

Hanger No.	Span 60[m]		Span 55[m]		Span 50[m]		Span 45[m]		Span 40[m]		Span 35[m]		Span 30[m]	
1	835	0.476[kg]	845	0.481[kg]	855	0.485[kg]	865	0.490[kg]	880	0.497[kg]	890	0.502[kg]	900	0.507[kg]
2	615	0.371[kg]	645	0.386[kg]	680	0.402[kg]	715	0.419[kg]	745	0.433[kg]	780	0.450[kg]	815	0.466[kg]
3	440	0.288[kg]	495	0.314[kg]	550	0.340[kg]	605	0.366[kg]	660	0.393[kg]	715	0.419[kg]	770	0.445[kg]
4	310	0.226[kg]	385	0.262[kg]	465	0.300[kg]	535	0.333[kg]	615	0.371[kg]	690	0.407[kg]	770	0.445[kg]
5	225	0.186[kg]	320	0.231[kg]	420	0.278[kg]	515	0.324[kg]	615	0.371[kg]	715	0.419[kg]	815	0.466[kg]
6	180	0.164[kg]	295	0.219[kg]	420	0.278[kg]	535	0.333[kg]	660	0.393[kg]	780	0.450[kg]	900	0.507[kg]
7	180	0.164[kg]	320	0.231[kg]	465	0.300[kg]	605	0.366[kg]	745	0.433[kg]	890	0.502[kg]		
8	225	0.186[kg]	385	0.262[kg]	550	0.340[kg]	715	0.419[kg]	880	0.497[kg]				
9	310	0.226[kg]	495	0.314[kg]	680	0.402[kg]	865	0.490[kg]						
10	440	0.288[kg]	645	0.386[kg]	855	0.485[kg]								
11	615	0.371[kg]	845	0.481[kg]										
12	835	0.476[kg]												
WT [kg/m]		0.057		0.065		0.072		0.079		0.085		0.090		0.095

행어 질량

행어 단위질량

Reference H=710

Hanger No.	Span 50[m]	
1	605	0.366[kg]
2	430	0.283[kg]
3	300	0.221[kg]
4	215	0.181[kg]
5	170	0.160[kg]
6	170	0.160[kg]
7	215	0.181[kg]
8	300	0.221[kg]
9	430	0.283[kg]
10	605	0.366[kg]
11		
12		
WT [kg/m]		0.048

일반적 최소치
밸런서 조정길이 계산에
0.04로 한다.

Hanger Type : B　Air Joint　H=960

Hanger No.	Span 60[m]		Span 50[m]		Span 40[m]	
1	865	0.490[kg]	880	0.497[kg]	915	0.514[kg]
2	700	0.412[kg]	770	0.445[kg]	860	0.488[kg]
3	570	0.350[kg]	700	0.412[kg]	850	0.483[kg]
4	490	0.312[kg]	670	0.397[kg]	880	0.497[kg]
5	445	0.290[kg]	690	0.407[kg]	910	0.512[kg]
6	455	0.295[kg]	750	0.435[kg]	935	0.524[kg]
7	505	0.319[kg]	805	0.462[kg]	950	0.531[kg]
8	600	0.364[kg]	855	0.485[kg]	960	0.535[kg]
9	690	0.407[kg]	900	0.507[kg]		
10	765	0.443[kg]	940	0.526[kg]		
11	850	0.483[kg]				
12	925	0.519[kg]				
WT [kg/m]		0.078		0.091		0.102

Hanger Type : B
기준 행어 150[mm] : 0.15[kg]
행어-단위질량 0.4758[g/mm]

도 면 번 호	OF-31A-표3

Length of Hanger Ear(Standard)

A. 가선방식(Catenary System)
Simple Catenary M CdCu 70 9.80[kN](1.0[t])
T GT 110 9.80[kN](1.0[t])

B. 표준형(Standard Type) 가고 H=960

Hanger No.	Span[m]						
	60	55	50	45	40	35	30
1	840	850	860	870	880	890	900
2	635	665	695	725	760	790	820
3	475	525	575	625	675	725	780
4	355	425	495	565	635	705	780
5	275	365	455	545	635	725	820
6	230	345	455	565	675	790	900
7	230	365	495	625	760	890	
8	275	425	575	725	880		
9	355	525	695	870			
10	475	665	860				
11	635	850					
12	840						

C. Air Joint 가고 H=960

Hanger No.	Span[m]		
	60	50	40
1	865	890	915
2	710	785	865
3	595	720	860
4	520	695	890
5	490	715	920
6	500	770	940
7	545	830	955
8	635	875	960
9	720	915	
10	800	945	
11	870		
12	930		

A. 가선방식(Catenary System)
Simple Catenary M CdCu 70 11.8[kN](1.2[t])
T GT 110 11.8[kN](1.2[t])

B. 표준형(Standard Type) 가고 H=960

Hanger No.	Span[m]						
	60	55	50	45	40	35	30
1	860	870	875	885	895	900	910
2	690	715	740	765	790	815	840
3	555	595	640	680	725	765	810
4	455	510	570	630	690	750	810
5	385	460	535	615	690	765	840
6	350	445	535	630	725	815	910
7	350	460	570	680	790	900	
8	385	510	640	765	895		
9	455	595	740	885			
10	555	715	875				
11	690	870					
12	860						

C. Air Joint 가고 H=960

Hanger No.	Span[m]		
	60	50	40
1	885	905	930
2	760	825	895
3	670	775	895
4	615	765	920
5	590	785	940
6	605	830	955
7	650	870	960
8	720	905	960
9	785	930	
10	845	950	
11	895		
12	940		

A. 가선방식(Catenary System)
Simple Catenary M Bz 65 11.8[kN](1.2[t])
T GT 110 11.8[kN](1.2[t])

B. 표준형(Standard Type) 가고 H=960

Hanger No.	Span[m]						
	60	55	50	45	40	35	30
1	860	870	875	885	895	900	910
2	690	715	740	765	790	815	840
3	555	595	635	680	720	765	805
4	450	510	570	630	690	750	805
5	385	460	535	610	690	765	840
6	350	440	535	630	720	815	910
7	350	460	570	680	790	900	
8	385	510	635	765	895		
9	450	595	740	885			
10	555	715	875				
11	690	870					
12	860						

C. Air Joint 가고 H=960

Hanger No.	Span[m]		
	60	50	40
1	880	905	930
2	755	820	895
3	665	775	895
4	610	760	920
5	590	785	940
6	600	830	955
7	645	870	960
8	720	905	960
9	785	930	
10	840	950	
11	895		
12	940		

A. 가선방식(Catenary System)
Simple Catenary M CdCu 80 13.7[kN](1.4[t])
T GT 150 13.7[kN](1.4[t])

B. 표준형(Standard Type) 가고 H=960

Hanger No.	Span[m]						
	60	55	50	45	40	35	30
1	850	860	870	880	885	895	905
2	665	690	720	745	775	805	830
3	515	560	605	655	700	745	795
4	405	470	535	600	665	730	795
5	330	410	495	580	665	745	830
6	290	395	495	600	700	805	905
7	290	410	535	655	775	895	
8	330	470	605	745	885		
9	405	560	720	880			
10	515	690	870				
11	665	860					
12	850						

C. Air Joint 가고 H=960

Hanger No.	Span[m]		
	60	50	40
1	875	895	925
2	735	805	885
3	635	750	880
4	570	735	915
5	545	755	940
6	555	810	960
7	605	860	965
8	690	900	960
9	765	930	
10	835	950	
11	890		
12	935		

도면번호	OF-31A-표4

Length of Hanger Ear(Standard)

A. 가선방식(Catenary System)
Simple Catenary M Bz 65 13.7[kN](1.4[t])
T GT 150 13.7[kN](1.4[t])

B. 표준형(Standard Type) 가고 H=960

Hanger No.	Span[m] 60	55	50	45	40	35	30
1	855	865	875	880	890	900	910
2	680	705	730	755	785	810	835
3	535	580	625	670	715	755	800
4	430	495	555	615	675	740	800
5	360	440	520	600	675	755	835
6	325	420	520	615	715	810	910
7	325	440	555	670	785	900	
8	360	495	625	755	890		
9	430	580	730	880			
10	535	705	875				
11	680	865					
12	855						

C. Air Joint 가고 H=960

Hanger No.	Span[m] 60	50	40
1	880	900	925
2	750	820	895
3	655	770	895
4	600	755	930
5	575	780	955
6	590	835	970
7	640	880	975
8	720	920	965
9	795	945	
10	855	955	
11	905		
12	945		

A. 가선방식(Catenary System)
Simple Catenary M St 135 14.7[kN](1.5[t])
T GT 170 14.7[kN](1.5[t])

B. 표준형(Standard Type) 가고 H=960

Hanger No.	Span[m] 60	55	50	45	40	35	30
1	830	840	850	865	875	885	895
2	610	645	675	710	740	775	810
3	435	490	545	600	655	710	765
4	305	380	455	530	610	685	765
5	215	315	410	510	610	710	810
6	170	290	410	530	655	775	895
7	170	315	455	600	740	885	
8	215	380	545	710	875		
9	305	490	675	865			
10	435	645	850				
11	610	840					
12	830						

C. Air Joint 가고 H=960

Hanger No.	Span[m] 60	50	40
1	855	880	910
2	685	765	850
3	555	690	835
4	475	660	865
5	435	675	895
6	440	735	920
7	490	795	940
8	580	850	955
9	675	895	
10	765	940	
11	845		
12	920		

A. 가선방식(Catenary System)
Simple Catenary M CdCu 80 14.7[kN](1.5[t])
T GT 170 14.7[kN](1.5[t])

B. 표준형(Standard Type) 가고 H=960

Hanger No.	Span[m] 60	55	50	45	40	35	30
1	850	860	865	875	885	895	905
2	660	690	715	745	770	800	830
3	510	555	605	650	695	745	790
4	395	460	525	595	660	725	790
5	320	405	490	575	660	745	830
6	285	385	490	595	695	800	905
7	285	405	525	650	770	895	
8	320	460	605	745	885		
9	395	555	715	875			
10	510	690	865				
11	660	860					
12	850						

C. Air Joint 가고 H=960

Hanger No.	Span[m] 60	50	40
1	875	895	925
2	735	805	880
3	630	750	880
4	565	735	915
5	540	755	945
6	550	810	965
7	600	865	970
8	685	905	965
9	770	935	
10	835	955	
11	895		
12	940		

도면번호	OF-31A-표5

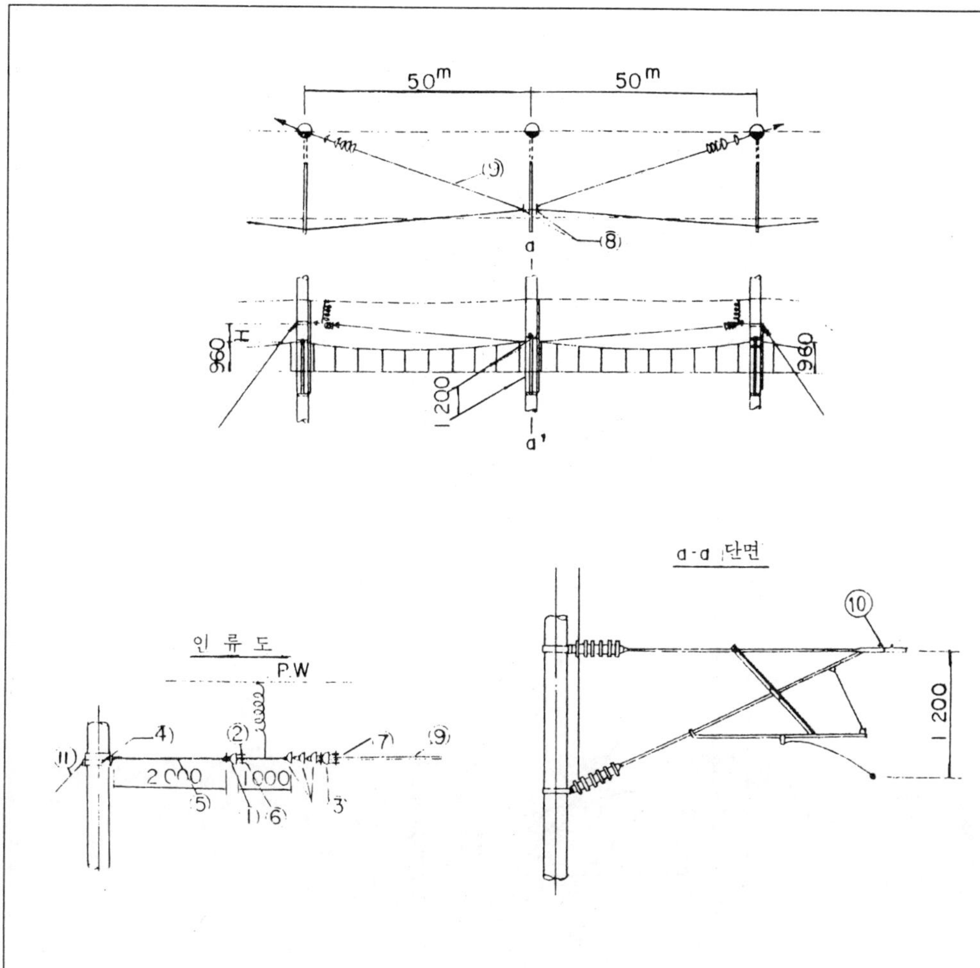

기호	품명 및 형상	수량	OF-NO	비고
11	(V형 지선 참조)		2P$_0$2B	
10	L볼트, 너트		(13A-P03- 3a-2)참조	
9	아연도금강연선 St 90°	kg		KSD-7007
8	와이어 클립(2호 또는 3호)	2	42a - 201	
7	전선연결금구 -B형(St 90°용)	2	42a - 101	
6	전차선인류봉 ϕ16×1000(DR-1-A)	2	52A - 101	
5	전차선인류봉 ϕ16×2000(DR-1-B)	2	52A- 101	
4	전철용밴드 - 지선 및 인류용 2호	2	11A - 202	
3	현수애자 ϕ250	8	02A - 101	
2	애자연결금구 H형 1호	2	43A - 101	
1	현수애자 ϕ250	2	02A - 101	

명칭			
명칭	흐름방지장치(A형)	도면번호	OF-3701A
	(일반 : Ta)	참 조	

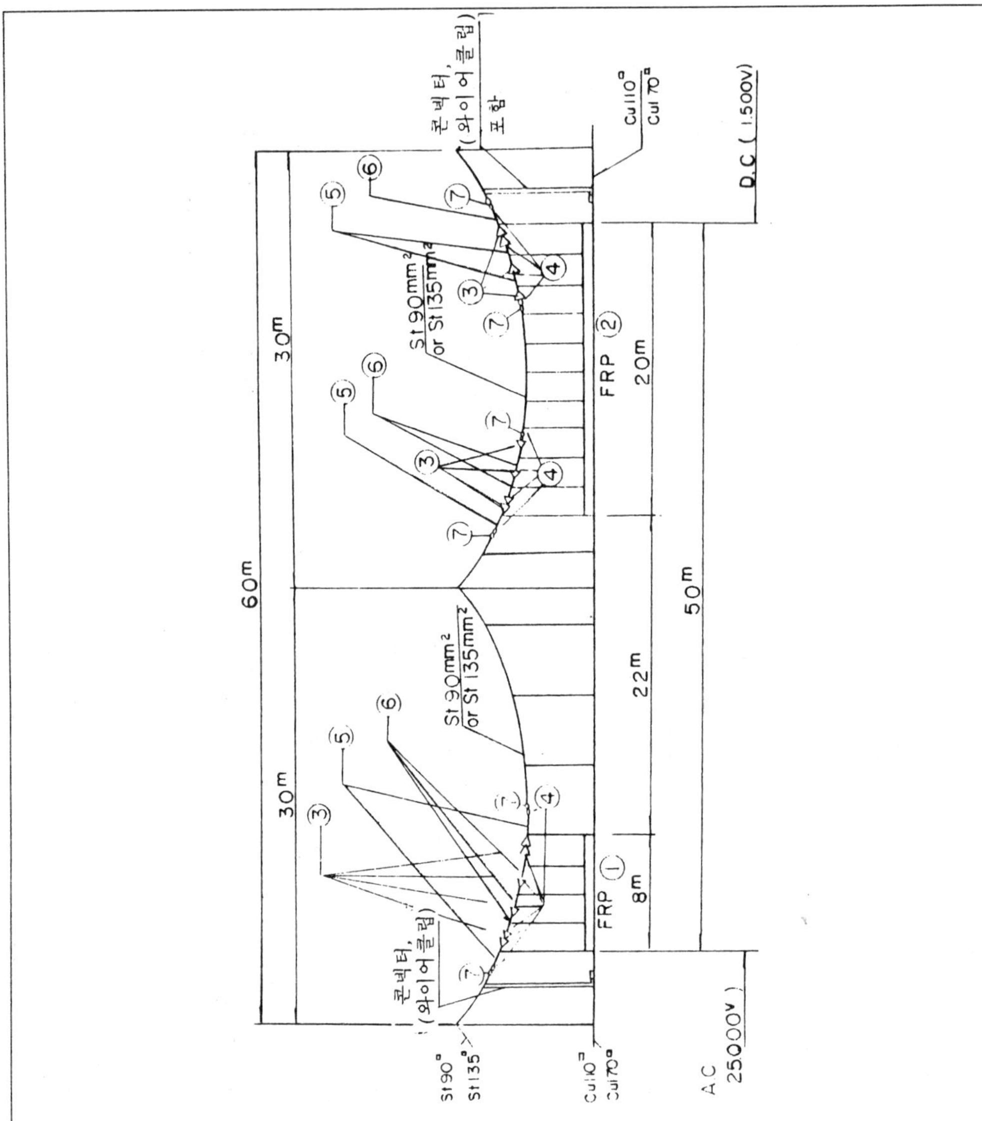

기호	품명 및 형상	수량	OF-NO	비고
7	전선연결금구 BS형	6	42A - 101	
6	전차선인류봉 ϕ16×2000(DR-1-C)	7	52A - 101	
5	전차선인류봉 ϕ16×2500(DR-1-D)	4	52A - 101	
4	애자연결금구 H형 1호	14	43A - 101	
3	현수애자 ϕ250	14	02A - 102	
2	FRP섹션 20[m]	1	-	81A-101에
1	FRP섹션 8[m]	1	81A - 101	준함

명칭			
명칭	절연구분장치(사구분장치)	도면번호	OF-3401A
	(직류-교류 : 50[m]의 경우)	참 조	

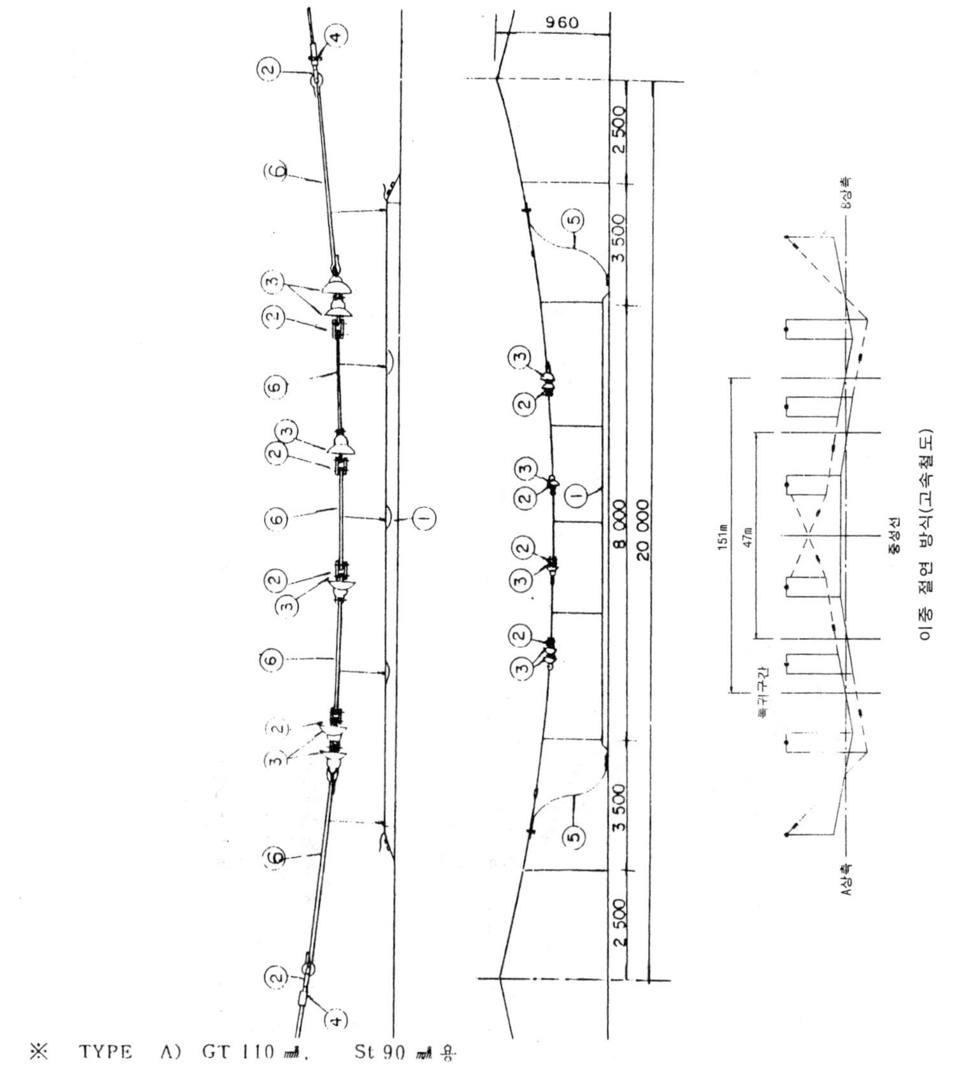

※ TYPE A) GT 110 ㎟, St 90 ㎟ 용
B) GT 170 ㎟, St 135 ㎟ 용

기호	품명 및 형상	수량 a	수량 b	OF-NO	비고
7	전차선인류봉 ϕ19×2000(DR-2-C)	-	5	52A-101	
6	전차선인류봉 ϕ16×2000(DR-1-C)	5	-	52A-101	
5	균압선(MT용) (Ta, Tb)	2	2	3201A	
4	전선연결금구 BS형(St 90□용, 135□용)	2	2	42A-101	
3	현수애자 ϕ250	6	6	02A-102	
2	애자연결금구 H형 1호	6	6	43A-101	
1	FRP섹션 8[m]	1	1	81A-101	

명칭			
명칭	절연구분장치(사구분장치)	도면번호	OF-3402A
	(교류-교류 : 8[m]의 경우)	참 조	

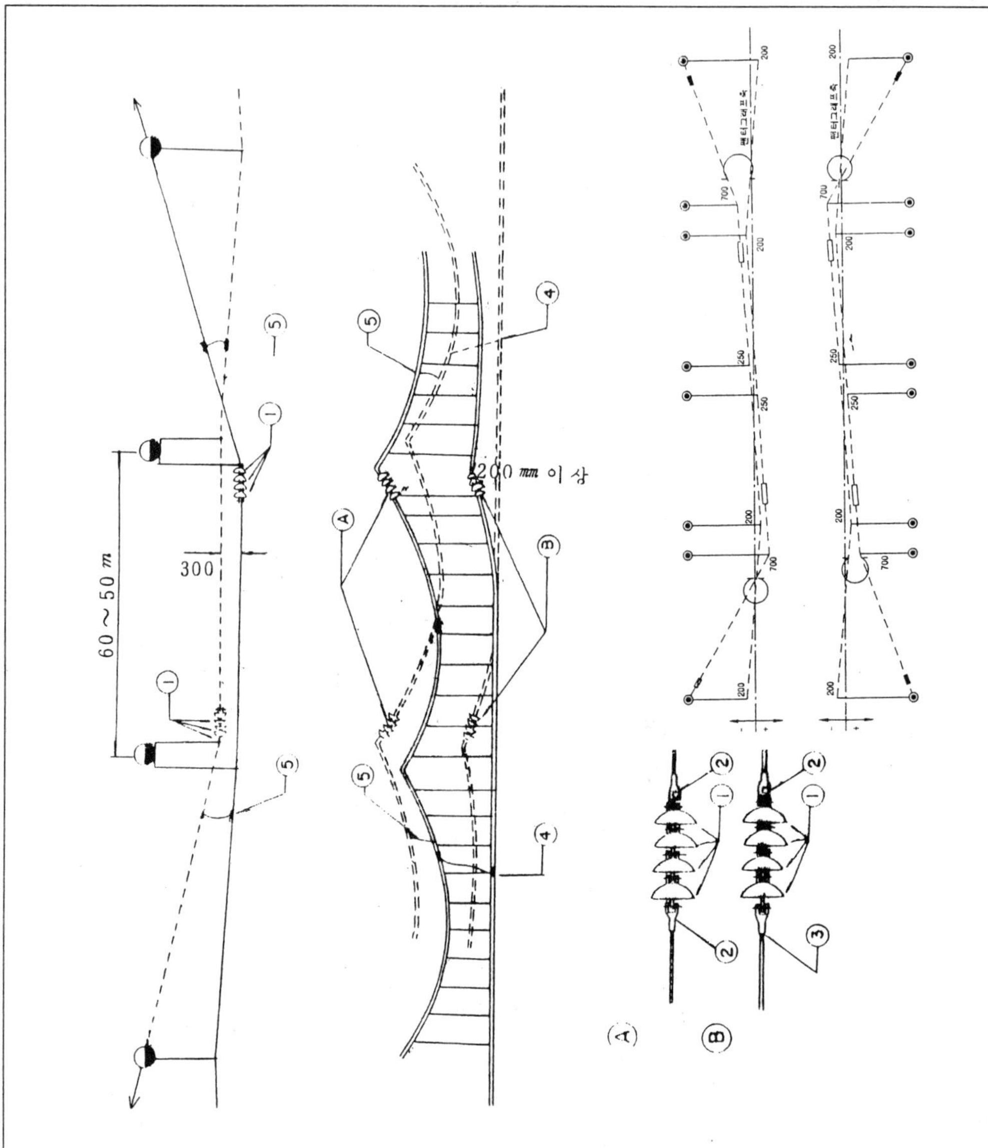

기호	품명 및 형상	수량	OF-NO	비고
6	전선연결금구 - WTS형	2	42A - 101	
5	균압선(MM용) TSe	2	3202A	
4	균압선(MT용) TSa~TSd	2	3201A	
3	전선연결금구 - WT형	2	41A - 301	
(2)	전선연결금구 - BS형	6	42A - 101	St로 대용할때
1	현수애자 ϕ250	16	02A - 101	

명칭			
명칭	에어섹션	도면번호	OF-3403A
		참 조	

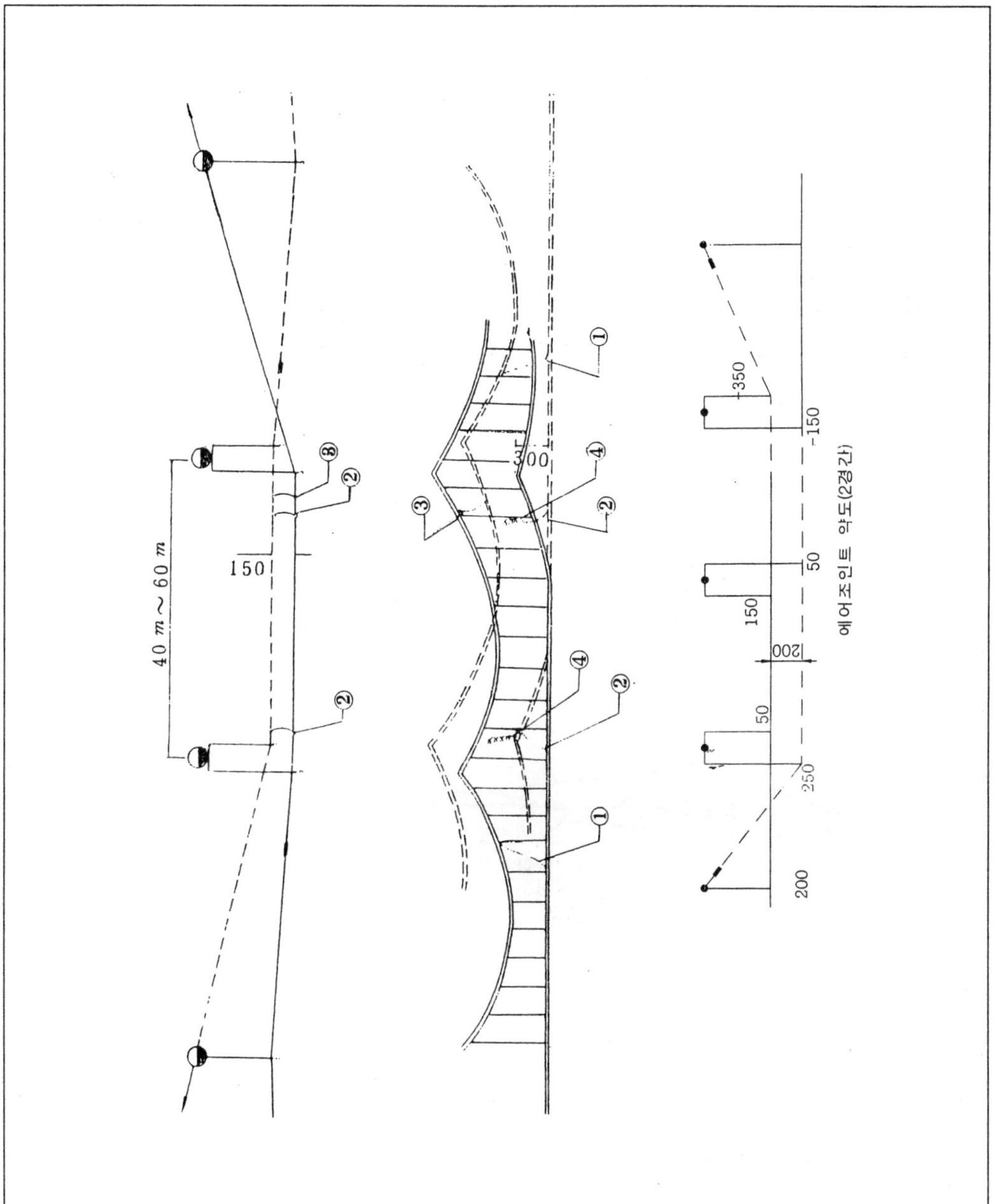

기호	품명 및 형상	수량	OF-NO	비고
4	피드이어 스프링	2	72A - 301	
3	균압선(MM용) TSe	1	3202A	
2	피드이어(균압용 P1~3호)	2	71A - 102	
1	균압선(MT용) TSa~TSd	2	3201A	

명칭	에어조인트	도면번호	OF-3404A
		참 조	

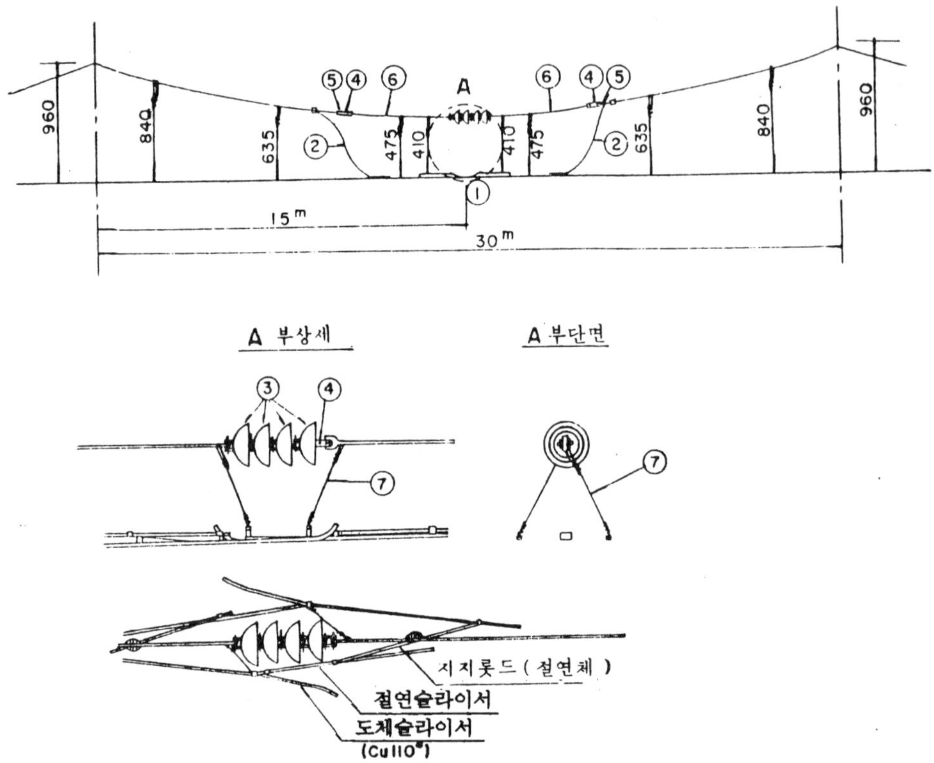

7	아연도철선 5[mm] (소요량)	1	-	KSD-7003
6	전차선인류봉 ϕ16×1000[mm] DR-1	2	-	
5	전선연결금구 BS형	2	42A - 101	
4	애자연결금구 H형 1호	3	43A - 101	
3	현수애자 ϕ250	4	02A - 102	
2	균압선(MT용) TSa~TSd	2	3201A	
1	FRP섹션	1	81A - 201	
기호	품명 및 형상	수량	OF-NO	비고

명칭	동상섹션(동상구분장치)	도면번호	OF-3405A
	(FRP제)	참 조	

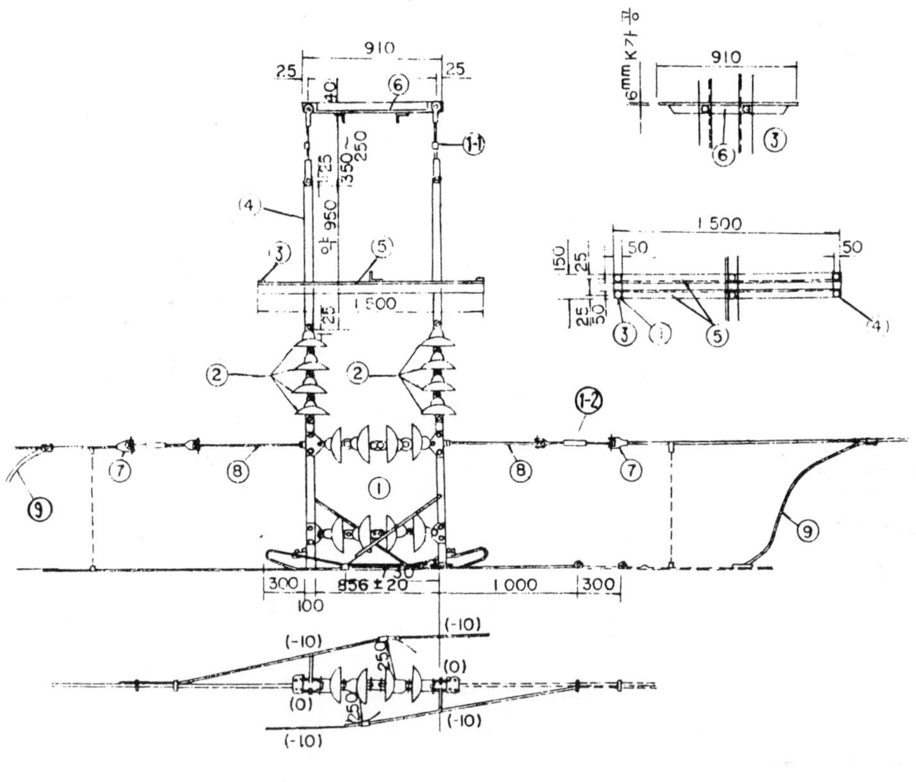

기호	품명 및 형상	a 수량	OF-NO	F9 - NO	비고
9	균압선(MT용) TSa~TSd	2	3201A		
8	전차선인류봉 ϕ16×1000(DR-1-B)	2	52A - 101		
7	전선연결금구 B형(St 90°용)	2	42A - 101		
6	ㄱ형강 65×65×8×910	1	8102	KSD - 3503	
5	ㄱ형강 50×50×6×500	2	8102	KSD - 3503	
4	6각볼트, 너트 M16×40(H1-b)	8	03 - 101		
3	평강 50×6×150	2	03-101에준함		
2	현수애자 ϕ250	8	02A - 102		
1-2	와이어턴버클(SA-2)	2	81A - 4P12		
1-1	와이어턴버클(SA-1)	2	81A - 4P01		
1	애자섹션(현수애자제)	1	81A - 202		

명칭	동상섹션(동상구분장치)	도면번호	OF-3406A
	(현수애자제)	참 조	

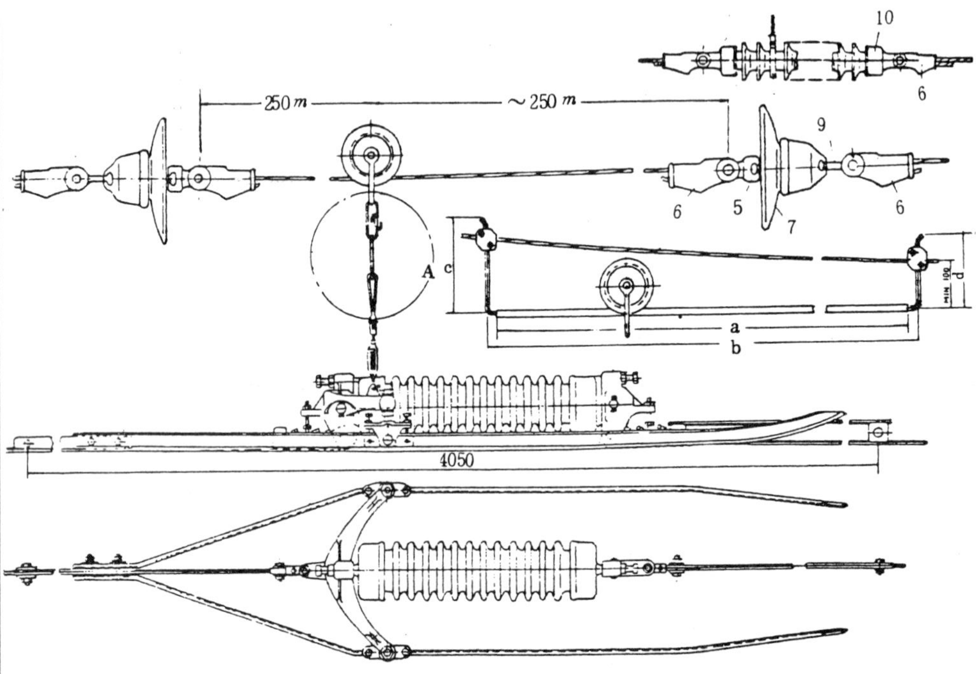

a	b	c	d
1150	1200	250	200
900	950	200	150
600	650	200	150

※ C, D형(아아킹혼부)은 18B-203-2 참조

TYPE A) 아아킹혼 및 "A"가 없고 조가선에 장간애자 삽입

TYPE B) 아아킹혼이 없으며 "A"가 있고 조가선에 현수애자 삽입

TYPE C) 아아킹혼이 있으며 "A"가 없고 조가선에 장간애자 삽입

TYPE D) 아아킹혼 및 "A"가 있고 조가선에 현수애자 삽입

주 활차달대는 경간중심에 섹션을 설치할 수 없는 장소에 설치

명칭	동상섹션(동상구분장치)	도면번호	OF-3407B
	(장간애자제)	참 조	F9-145

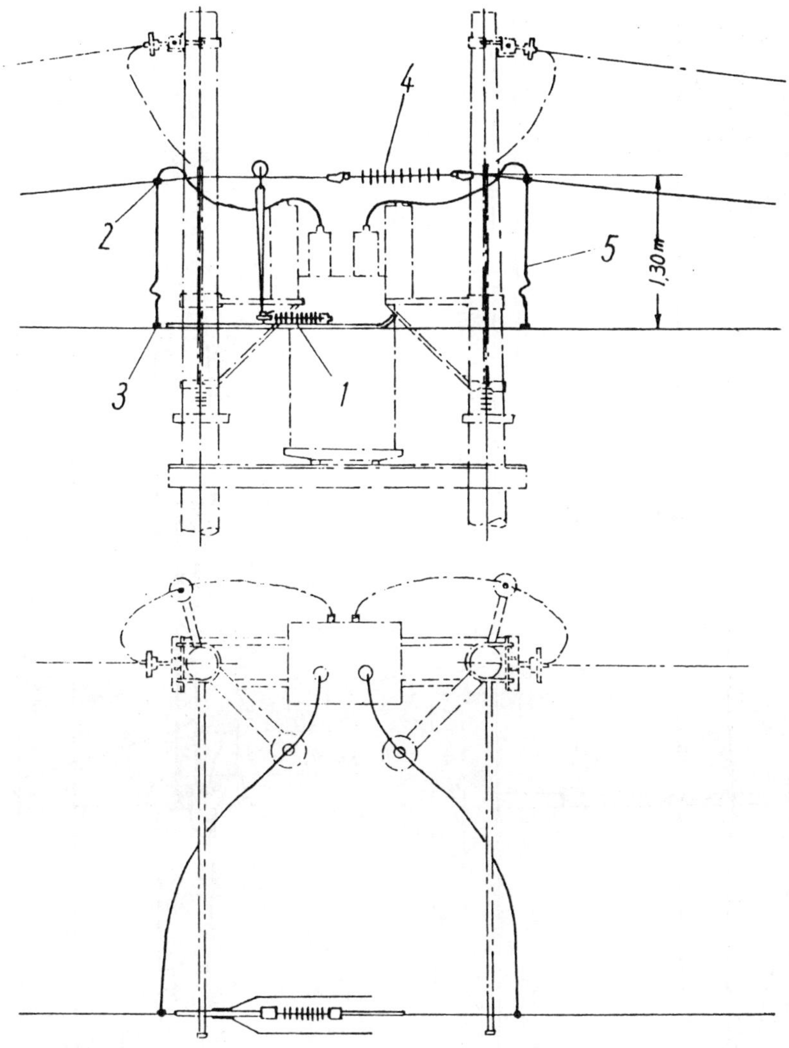

기호	품명 및 형상	a 수량	OF-NO	F9-NO	비고
5	급전선(연동연선 - Cu 95$^{\square}$)	2	01B - 301	245	
4	장간애자(ϕ60×L969 Ta)	1	02B - 202	017 Ta	
3	전차선급전클램프(A)	2	72B - 201	037 Tb	
2	교차클램프(균압용)	2	72B - 203	037 Td	
1	애자섹션(장간애자제)	1	18B - 203-2	057 Tc	
명칭	동상섹션		도면번호	OF-3409B	
	(BT장소)		참 조	F9-044	

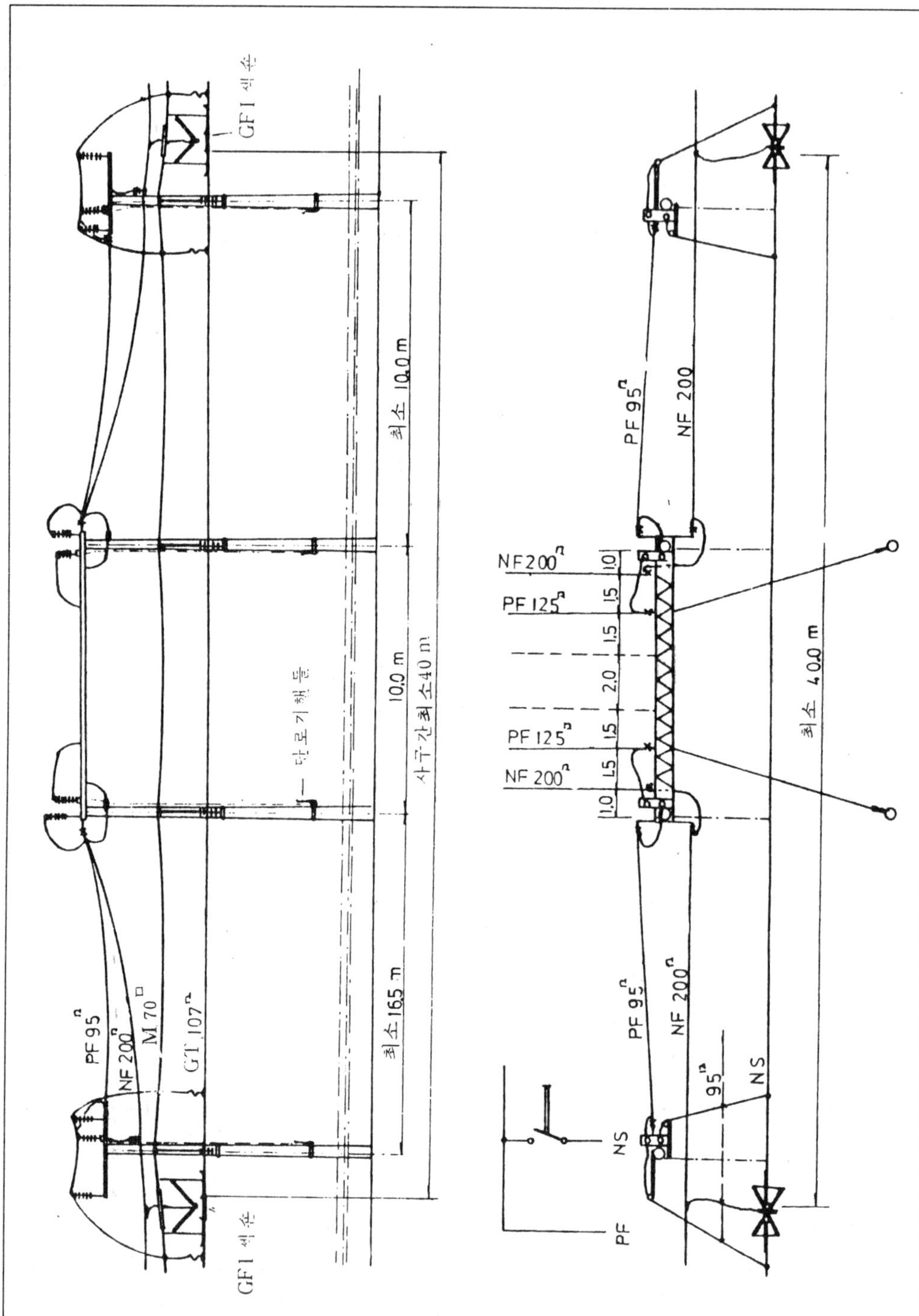

명칭	절연구분장치(사구분장치) 장주도	도면번호	OF-3412B
	(BT-SS)	참 조	F9-065

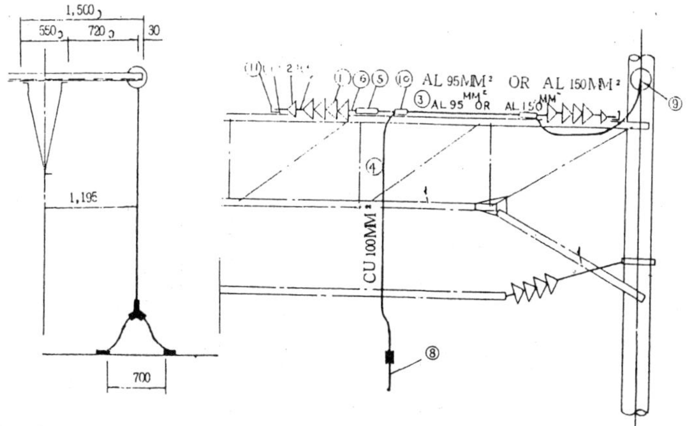

명칭	급 전 분 기	도면번호	OF-4202A
	스팬선식 (Ta)	참 조	

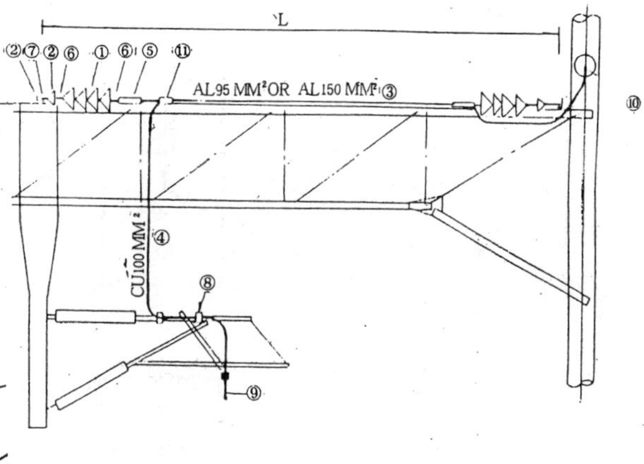

급 전 분 기	도면번호	OF-4203A
스팬선식 (Tb)	참 조	

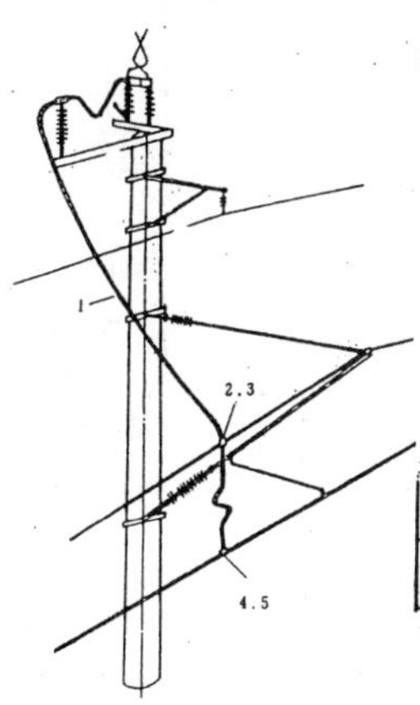

기호	품 명 및 형 상	수 량	OF - NO	F9 - NO	비 고
5	보호용슬리이브 (U형) $P_{s,s}$	1	72B-101	041 P_s/6	
4	전차선급전클램프 (A형)	1	72B-201	037 Tb/c	
3	보호용슬리이브 (U형)	1	47B-101	041 P_s	
2	전차선급전클램프 (A형)	1	72B-201	037 Td	
1	연동연선 (Cu95□) 소요량	1	01B-301	245	

명칭	급 전 분 기	도면번호	OF-4204B
	(직하식)	참 조	F9-030

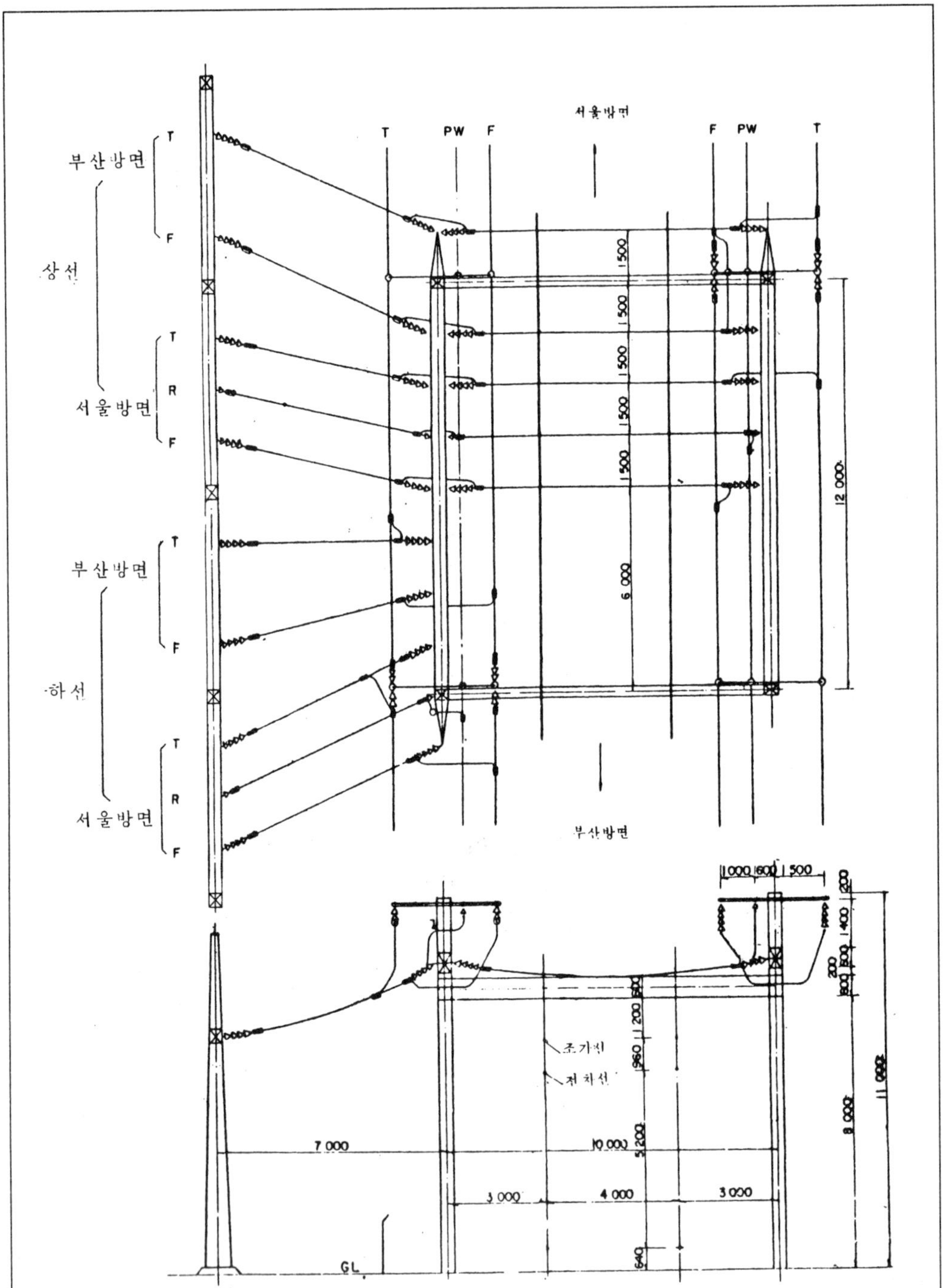

명칭	변전소 앞 인출장치	도면번호	OF-4101A
	(AT 구간)	참 조	

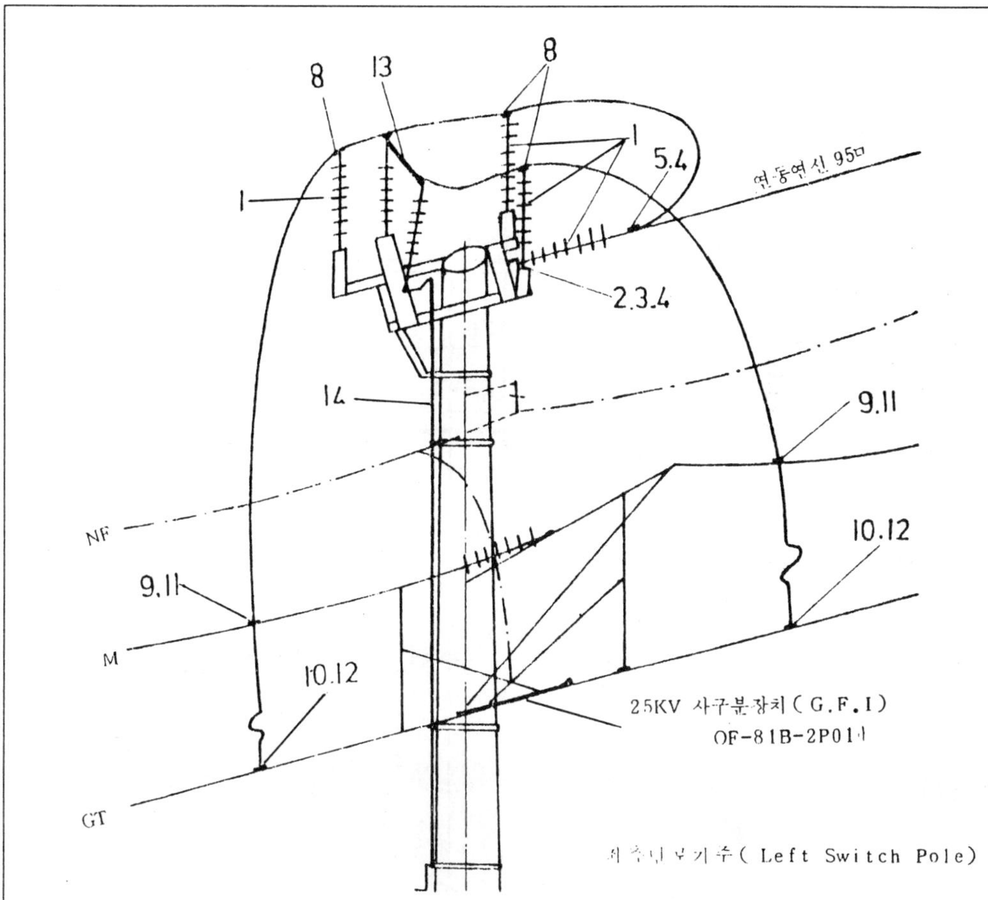

기호	품명 및 형상	a 수량	OF-NO	F9-NO	비고
14	조종간 3/4" L=1000~1500	4	6204B	126 Tb	
13	주상단로기	4	6202B-1	403	
12	보호용슬리브-U형 P5	4	47B-101	041 No.5	
11	보호용슬리브-U형 P2	4	47B-101	041 No.2	
10	전차선급전클램프 (A)	4	72B-201	037 Tb	
9	교차클램프-균압용	4	72B-203	037 Td	
8	급전선 접속 클램프1호	8	72B-205	037 Te	
7	지지와셔 3호(볼형)	2	17B-103	026 P6	
6	인류볼트1호	2	51B-301	036 Ta	
5	쐐기형클램프 3호(110~150ㅁ용)	4	51B-102	029 Tc	
4	리베트볼트핀 Ra	12	03B-301	039 Ta	
3	더블클립 Ta	4	43B-301	040 Ta	
2	C형 고리(ϕ16)	2	14B-101	087	
1	장간애자 ϕ60×L969(Ta)	12	02B-202	017 Ta	
명칭	변전소(SS)앞 인출장치		도면번호	OF-4102B	
	(BT구간)		참 조	F9-106	

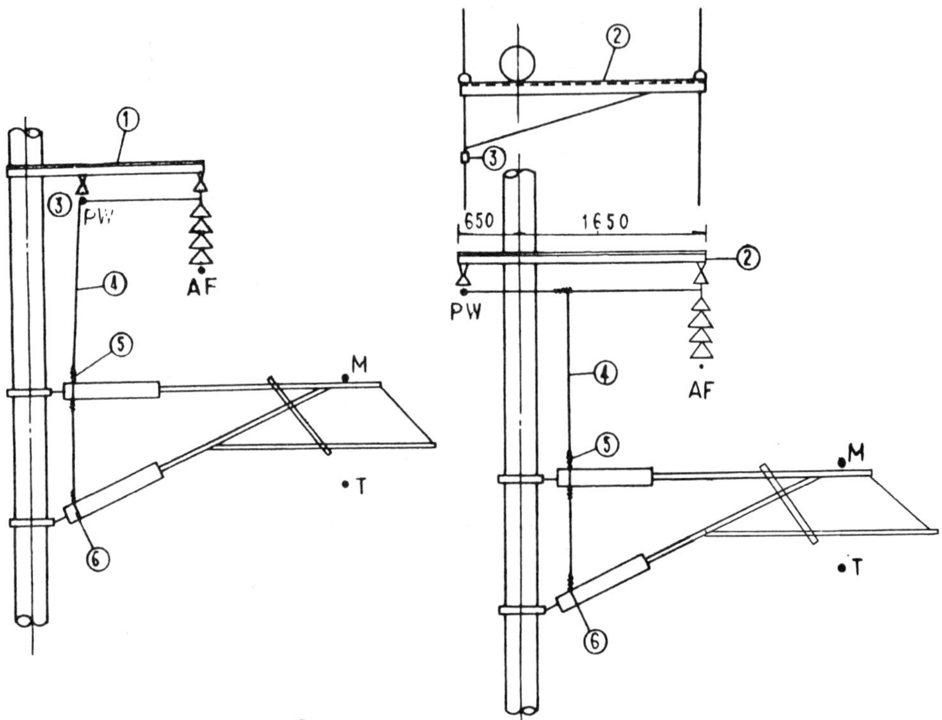

Type a -①

Type b -②

기호	품명 및 형상	수량 a	수량 b	OF-NO	비고
6	하부첨가선(Al 95[mm²], 2.0[mm])	1	1		KSC-3112
5	상부첨가선(Al 95[mm²], 2.0[mm])	1	1		KSC-3112
4	지락도선 ACSR 40[mm²](소요량)	1	1		KSC-3113
3	알루미늄선용 커넥터3호	1	1	48 - 101	
2	철도용완철 전철용 75×75×9×2300	-	1	12 - 103	
1	철도용완철 - 전철용(A_2종)	1	-	12 - 102	

명칭	지락도선	도면번호	OF-4401A
	(Ta, Tb)	참 조	

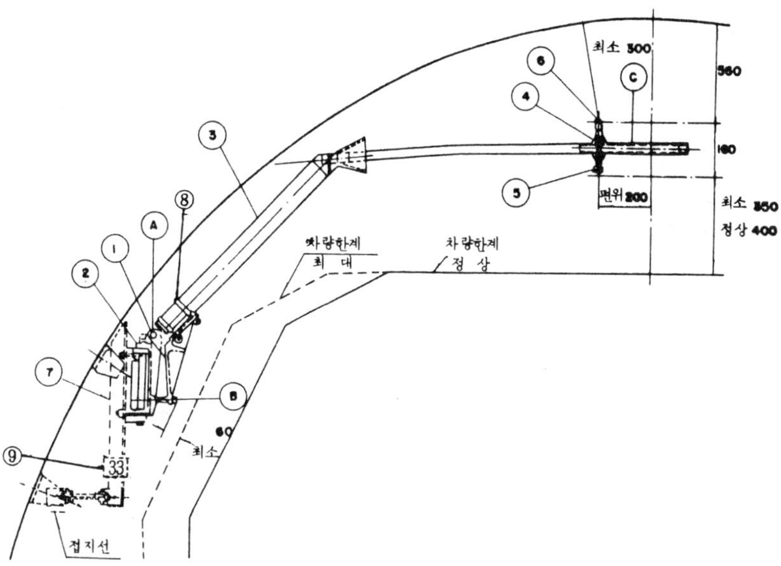

기호	품명 및 형상	수량	OF-NO	F9-NO	비고
9	번 호 표	1	111 - 102		
8	브래킷 설치볼트(U-볼트, 너트)	2	13B - P04T	265	
7	터널브래킷 설치금구(TB-1~TB-4)	1	15B - 201	358	
6	전차선로용회전클립 조가선용(SC_3)	1	32B - 401	272	
5	전차선로용회전클립 전차선용(SC_2)	1	31B - 302	274	
4	볼형 전차선조가금구	1	16B - 301	276	
3	브래킷본체	1	13B - P01T	263	
2	조정금구	1	13B - P02T	270	
1	가동고리	1	13B - P03T	268	

명칭			
명칭	터널 브래킷	도면번호	OF-5201B
	(I형 - FRP제)	참 조	F9-261

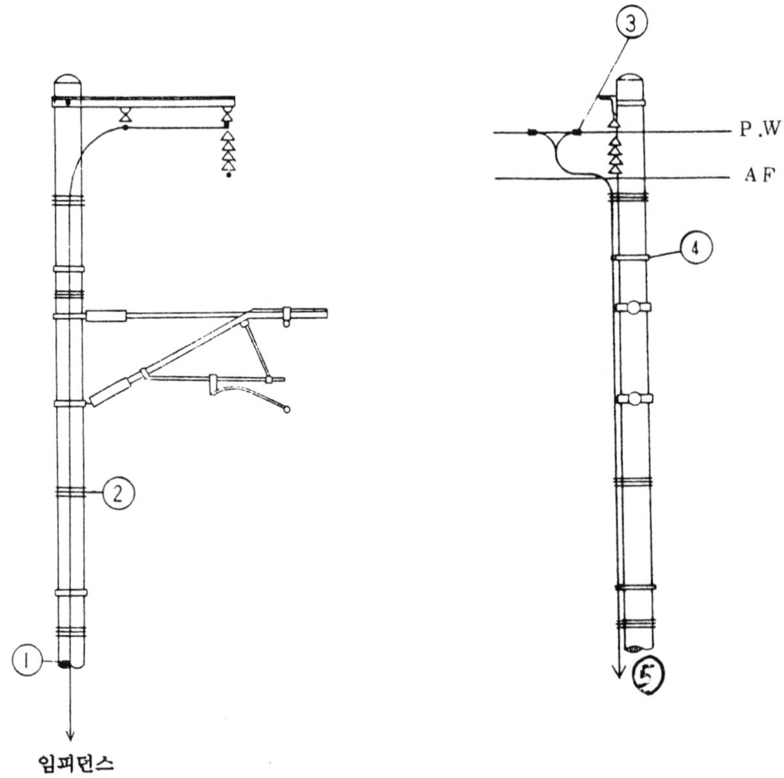

주 중성선(N.W)은 600[V] Cu 케이블 100[mm²] 2조로 한다.

T-a : N.W
T-b : C.P.W

주 레일접속부는 OF-4504B장주도 참조

기호	품명 및 형상	수량 a	수량 b	OF-NO	비고
5	보호관 PVC φ36[m], 2[m] 이상				
4	조절식밴드	2	2	46A - 101	
3	분기용슬리브(평행분기용 1호 또는 2호)	2	1		
2	비닐전선 2.6[mm](소요량)	-	-		KSC-3302
1	600[V] 케이블 Cu 100[mm²](소요량)	-	-		KSC-3611

명칭	중성선(NW) 및 보호선용접속선(C.P.W)	도면번호	OF-4503A
	(Ta, Tb)	참 조	

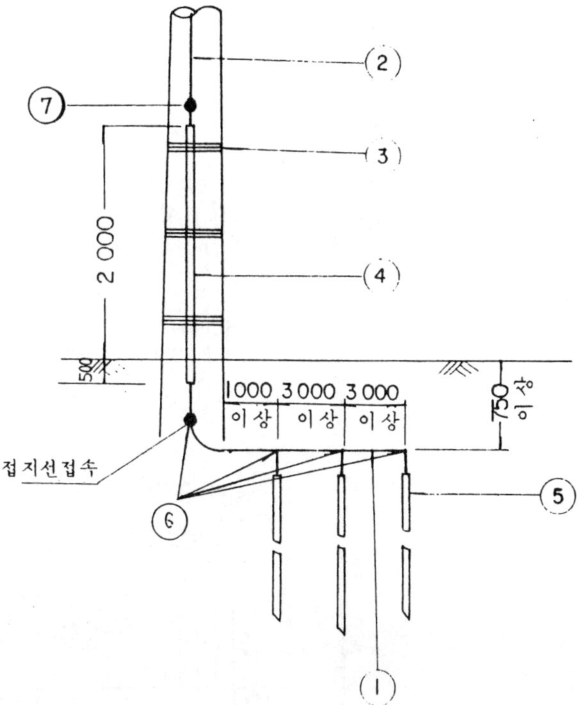

※ 관계 규정에 의거 접지선의 굵기 및 접지저항치를 결정하고, 소정의 접지 저항치 이하가 될 때까지 접지봉을 증타하거나 필요한 방법을 취한다.

기호	품명 및 형상	수량	OF-NO	비고
7	시험단자(동합금제)	1	압착단자2, 볼트, 너트	
6	접지선콘넥터	4	ESB 115-290-295	
5	접지봉(타입식) 1[m]	6	P_2-101필요에 따라 증감	
4	경질비닐전선관 ϕ16	2.5	KSC-3501	
3	조정식밴드	6	KSC-3313필요에 따라 증감	
2	접지용 비닐전선 Cu 22□(소요량)		KSC-3104전류 용량에 따라 결정	
1	경동연선 Cu 38□	10	전류 용량에 따라 결정	

명칭			
명칭	접지장치	도면번호	OF-7201
	접지봉타입식(E_1, E_2, E_3)	참 조	

스프링식 자동장력조정장치 설치도

(Type : KRSB-20kN, 24kN)

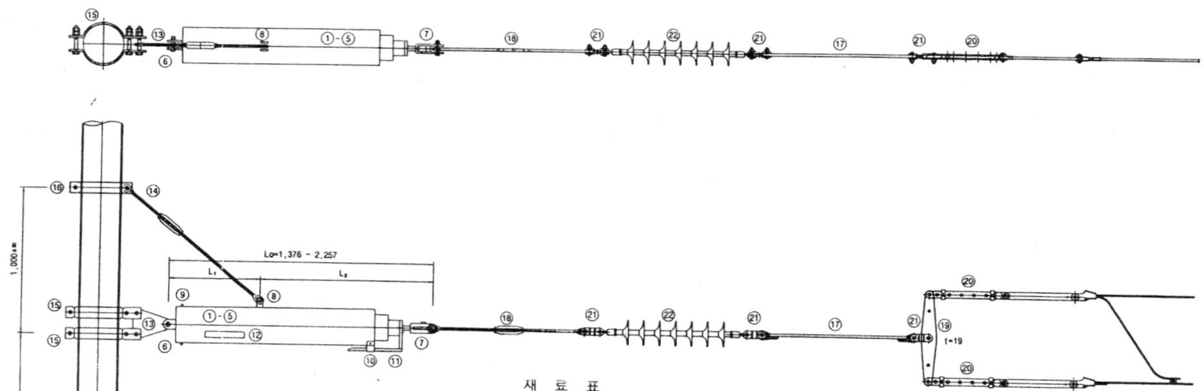

재 료 표

NO.	품 명	규 격	단위	수량	비 고	NO.	품 명	규 격	단위	수량	비 고
1	스프링 (외)	NHK 규 격	조	1	○	14	밸런서용 턴버클	1호 A	조	1	Φ16 L=1500mm
2	스프링 (내)	NHK 규 격	조	1	○	15	※ 밸런서 인류용 밴드	TB 1 · 2호용	조	2	PC, 鋼管柱
3	외 통	KRSB	개	1	○	16	※ 밸런서 현가용 밴드	HB 1 · 2호용	조	1	
4	중 통	KRSB	개	1	○	17	인 류 봉	DR-1B	개	1	Φ16 L=1000mm
5	내 통	KRSB	개	1	○	18	밸런서용 턴버클	2호 (A)	조	1	( ) A,B,C 선택
6	전주측취부금구(A)	(20)	개	1	○	19	요 크	I형 [19t (100x480)]	개	1	
7	가선측취부금구(B)	(14)	개	1	○	20	조정스트랩	AS-1 (L=950~550mm)	개	2	
8	현가용취부금구(C)	(15)	개	1	○	21	연결금구	H형 1호	개	3	
9	U볼	(27)	조	1	○	22	장간애자	T-Na	개	1	
10	눈금자 가이드	(24-6)	개	1	○						
11	눈금자 및 부품	(24)	조	1	○						
12	명패	195x75mm	개	1	○						
13	3 각 요 크	YSB 1호 ( )	개	1	( ) A,B,C 선택						

※주 1. 이 설치도는 개량시 표준도임.

2. ○표 : KRSB본체에 포함. ( )내 숫자는 제작도면의 부품번호임.

3. 밸런서 턴버클 제작도면 참조.

4. ⑱ Φ 19 : 20, 24kN용

5. ※표는 전주직경에 따라 선택.

6. 기설 활차식은 ⑰없이 ⑱이 2m인경우, ㉒현수애자 사용개소는 ⑰1m, ⑱은 1m +현수애자 1개+1m인 경우등 다양함으로 현장조사를 하여 ⑰⑱길이 결정

7. ① L_1 =600 (KRSB-24-S37 및 KRSB-28-S36)

② L_2 =1000 ①이외의 것 모두.

명 칭	스프링식 자동장력 조정장치			형 식	KRSB 장주도 (원형전주용)
부품명	스프링식 자동장력조정장치 설치도			축 척	1/25
도 번	DE504-080000-01 (A1)			일 자	04/12/31 / 05/04/02 / 05/04/18
관리부	기 연	작 성	검 토	승 인	(株) 大 同 技 術 團 DAEDONG ENGINEERING CO.,LTD

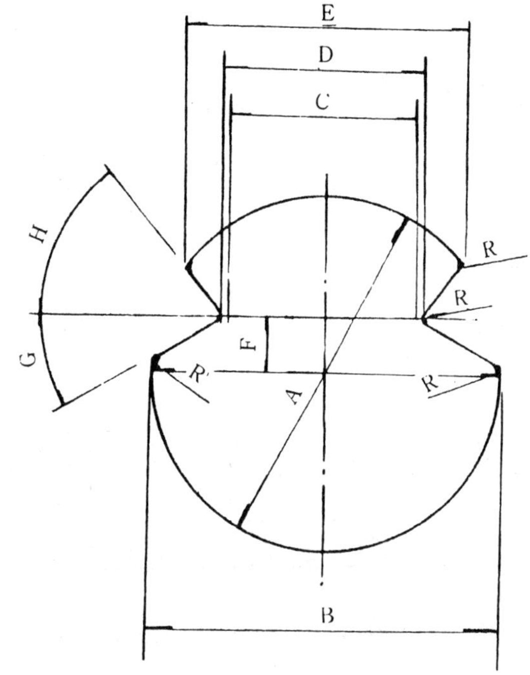

구분 [mm^2]	A [mm]	B [mm]	C [mm]	D [mm]	E [mm]	F [mm]	G [°]	H [°]	R [mm]	WT [kg/m]
170	15.49	15.49	7.32	7.74	11.43	2.4	27	51	R. 0.38	1.511
110	12.34	12.34	6.85	7.27	9.75	1.7	27	51	R. 0.38	0.9877

1	전차선	KSC 3102	Cu			
기호	품 명	규 격 / 재 질	기 호	형상, 치수	수량	비 고

규격명	전차선	정부물품분류번호	6145-091- 0110(110[mm^2]) 0170(170[mm^2])
종별명	GT 110[mm^2], GT 170[mm^2]	철도용품규격번호	철도 6145-3144
		도 면 번 호	OF-01A-101

Hard Drawn Copper Grooved Trolley Wire

원형 전차선과 제형 전차선의 비교

Comparison Between Round-shape and
Trapezoid-shape of Trolly Wire

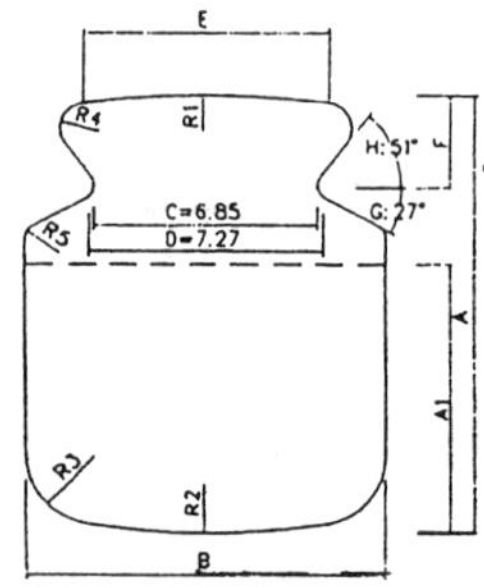

제 형 170㎟

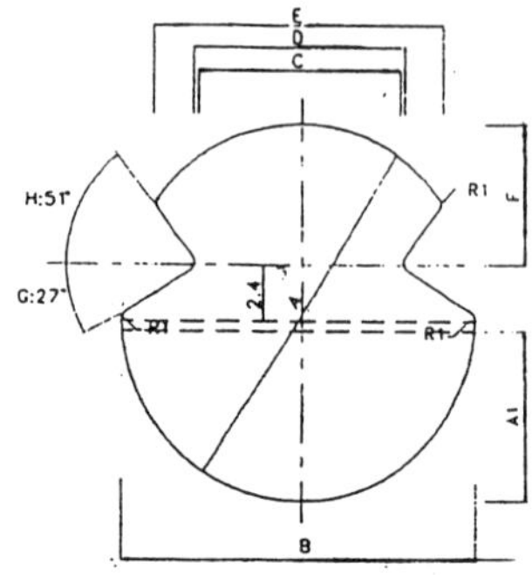

원 형 170㎟

* 형상비교표

구분 (㎟)	A (㎜)	B (㎜)	C (㎜)	D (㎜)	E (㎜)	F (㎜)	G (˚)	H (˚)	R1 (㎜)	R2 (㎜)	R3 (㎜)	R4 (㎜)	R5 (㎜)	A1 (㎜)	잔존량 (㎜)	비교차	비고
제형 170	14.8	13.0	6.85	7.27	9.6	3.0	27	51	30	35	2.5	0.7	0.38	9.04	5.76	+1.55	
원형 170	15.49	15.49	7.32	7.74	11.43	5.345	27	51	0.38					7.39	8.1	기준	

이형 전차선 150㎟ 잔존직경 및 단면적 계산 (CAD 프로그램)

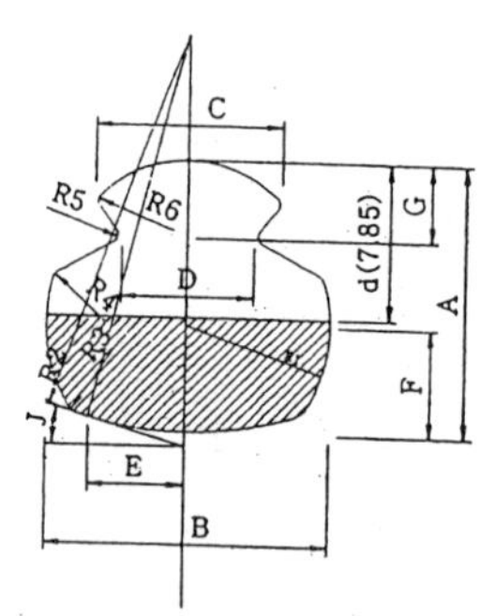

잔존 단면적

d(mm)	단면적(㎟)
13.60	156.15
10.60	120.89
10.10	113.60
9.60	106.22
9.10	98.78
8.85	94.97
8.10	83.66
7.85	79.89

구분 (㎟)	계산 단면적	A (mm)	B (mm)	C (mm)	D (mm)	E (mm)	F (mm)	G (mm)	H ( )	I ( )	J ( )	WT (kg/m)
	150.0	13.60 ±0.2	15.10 ±0.2	9.852	6.92 ±0.2	5.18	5.36	3.90	51	27	15	1.3335

구분	R1 (mm)	B2 (mm)	R3 (mm)	R4 (mm)	R5 (mm)	R6 (mm)
(㎟)	7.55 ±0.1	20.00 ±0.15	1.00	0.45	0.38	0.38

가동브래킷(A식)의 조정범위와 밴드간격 H[mm]

가 고 (L)mm	건식게이지 (G)mm	형	조 정 범 위	CANT ≦ 160 의 곡선에 대응하는 건식범위	밴드취부간격 (H)mm
960	3,000	O.F	2,200 ～ 3,200	2,600 ～ 3,000	1000
		I	2,300 ～ 3,300	2,500 ～ 2,900	1000
	3,500	O.F	2,700 ～ 3,700	3,100 ～ 3,500	1200
		I	2,800 ～ 3,800	3,000 ～ 3,400	1200
	4,000	O.F	3,200 ～ 4,200	3,600 ～ 4,000	1400
		I	3,300 ～ 4,300	3,500 ～ 3,900	1400
	4,500	O.F	3,700 ～ 4,700	4,100 ～ 4,500	1400
		I	3,800 ～ 4,800	4,000 ～ 4,400	1400
	1,900	I	1,850 ～ 2,200		1000
	2,100	O.F	1,800 ～ 2,300		1000
		I	1,950 ～ 2,400		1000
	2,500	O.F	1,700 ～ 2,700		1000
		I	2,000 ～ 2,800		1000
710	3,000	O.F	2,700 ～ 3,200		700
		I	2,800 ～ 3,300		700
	3,500	O.F	3,200 ～ 3,700		800
		I	3,300 ～ 3,800		800
	4,000	O.F	3,700 ～ 4,200		1000
	2,100	O.F	1,800 ～ 2,300		650
		I	2,050 ～ 2,400		650
	2,500	O.F	2,200 ～ 2,700		650
		I	2,350 ～ 2,800		650

명칭	가동브래킷(A식)	도면번호	OF-2401A
	(종 별)	참 조	

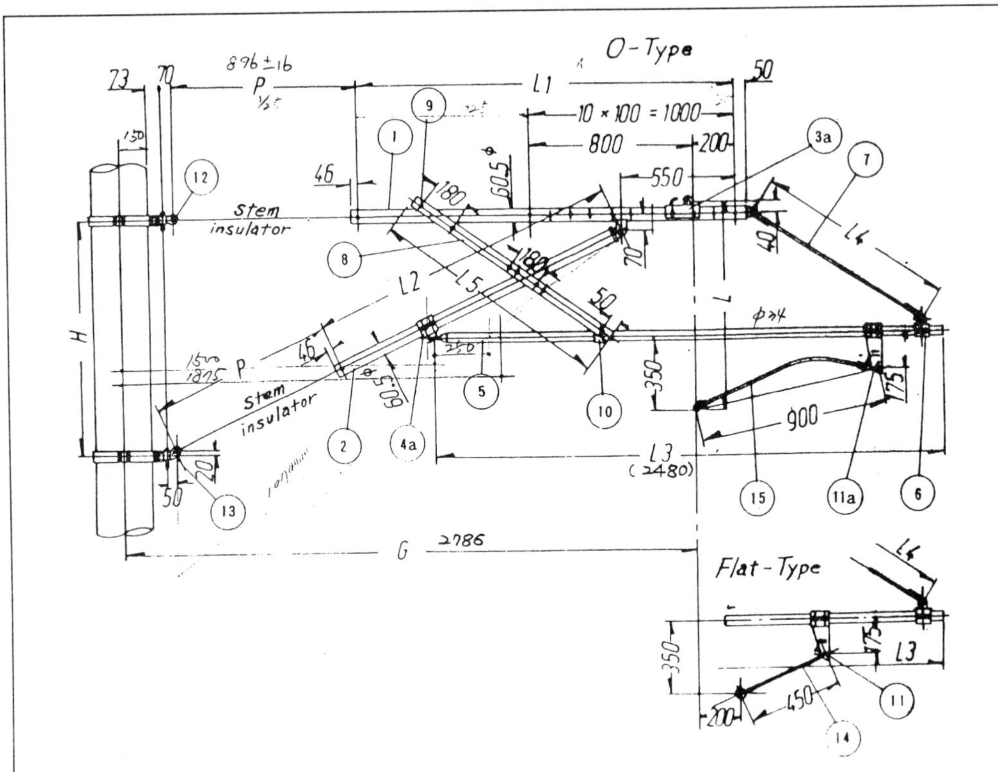

기 호	품 명	규 격	기 호 (재 질)	형상, 치수	수량	비 고
15	곡선당김금구	KSD 3503	SS41		1	
14	곡선당김로드	KSD 3503	SS41		1	
13	하부가동고리	KSD 3503	SS41		1	
12	상부가동고리	KSD 3503	SS41		1	
11	암지지금구	KSD 3503	SS41		1	
10	보강재용"U"금구	KSD 3503	SS41		1	
9	"U"볼트, 너트	KSD 3503	SS41		2	
8	보 강 재	KSD 3503	SS41		1	
7	드 로 퍼	KSD 3503	SS41		1	
6	드로퍼설치금구	KSD 3503	SS41		1	
5	진동방지파이프	KSD 3566	SPS41		1	
4	진동방지파이프설치금구	KSD 3503	SS41		1	
3	조가선지지금구	KSD 3563	SS41		1	
2	경사주파이프	KSD 3566	SPS41, 51		1	
1	수평주파이프	KSD 3566	SPS41, 51		1	

규격명	가동브래킷	정부물품분류번호	5975-141-
		철도용품규격번호	철도 5975-3145
종별명	O형 및 F형	도 면 번 호	OF-13A-101
Free Bracket			JK - 1001A

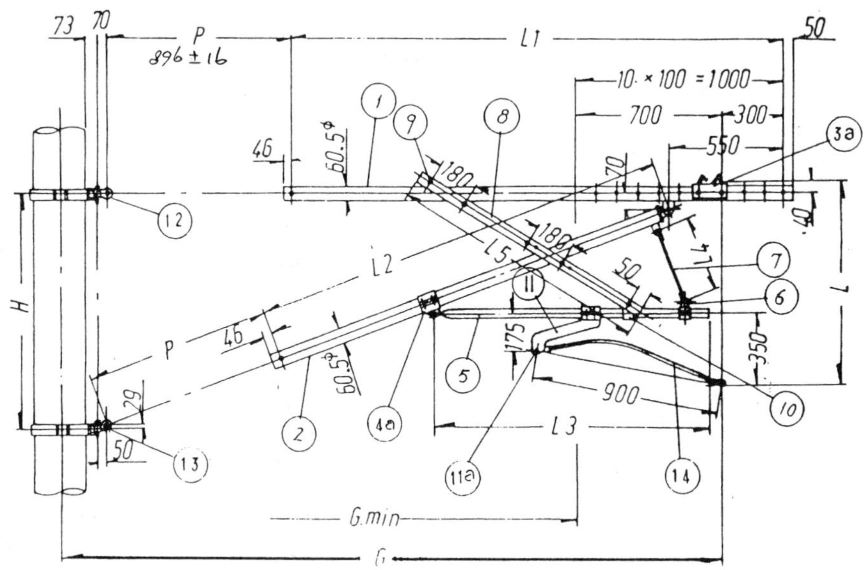

14	곡선당김금구	KSD 3503	SS41		1	
13	하부가동고리	KSD 3503	SS41		1	
12	상부가동고리	KSD 3503	SS41		1	
11	곡선당김지지금구	KSD 3503	SS41		1	
10	보강재용"U"금구	KSD 3503	SS41		1	
9	"U"볼트, 너트	KSD 3503	SS41		2	
8	보 강 재	KSD 3503	SS41		1	
7	드 로 퍼	KSD 3503	SS41		1	
6	드로퍼설치금구	KSD 3503	SS41		1	
5	진동방지파이프	KSD 3566	SPS41		1	
4a	진동방지파이프설치금구	KSD 3503	SS41		1	
3a	조가선지지금구	KSD 3503	SS41		1	
2	경사주파이프	KSD 3566	SPS41		1	
1	수평주파이프	KSD 3566	SPS41		1	
기 호	품 명	규 격	기 호	형상, 치수	수량	비 고
		재 질				

규격명	가동브래킷	정부물품분류번호	5975-141-
		철도용품규격번호	철도 5975-3145
종별명	I형	도 면 번 호	OF-13A-102
Free Bracket			JK - 1002A

행어 및 드로퍼

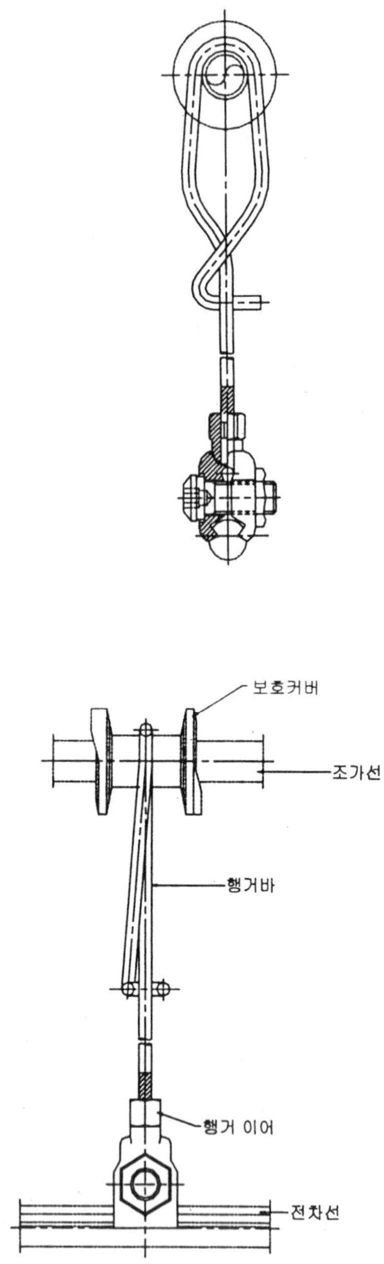

표준 행거

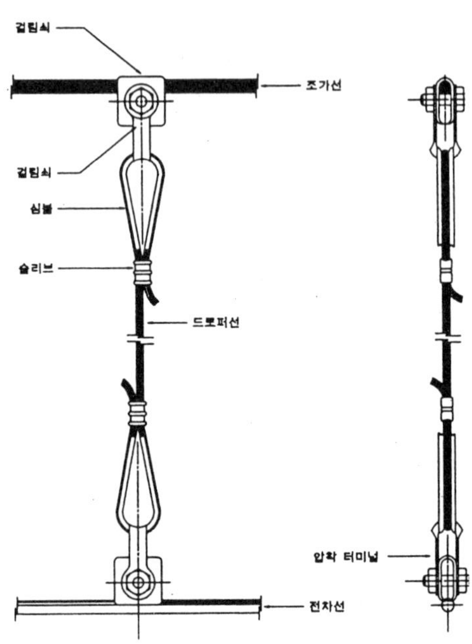

산업선 드로퍼

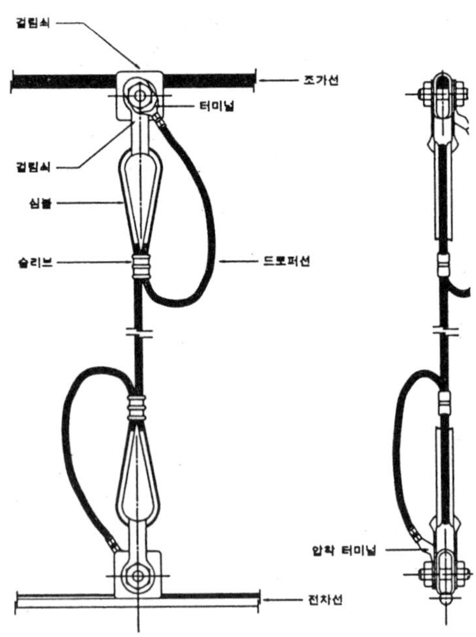

산업선 개량형 드로퍼

균압용 드로퍼

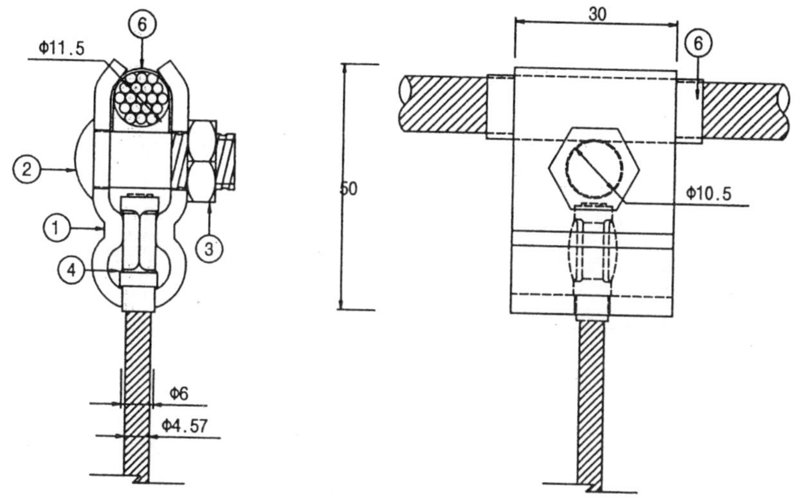

조가선의 물림상태

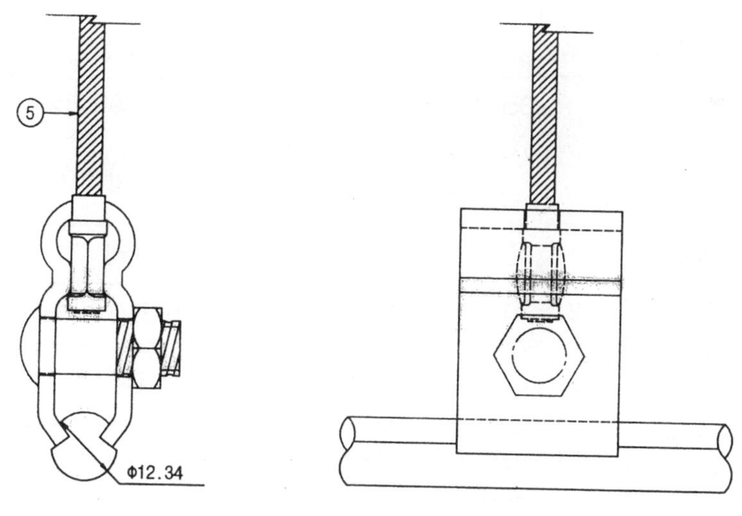

전차선의 물림상태

기호	품 명	재 질	형상, 치수		수량	비 고
6	보호용 슬리브	Cu	U형 P3	개	1	OF-47B-101
5	드로퍼선	CdCu	10㎟	개	소요량	
4	압축 슬리브	Cu, 균압용	10㎟ 용	개	1	
3	플랜지붙이 6각 너트	스테인리스 스틸	M10	개	1	KS
2	6각 볼트	스테인리스 스틸	M10x30	개	1	
1	균압용 드로퍼 클램프	인청동	2종	개	1	KSD 5506

R-Bar와 T-Bar의 특성 비교

Comparison of Feature Between R-Bar and T-Bar

구 분		R-Bar	T-Bar	비고
형태	형 상	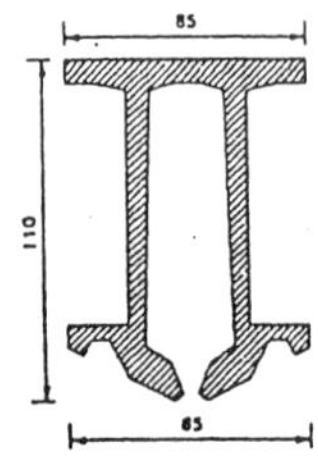	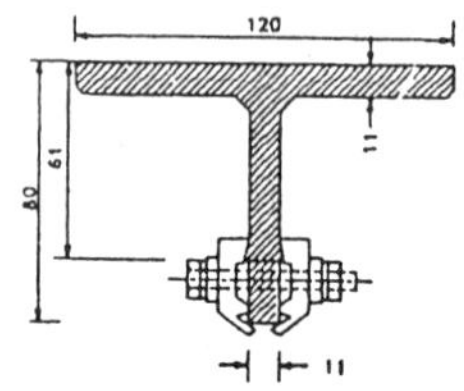	
	구 조	간 단	복 잡	
	단 면 적	2.214[mm^2]	2642[mm^2] (본체+이어=2100+542)	
	단위중량	5.8[kg/m]	5.6[kg/m]	
	허용응력	16[kg · f/mm^2]	11[kg · f/mm^2]	
설치	유지보수, 시공	쉬 움	어려움	
	전차선 지지방식	R-Bar에 직접 지지	롱이어 부착지지	
	전차선 가선방법	자동가선 (1일 15[km] 이상)	수동가선(1일 5[km])	
	강체 지지간격	10[m]	5[m]	
	강체연결	12[m]마다 특수판 연결	10[m]마다 아르곤 용접	
	1section길이	400[m](최대 500[m])	200[m](최대 250[m])	1 구간
	곡선로 강체 구부리기	R=120[m]까지 자동굴곡	특수 공구 사용 굴곡	
	평행장치 (Air Joint설치)	자동 신축장치 (Expansion Element)	**평행장치 설치** (Expansion Joint)	
기타	허용속도	160[km/h]	80[km/h]	
	국내 적용	교류구간 → 과천선 분당선	직류구간 → 서울 지하철등	
	향후 전망	특성이 좋으므로 널리 사용을 적극 검토		

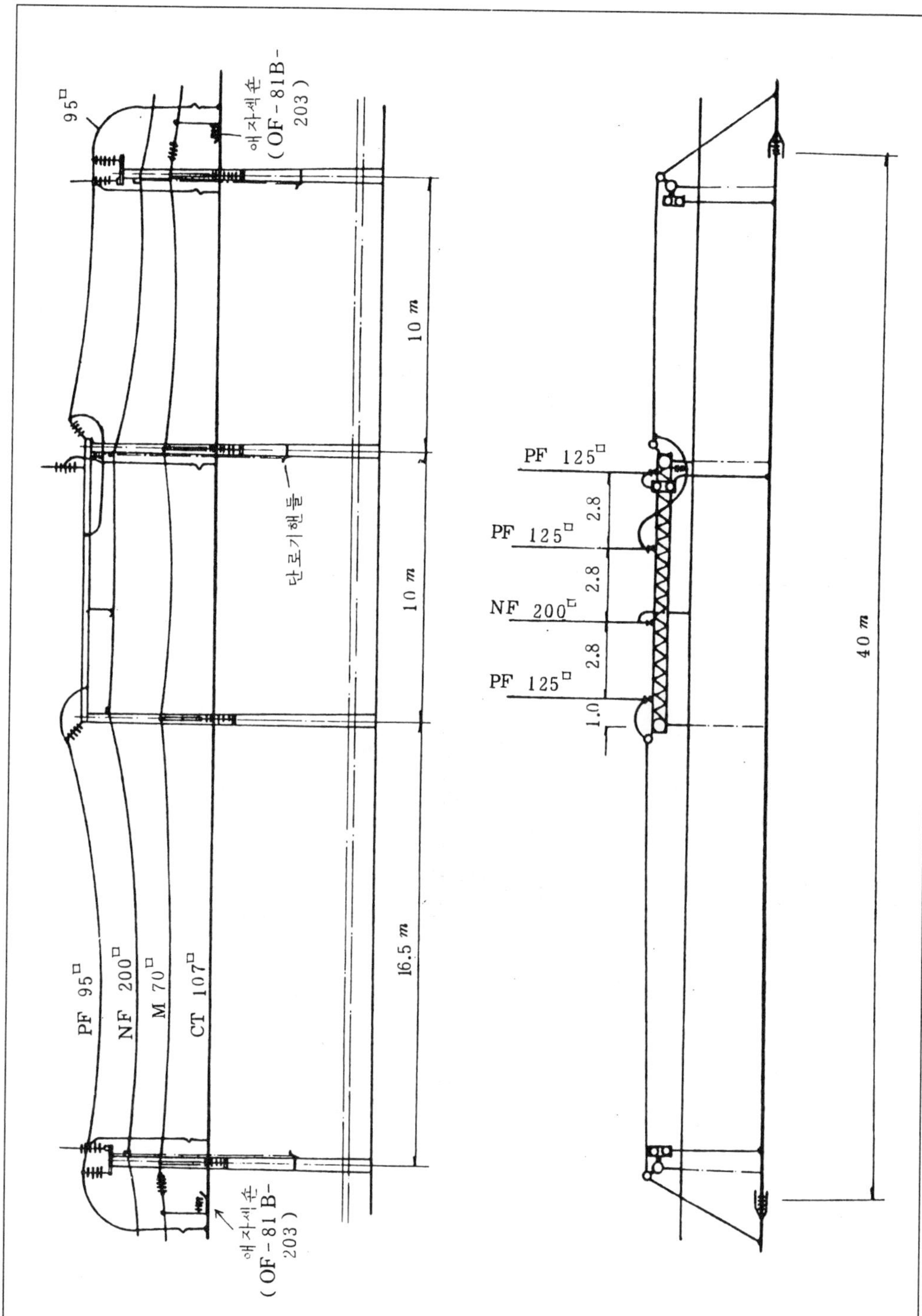

명칭	절연구분장치(사구분장치)	도면번호	OF-3414B
	(BT-SP)	참 조	F9-069 Type b

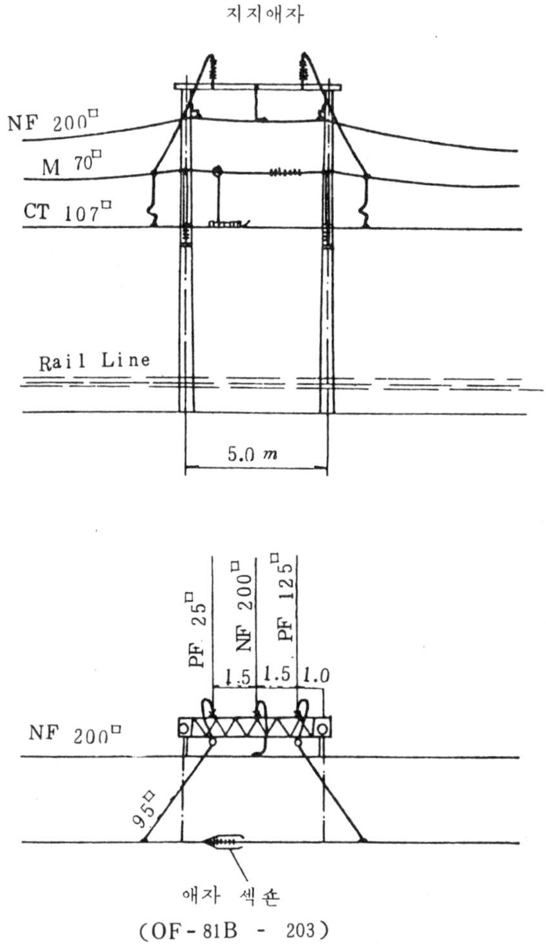

명칭	동상섹션(동상구분장치) 장주도	도면번호	OF-3415B
	(BT-SSP)	참 조	F9-070

별표 제1표

전철변전소 결선도(BT방식)

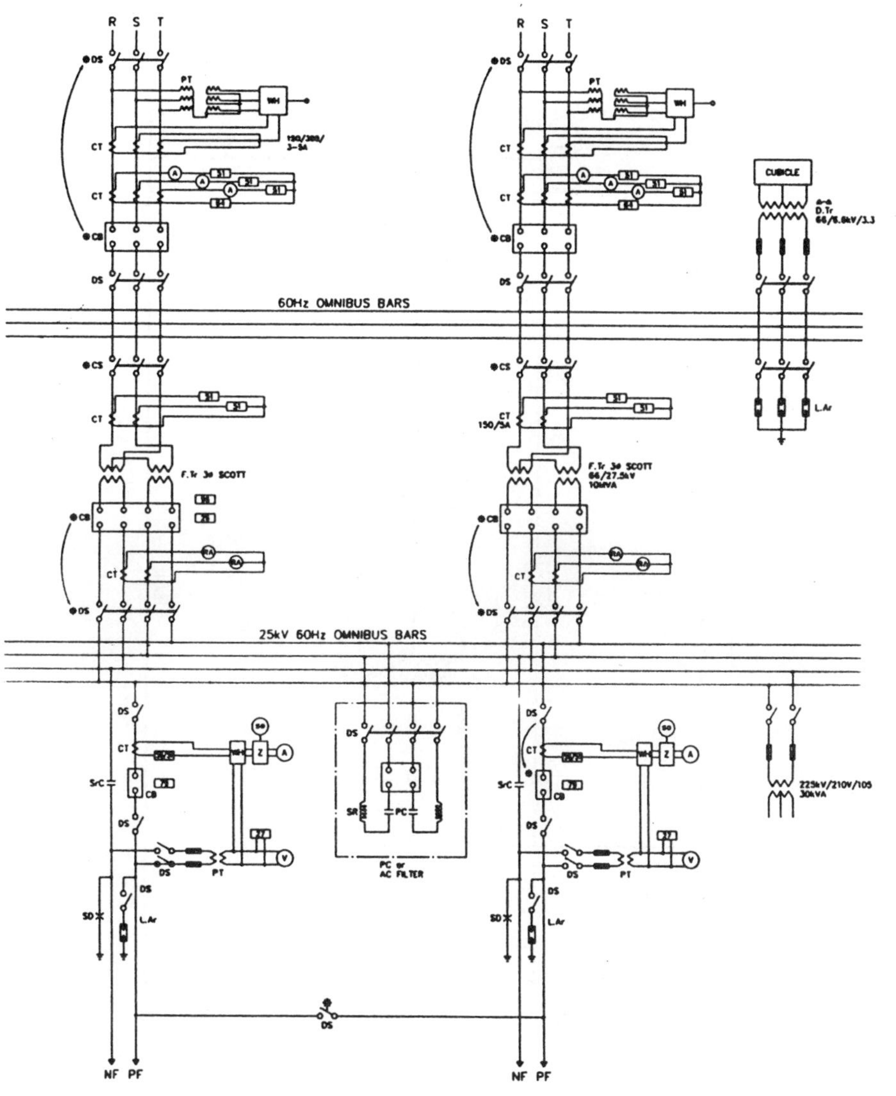

● 원제기기 연동조작

별표 제2표

전철구분소 결선도(BT방식)

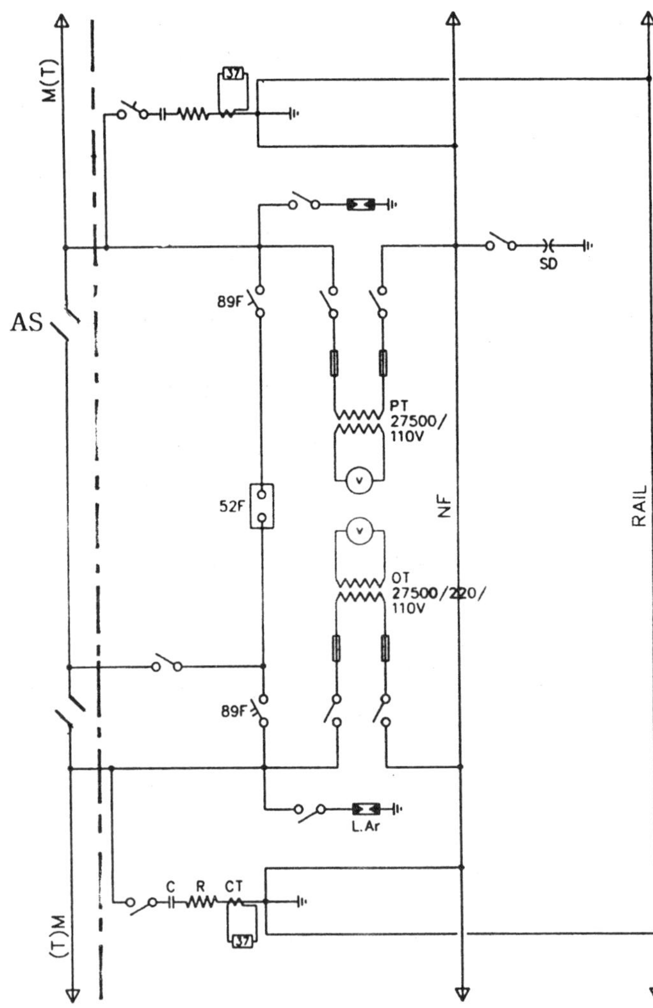

별표 제3표

전철보조구분소 결선도(BT방식)

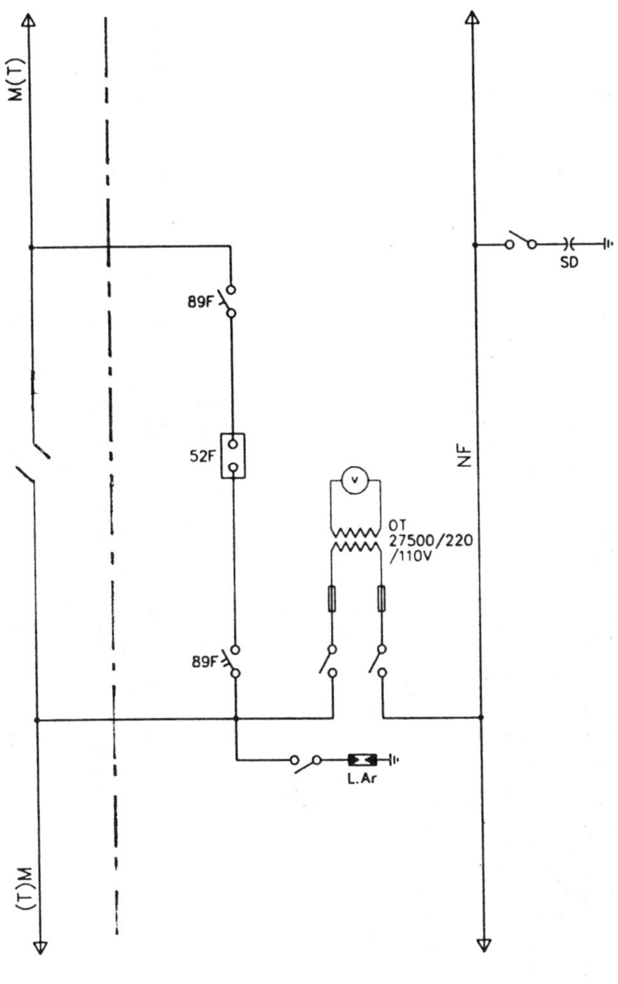

별표 제4표

전철변전소 결선도(AT방식)

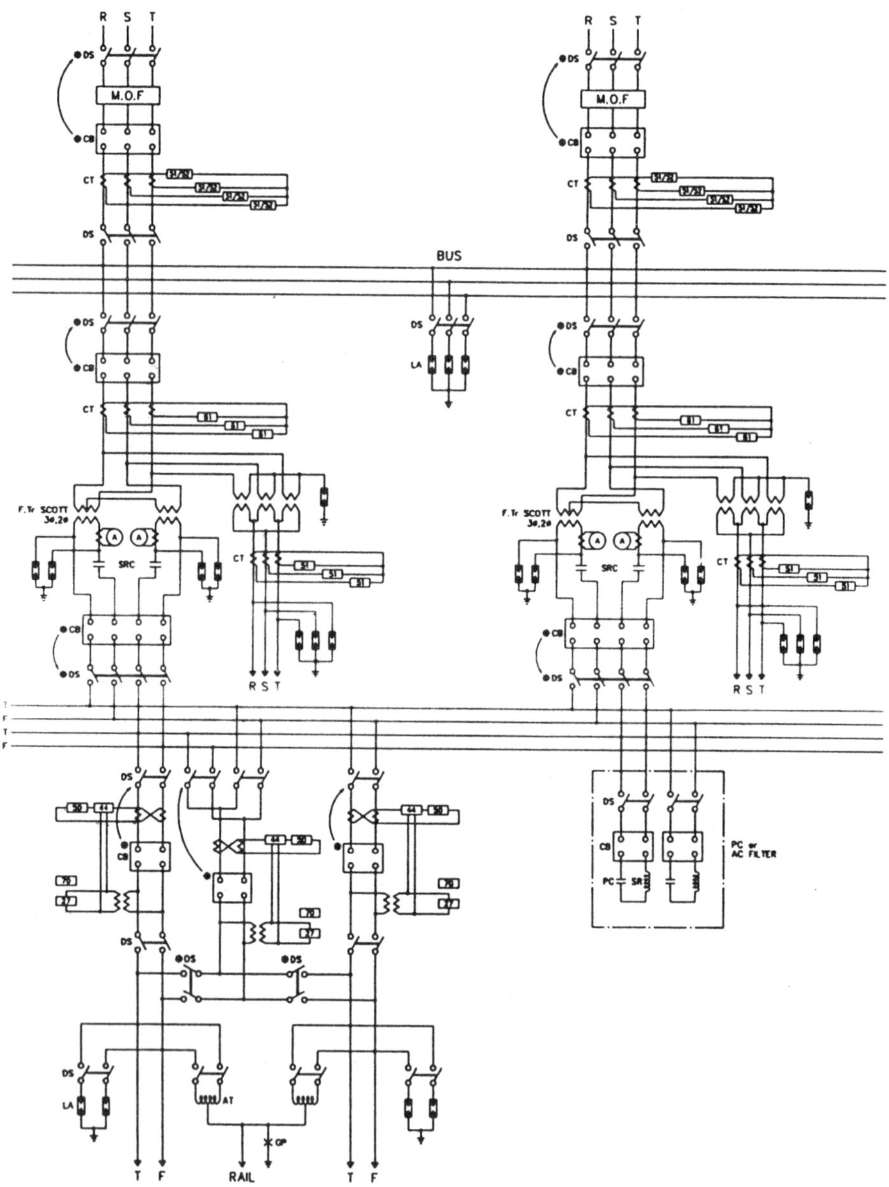

별표 제5표

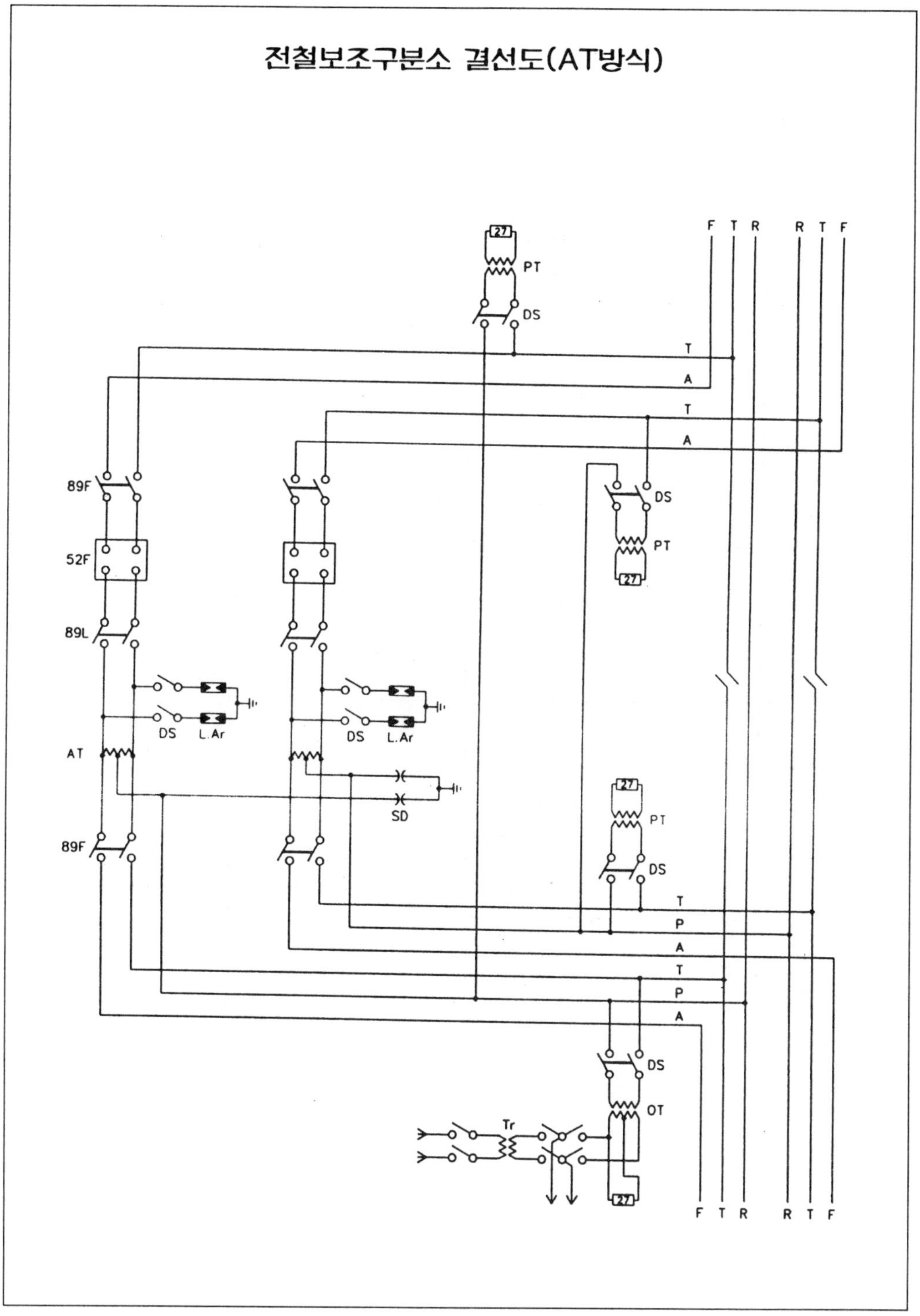
전철보조구분소 결선도(AT방식)
27
PT
DS
F T R R T F
T
A
T
A
89F
52F
89L
DS L.Ar
AT
SD
89F
T
P
A
T
P
A
OT
Tr
F T R R T F

별표 제6표

ATP 결선도(AT방식)

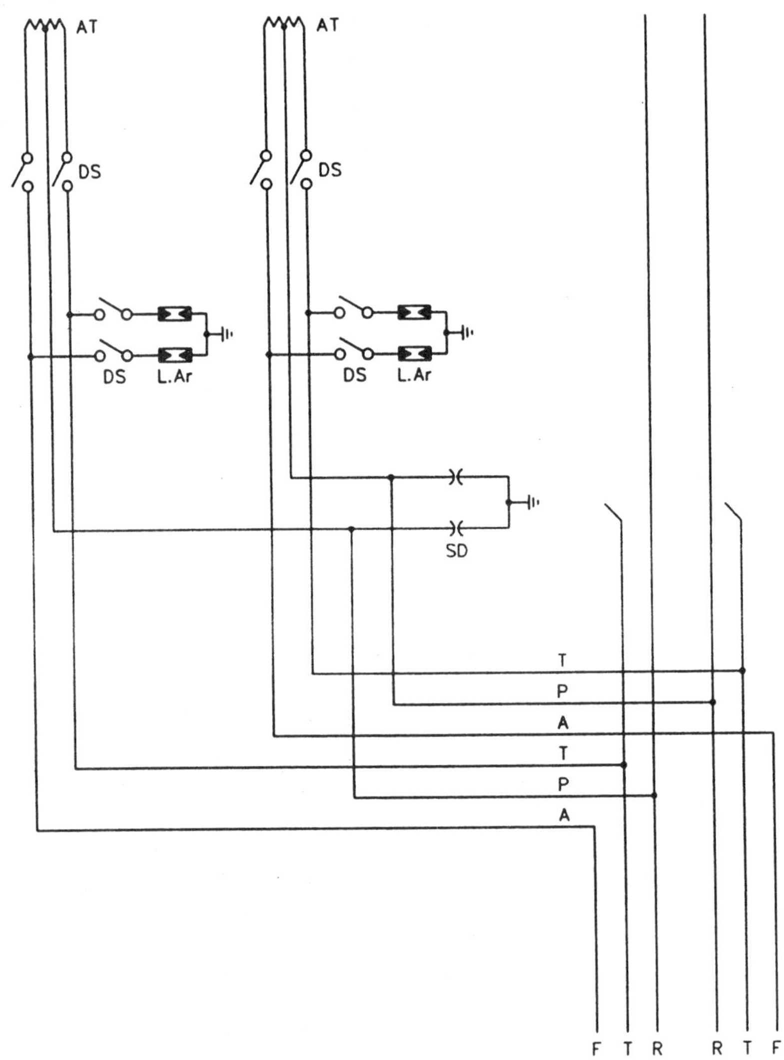

별표 제7표

전철제어반의 종별

1. 변전소

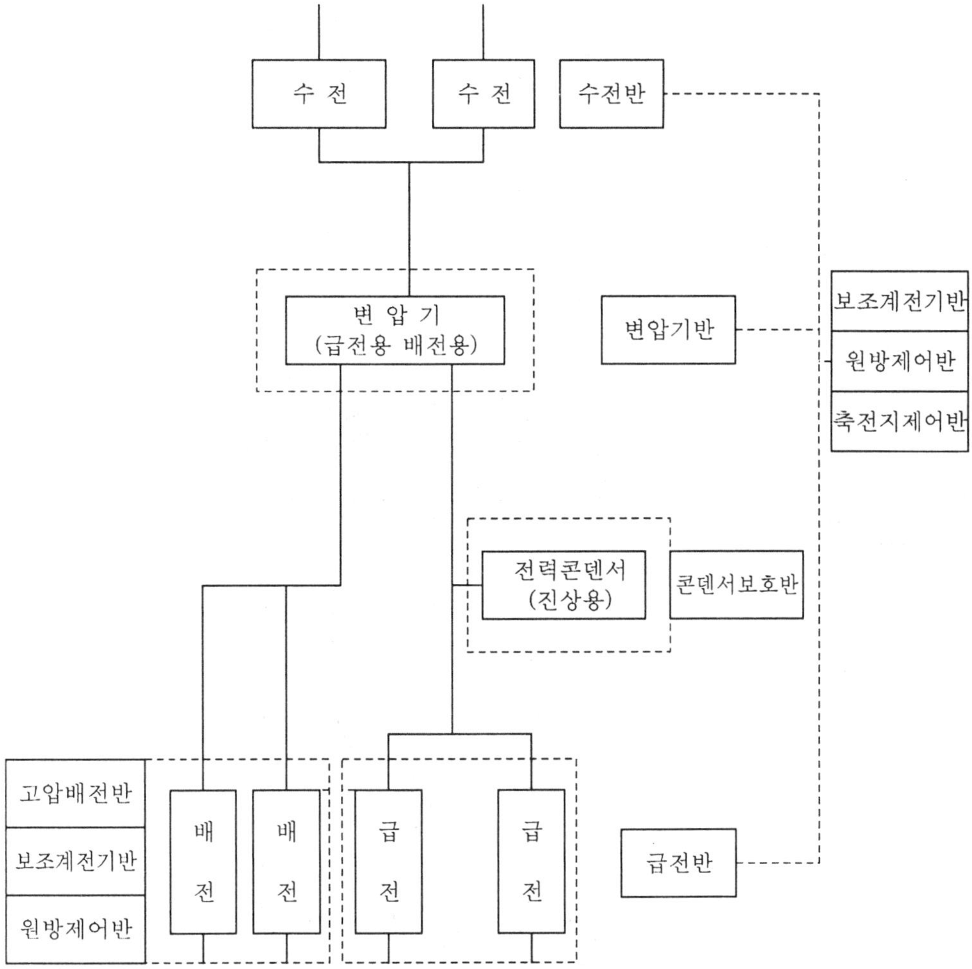

별표 제8표

전철구분소 기기배치도(BT방식)

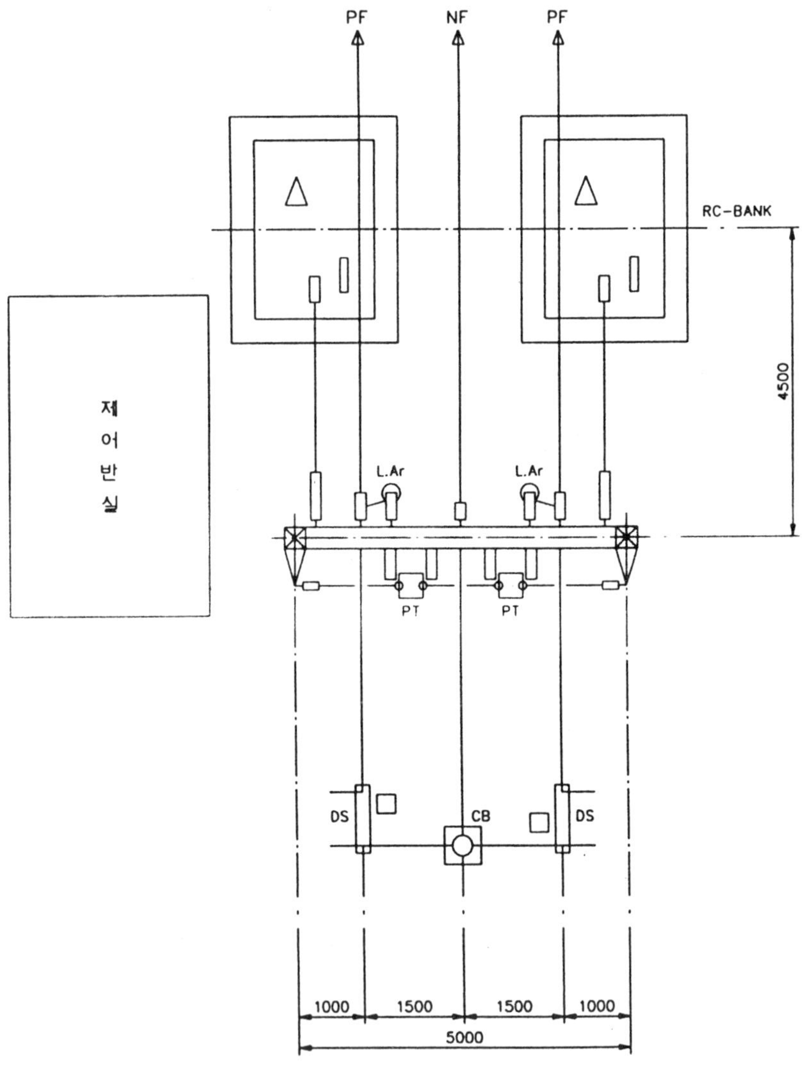

별표 제9표

전철보조구분소 기기배치도(BT방식)

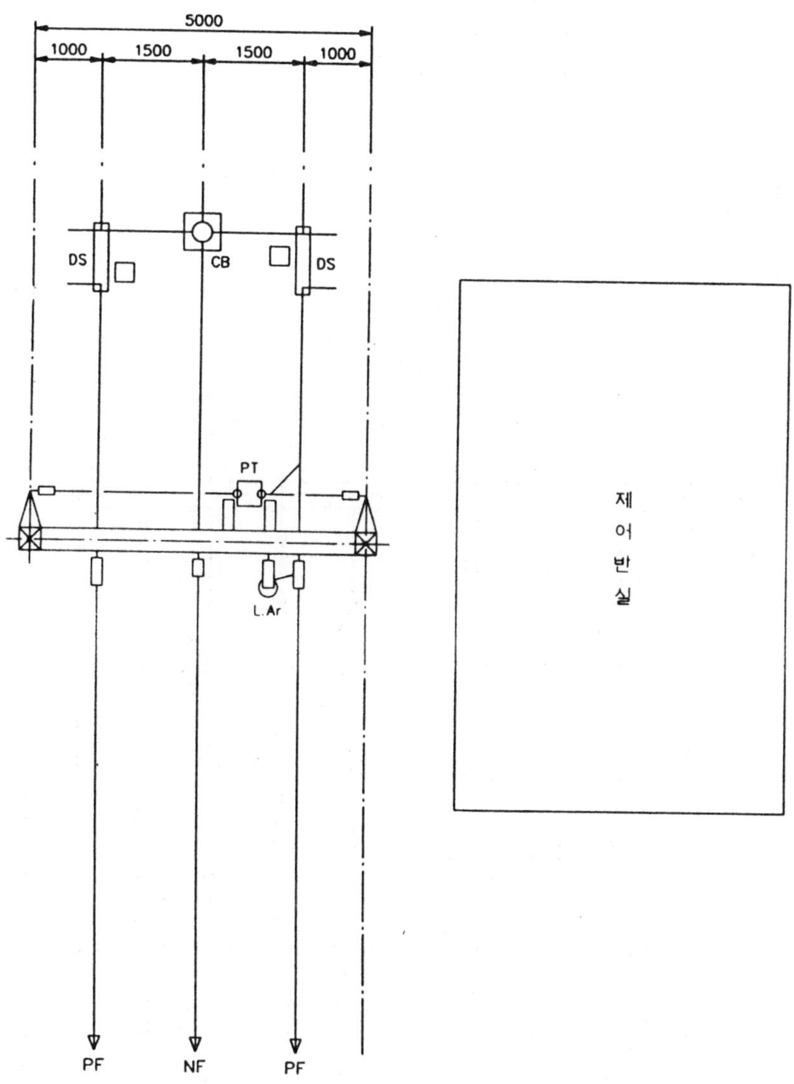

별표 제10표

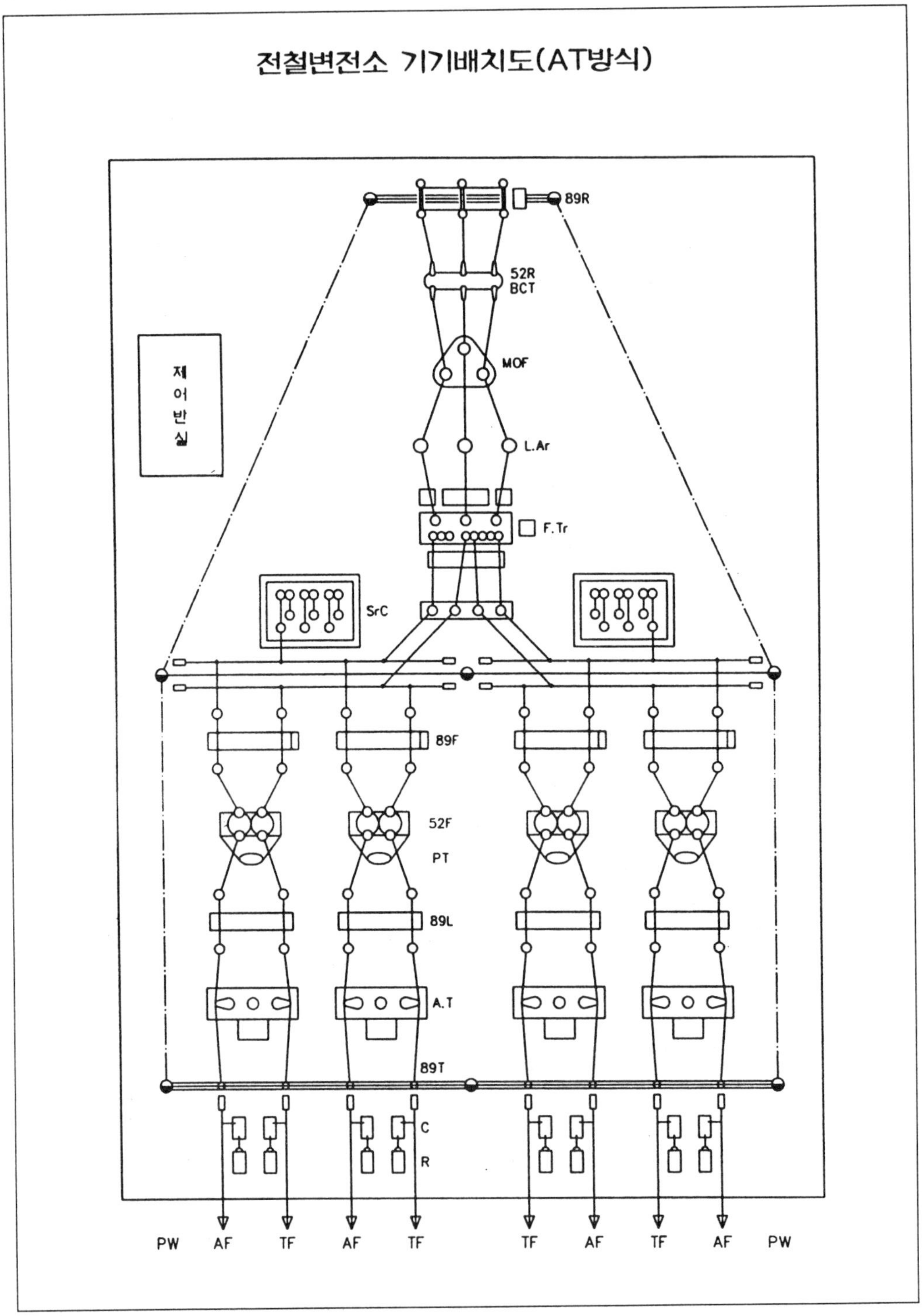
전철변전소 기기배치도(AT방식)
89R
52R
BCT
MOF
제어반실
L.Ar
F.Tr
SrC
89F
52F
PT
89L
A.T
89T
C
R
PW AF TF AF TF TF AF TF AF PW

별표 제11표

전철구분소 기기배치도(AT방식)

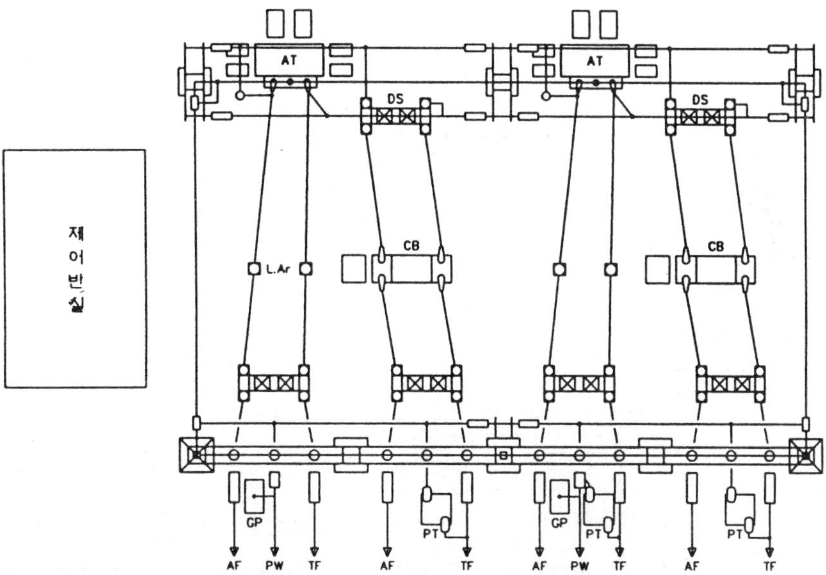

A.T.P 기기배치도

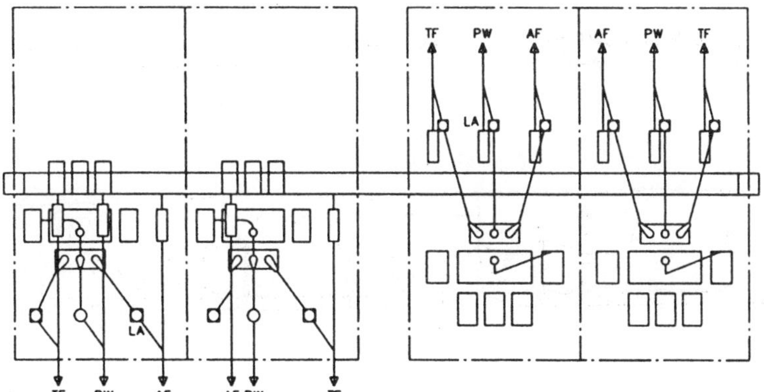

별표 제12표

전철변전소 기기배치도(AT방식)

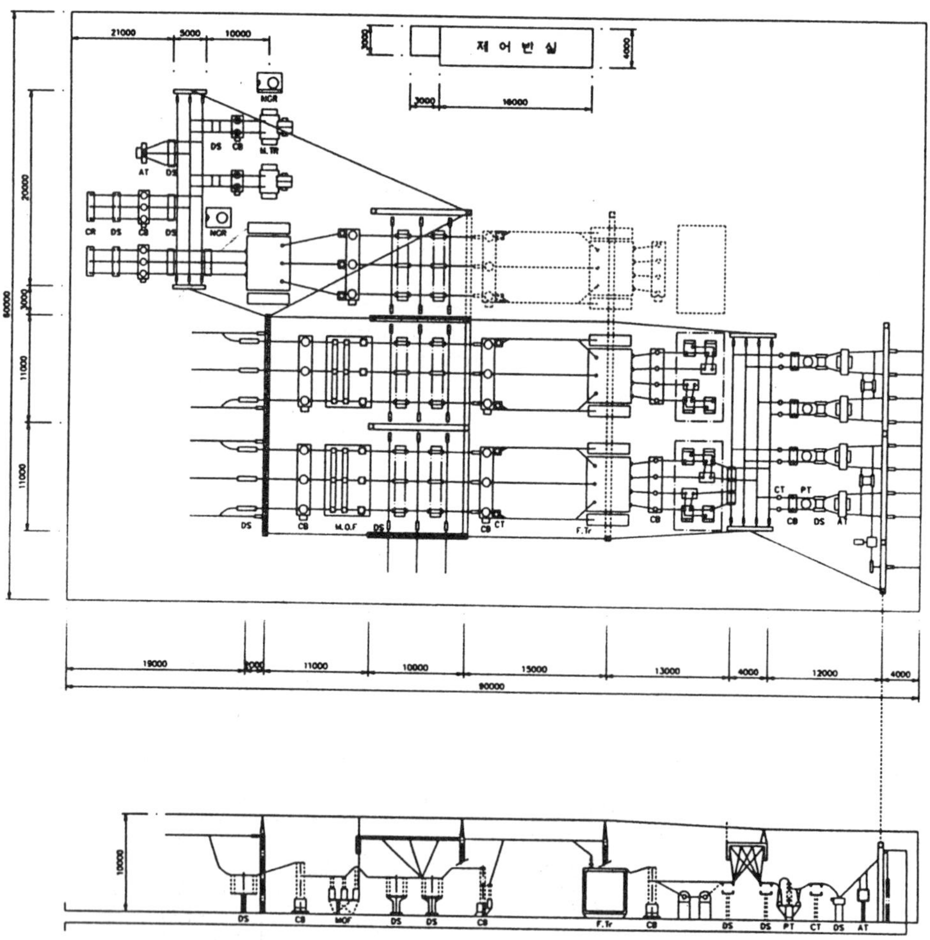

별표 제13표

전철변전소 기기배치도(BT방식)

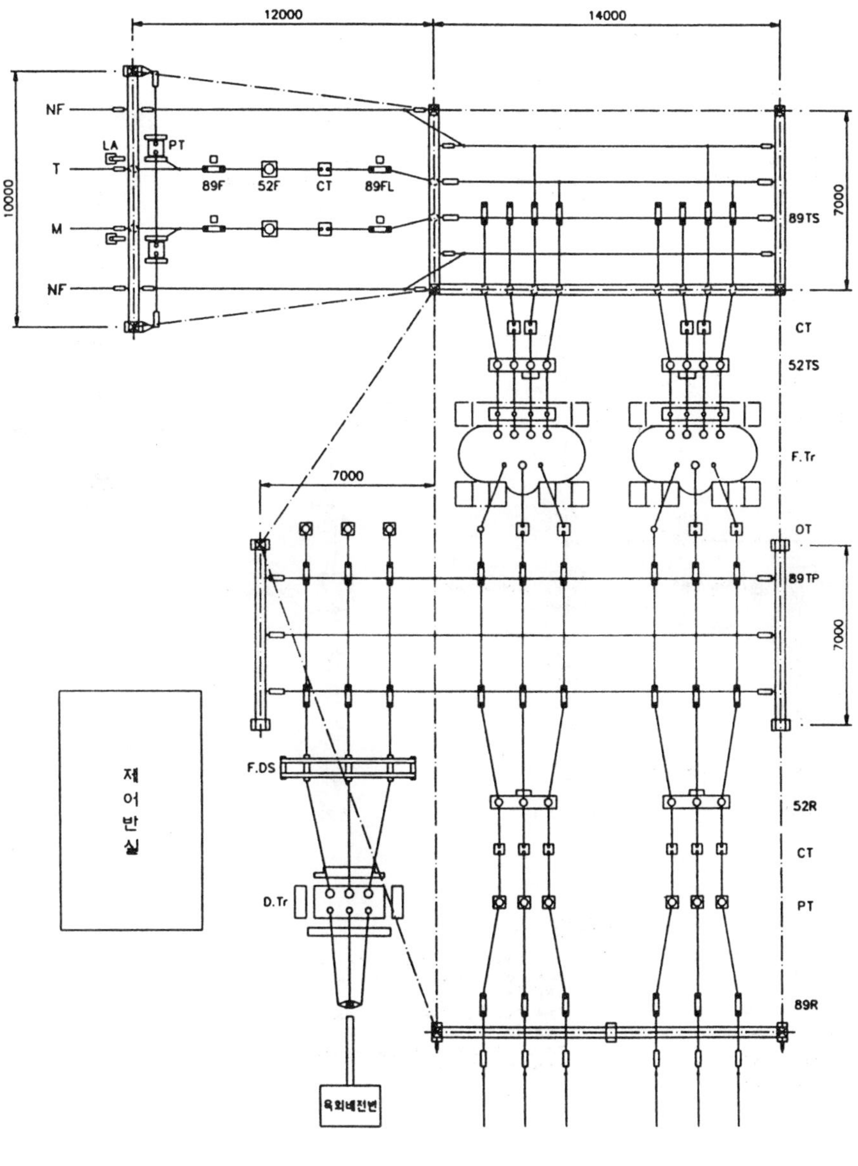

별표 제14표

압축 공기 배관 계통도

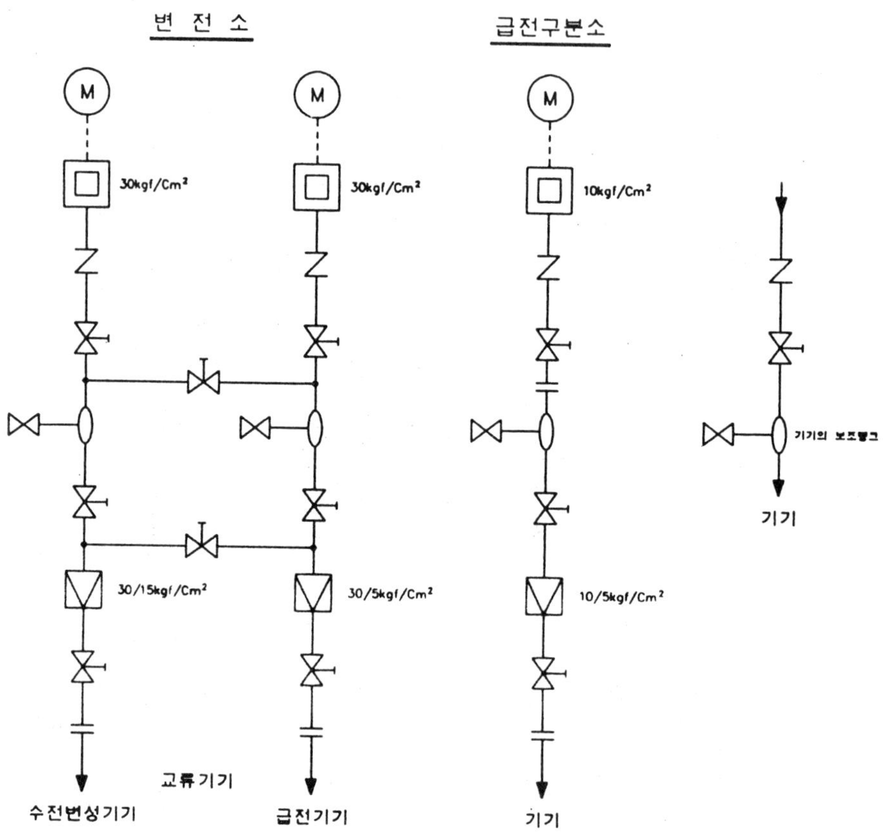

주 기

1. 압축공기 발생장치가 2대의 경우는 동일장소에 설치하여 운전시간을 평등하게 조정하고 동시 기동을 금할 것
2. 배관은 동관을 사용하고 수평부분을 가급적 적게할 것
3. 기기 접속 배관의 입상개소는 경질비닐파이프로 보호하고 위험표시를 할 것

별표 제15표

변류기 2차회로의 전선허용 길이와 접속방법

변류기정격부담 (VA)	전선굵기 (㎟)	단상 2선식		3상V 접속식 (A)		3상V 접속식 (B)		3상 4선식		기사
		계기계전기부담 (VA)		계기계전기부담 (VA)		계기계전기부담 (VA)		계기계전기부담 (VA)		
		10	20	10	20	10	20	10	20	계기와 계전기 부담은 1상당의 것이며 단상 2선식 이외는 어느 것이나 3상평형 부담으로 함.
15	5.5	30		30				65		
40	5.5	185	135	205	135	170	45	370	260	
접속방법 및 저항계산식		CT 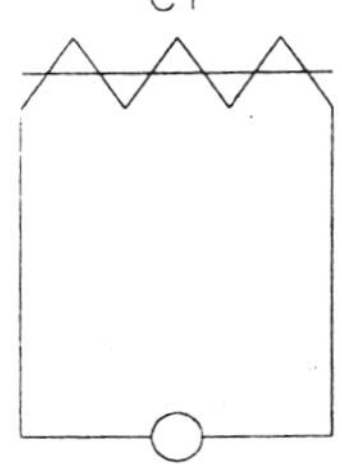 $r=\frac{\sqrt{P^2-Y\sin\theta-Y\cos\theta}}{2x^2}$		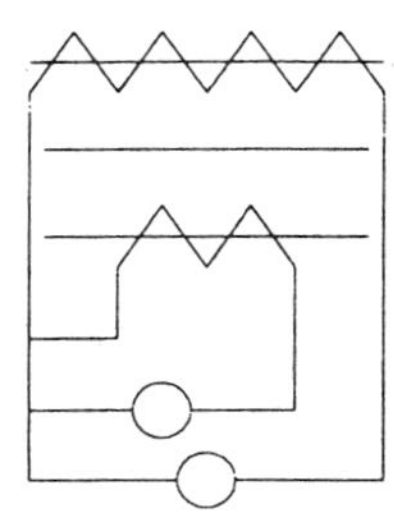 $r=\frac{\sqrt{P^2Y^2\sin^2(\theta-30)\doteqdot Y\cos(\theta}}{2x^2}$		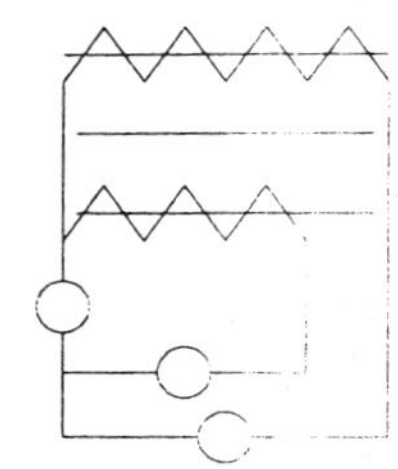 $r=\frac{\sqrt{P^2-3Y^2\sin^2\theta-3Y}}{\sqrt{3I^2}}$		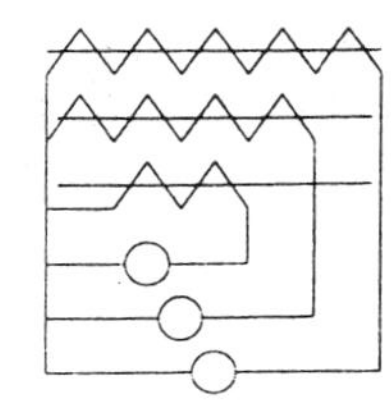 $r=\frac{\sqrt{P^2-Y^2\sin^2\theta-Y\cos}}{I^2}$		r : 케이블m당 편도의 저항 예 : 5.5㎟ 3심의 도체저항 3.33Ω /㎞ , 20℃ P : 변류기의 정격부담 Y : 1상계기, 계전기의 부담 I : 변류기의 2차전 정격 전류 (5A) θ : Cos^{-1} 0.8 (계기 및 계전기의 종합 역율)

별표 제16표

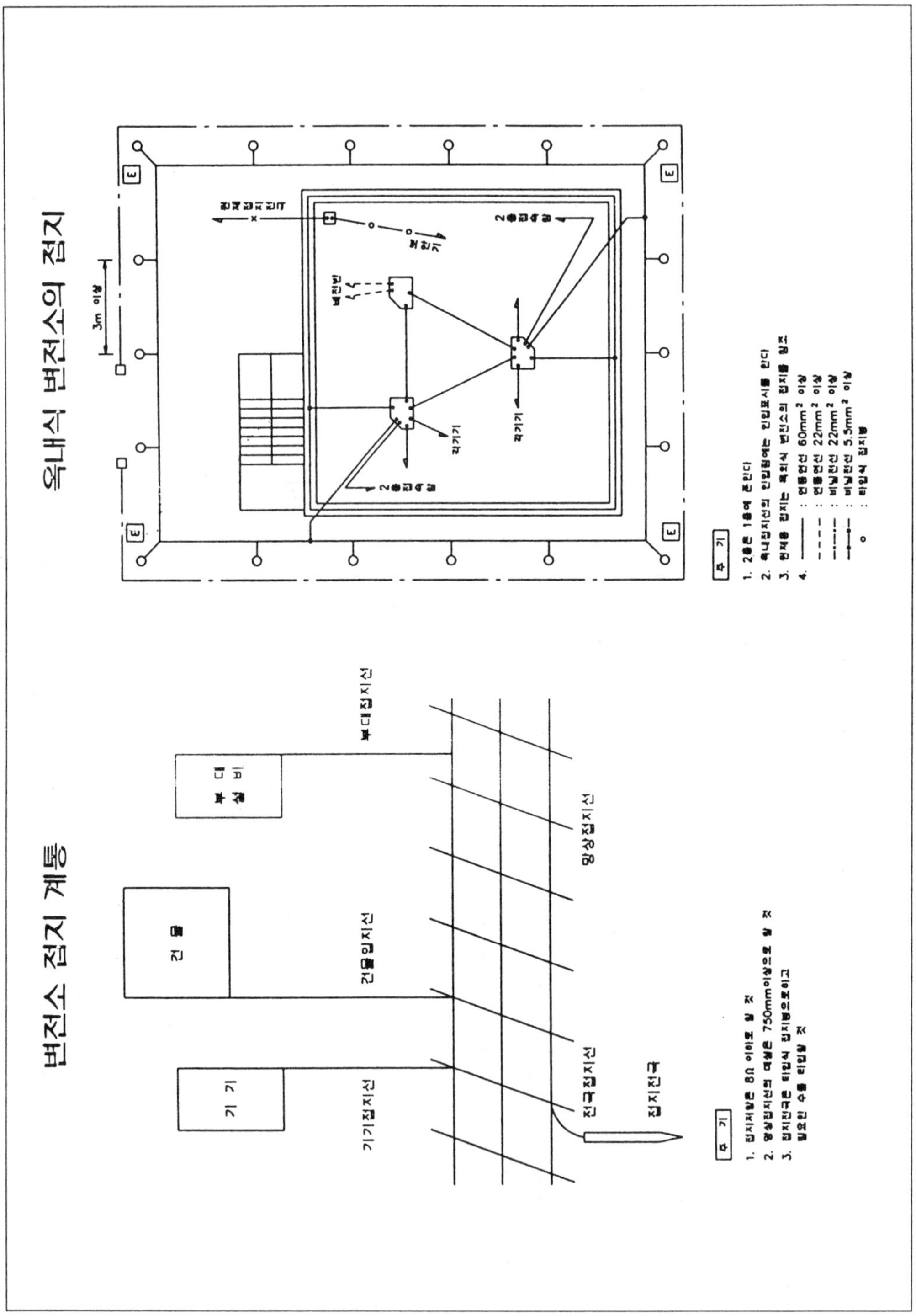
변전소 접지 계통
기 기
건 물
부대설비
기기접지선
건물입지선
부대접지선
전극접지선
망상접지선
접지전극
주 기
1. 접지저항은 8Ω 이하로 할 것
2. 망상접지선의 매설은 750mm이상으로 할 것
3. 접지전극은 타입식 접지봉으로하고
필요한 수를 타입할 것
옥내식 변전소의 접지
3m 이상
E
현재접지전극
배전반
2층접속함
각기기
개폐기
주 기
1. 2층은 1층에 준한다
2. 옥내접지선의 인입점에는 인입표시를 한다
3. 현재용 접지는 옥외식 변전소의 접지를 참조
4. : 연동연선 60mm2 이상
: 연동연선 22mm2 이상
: 비닐전선 22mm2 이상
: 비닐전선 5.5mm2 이상
: 타입식 접지봉

전선특성표(1)

(OF-8101)

선종	공칭단면적 ㎟	계산단면적 ㎟	조성	탄성계수 kg·f/㎟	외경 ㎜	단위중량 kg/m	전기저항 20℃Ω/km	저항온도계수 20℃	파괴강도 kg/㎟	파괴강도 kg·f	허용하중 kg·f	표준길이 m	선팽창계수 $6[K^{-1}]$	풍압kg·f/m			피빙수직하중 kg/m	합성하중kg·f/m			계산단면적×탄성계수 A·E	기사	허용전류
														갑종	을종	병종		갑종	을종	병종			
전차선	170	170	–	1.2×10^4	15.49	1.511	0.1040	0.00383	34.7	5.900	2.682	600	1.7×10^{-5}	1.55	1.38	0.78	1.88	2.16	2.33	1.70	204.0×10^4	마모한도:잔존직경8.5㎜,면적87.45㎟	570/420A
	110	111.1	–	〃	12.34	0.9877	0.1592	〃	35.1	3.900	1.773	500,1000, 1.500	〃	1.23	1.22	0.62	1.30	1.58	1.78	1.17	133.3×10^4	마모한도:잔존직경7.5㎜,면적67.59㎟	435/355A
	150	150	Pre-worn	〃	15.10/13.60	1.334	0.1173		35.4	5.316	2.739		〃									마모한도:잔존직경7.85㎜,면적79.89㎟	3.6A/㎟
	107	107.0	–	〃	12.24	0.951			33.8	3.900			〃									마모한도:잔존직경7.5㎜,면적65.15㎟	
카드뮴 동연선	95	93.26	19/2.5		12.5	0.8465	0.2342	0.00334		5.220	2.088	1.000	〃	1.15	1.18	0.58	1.01	1.35	1.55	0.92	116.58×10^4	BS 2755 Table 6, ρ=80%	358
	80	78.95	19/2.3		11.5	0.7103	0.276	〃		4.480	1.792	1.500	〃	1.15	1.18	0.58	1.01	1.35	1.55	0.92	98.09×10^4		332
	70	65.81	19/2.10		10.5	0.5974	0.3315	〃		3.672	1.468	1.500	〃								82.26×10^4		288
	60	59.7	19/2.0	1.25×10^4	10.0	0.5370	0.365	〃		3.490	1.396	1.500	〃	1.00	1.10	0.50	0.81	1.14	1.37	0.73	74.63×10^4		260
	10	9.9	7/7/0.508		0.09	0.09	〃	〃				1.500	〃									BS 2755 Table 6	
아연도 강연선	135	137.5	7/5.0	2.0×10^4	15	1.090	1.057	0.005	–	3종 8.850	3,540	500,1000, 1.500	1.2×10^{-5}	1.50	1.35	0.75	1.45	1.85	1.98	1.32	275.0×10^4	파괴강도:1종15,800kg·f,2종:11,400kg·f	
	90	88.0	7/4.0	〃	12	0.697	1.653	〃	–	5.660	2,264	〃	〃	1.20	1.20	0.60	1.00	1.39	1.56	0.92	176.0×10^4	파괴강도:1종10,100kg·f,2종: 7,280kg·f	
	55	56.3	7/3.2	〃	9.6	0.446	2.583	〃	–	3.630	1,452	〃	〃	0.96	1.08	0.48	0.71	1.06	1.29	0.66	112.6×10^4	파괴강도:1종 6,400kg·f,2종: 4,660kg·f	
	38	37.16	7/2.6	〃	7.8	0.294			–	2.390	956	〃	〃	0.78	0.99	0.39	0.53	0.83	1.12	0.49	74.32×10^4	파괴강도:1종 4,200kg·f,2종: 3,080kg·f	
경동 연선 (제1종)	325	323.8	61/2.6	〃	23.4	2.937	0.056	0.00381	–	12,900	5.864	300	1.7×10^{-5}	2.34	1.77	1.17	3.44	3.76	3.87	3.16	388.6×10^4		890
	250	253.5	61/2.3	〃	20.7	2.298	0.072	〃	–	10.170	4.622	300	〃	2.07	1.64	1.04	3.75	3.09	3.20	2.52	304.2×10^4		697
	200	196.4	37/2.6	〃	18.2	1.776	0.092	〃	–	7.820	3.555	500	〃	1.82	1.51	0.91	2.19	2.54	2.66	2.00	235.7×10^4		660
	125	125.5	19/2.9	〃	14.5	1.129	0.143	〃	–	4.950	2.250	600	〃	1.45	1.33	0.73	1.48	1.84	1.99	1.34	150.6×10^4		490
	100	100.9	19/2.6	〃	13.0	0.9076	0.178	〃	–	4.010	1.823	600	〃	1.30	1.25	0.65	1.23	1.59	1.75	1.12	121.1×10^4		420
	60	59.66	19/2.0	〃	10.0	0.537	0.301	〃	–	2.410	1.095	600	〃					1.14	1.37				300
	38	37.16	7/2.6	〃	7.8	0.3344	0.484	〃	–	1.480	673	300	〃	0.78	0.99	0.39	0.57	0.85	1.14	0.51	44.59×10^4		220
	22	21.99	7/2.0	〃	6.0	0.1979	0.818	〃	–	889	404	300	〃	0.60	0.90	0.30	0.40	0.63	0.98	0.36	26.39×10^4		160
경동 연선 (제2종)	150	152.8	19/3.2	1.2×10^4	16.0	1.375	0.118	0.00381	–	5.990	2.722	1.000	〃	1.60	1.40	0.80	1.75	2.11	2.24	1.59	183.36×10^4	AF용	550
	75	75.25	7/3.7	〃	11.1	0.6770	0.239	〃	–	2.910	1.322	700	〃	1.1	1.15	0.55	0.97	1.29	1.50	0.87	90.30×10^4	PW용	350
강심 알루미늄 연선 (ACSR)	330	326.8 52.84	Al 26/4.0 St 7/3.1		25.3	1.320	0.0888		–			1.000	1.9×10^{-5}	2.53	1.87	0.94	1.93	2.89	2.68	1.89	318.90×10^4	송전선로용	715
	160	159.3 37.16	Al 30/2.6 St 7/2.6		18.2	0.7328	0.182		–			1.900	1.8×10^{-5}	1.82	1.51	0.76	1.19	1.98	1.92	1.19	178.78×10^4		455
	95	95.40 15.90	Al 6/4.5 St 1/4.5	8.4×10^3	13.5	0.3852	0.301	0.0040	–	3.180	1.272	1.000	〃	1.35	1.28	0.68	0.72	1.40	1.47	0.78	93.49×10^4		320
	58	57.73 9.62	Al 6/3.5 St 1/3.5	〃	10.5	0.2331	0.497	〃	–	1.980	792	1.000	〃	1.05	1.13	0.53	0.51	1.08	1.24	0.58	56.57×10^4	배전선로용	240
	40	39.63 6.61	Al 6/2.9 St 1/2.9	〃	8.7	0.160	0.723	〃	–	1.400	560	1.500	〃	0.87	1.04	0.44	0.41	0.88	1.12	0.47	38.84×10^4	지락도선용	210
	32	31.86 5.31	Al 6/2.6 St 1/2.6	〃	7.8	0.1285	0.899	〃	–	1.140	456	900	〃	0.78	0.99	0.39	0.36	0.79	1.05	0.41	31.21×10^4		
경알루미늄 연선	200	204.3	19/3.7	6.3×10^3	18.5	0.5598	0.140	0.0040	–	3.040	1.216	1.300	2.3×10^{-5}	1.85	1.53	0.93	0.98	1.93	1.82	1.09	128.7×10^4		520
	150	152.8	19/3.2	〃	16.0	0.4187	0.188		–	2270	908	1.500	〃	1.60	1.400	0.70	0.79	1.65	1.61	0.85	962.6×10^4	수도권 AF용	480
	95	96.95	7/4.2	〃	12.6	0.2649	0.295	0.0040	–	1.410	564	1.100	〃	1.26	1.23	0.63	0.58	1.29	1.36	0.68	61.08×10^4	〃	320
청동 연선	65	65.49	37/1.5	1.2×10^4	10.5	0.605	0.4474	0.002358		4.303	1.722		1.7×10^{-5}								78.58×10^4	TGV/KT×용	
	12	12.0	7/6.65×1 7/0.54×6	〃	5.19	0.103	2.1	〃		708	–		〃										

※ 풍압하중은 일본규기준임.

권역별 전철거리

'05. 9. 18 현재

(단위 : [km])

권역별	구 분	철도총거리	전철거리	비 고
총 계		3,374.1	1,627.3	전철화율 48.2[%]
수도권역	소 계		272.0	
	경 부 선	서울~병점~천안	96.6	병점~천안 '05. 1. 20 영업개시
	남부화물기지선	부곡~의왕	3.0	
	병점기지선	차량기지	1.4	
	경 인 선	구로~인천	27.0	
	구로삼각선	경부선~경인선	1.2	
	경 원 선	용산~북의정부	32.4	
	안 산 선	금정~안산	26.0	
	시흥기지선	차량기지	2.0	
	경 의 선	서울~행신	14.7	(서울~화전 : 11.6)
	고양기지선	차량기지	1.7	
	용 산 선	용산~효창	3.6	
	용산삼각선	경부선~경원선	0.5	
	분 당 선	선릉~보정	27.7	선릉~수서 : 6.6[km](03.9.3)오리~보정 '04. 11. 25 보정역 영업개시(2.6[km])
	분당기지선	차량기지	2.3	
	과 천 선	금정~남태령	14.4	
	일 산 선	지축~대화	19.2	
	서 창 선		-	
	구로기지	차량기지	1.4	
일반철도권 (산업선)	소 계		641.4	
	경 부 선	천안~조치원	32.7	'05. 1. 20 영업개시 '05. 3. 30 개통식
	충 북 선	조치원~봉양	115.0	'05. 1. 20 영업개시 '05. 3. 30 개통식
	오 송 선	서창~오송	4.6	'05. 1. 20 영업개시 '05. 3. 30 개통식
	중 앙 선	청량리~영주	218.8	
	북영주삼각선	중앙선~영동선	0.7	
	태 백 선	제천~백산	103.5	

권역별	구 분	철도총거리	전철거리	비 고
일반철도권 (산업선)	영 동 선	영주~동해	190.0	동해~강릉간 41.5[km] 개통 ('05. 9. 8)
	망 우 선	망우~성북	4.9	
	함 백 선	예미~조동	9.6	
	태백삼각선	태백선~영동선	0.8	
	제천조차장	제천~조차장	2.3	
고속철도 운행권	소 계		669.3	'04. 4. 1 고속전철 개통
	경부고속본선	시흥~대전북, 대전남~대구북	223.6	
	연 결 선	시흥, 대전북, 대전남, 대구북연결선	15.0	
	경 부 선	대전북~대전남	18.7	KPR 157.7~176.4
		대구북~부산	133.5	KPR 275.0~408.5
	가 야 선	범일~가야	3.2	
	동해남부선	부산진~범일	2.1	
	호 남 선	조차장~목포	252.5	
	대 전 선	대전~서대전	5.7	
	광 주 선	광주선분기~광주	11.9	
	북송정삼각선	북송정~북송정분기	1.0	
	경 전 선	광주선분기~송정리	2.1	

전철변전설비 현황

2004. 7. 현재

선 별	계	변전소 (SS)	구분소 (SP)	보조구분소 (SSP)	병렬급전소 (PP)	기타
계	153	36	34	68	13	2
고속선	24	안산, 평택, 신청주, 옥천, 김천 (5)	소하, 향남, 용정, 회덕, 상촌, 신동 (6)	-	조남, 봉담, 어연, 석곡, 천안, 대평, 덕용, 시목, 각계, 주곡, 덕천, 오봉, 동안 (13)	-

단위기호 표시법

배율 단위 명칭	기사용	SI(Systeme Internationale d'Unites 약자SI) 기본단위계							
		$1/10^6$ $=10^{-6}$	$1/10^3$ $=10^{-3}$	$1/10^2$ $=10^{-2}$	SI 기본 단위	10^1	10^3	10^6	비 고
길이			mm	cm	* m		km		
넓이		mm^2			m^2			km^2	
부피		cm^3	l		m^3				
질량		mg			* kg		t		
시간		μs	ms		* s		ks		
전류		μA	mA		* A		kA		
온도	℃				* K				t(℃)=T(k)−273.15
물질량					* mol				
광도					* cd				
전압		μV	mV		V		kV		
저항			mΩ		Ω		kΩ	MΩ	
주파수					Hz		kHz	MHz	
전력		μW	mW		W		kW	MW	1W=1J/s(kVA)
전력량					Wh		kWh	M쪼	
인덕턴스		μH	mH		H				
콘덕턴스			μs		S		kS		
커패시턴스		μF			F				
힘	kgf		mN		N	daN	kN		1kgf=0.98daN=9.8N
압력	kgf/cm^2		mPa		Pa		kPa	MPa	1kgf/m^2=9.8Pa
응력	kgf/cm^2				Pa 또는 N/m^2			MPa 또는 N/mm^2	5kgf/cm^2=0.49MPa 1,000mbar≒1,000hPa
광속					lm				
조도					lx				
속도					m/s				km/h
일, 열량	cal		mJ		J		kJ	MJ	1J=0.23889cal

주 ① *표시는 SI의 7개 기본단위임.{KS A 0105-1990 국제단위계(SI) 및 그 사용법} 참조

② 압력의 단위 Pa는 값이 매우 적기 때문에 hPa, kPa, MPa를 쓰게 됨.

③ 단위기호는 같은 문자라도 대문자, 소문자에 따라 그 명칭이 다르므로 확실히 구별 사용하여야 함.

KRSB(Korea Railroad-Spring Tension Balancer) 종류(05. 6. 20 수정)

표준장력[kN]	종 류	동작범위 (Stroke)[cm]	주용도/선종	최대장력거리[m]
19.6 (20)	KRSB-20-S50	50	Simple Catenary GT 110[mm²](10[kN])-CdCu 70[mm²](10[kN]) 일괄인류	570
	KRSB-20-S63	63		680
	KRSB-20-S76	76		800
23.5 (24)	KRSB-24-S37	37	Simple Catenary GT 110[mm²](12[kN])-CdCu 70[mm²](12[kN]) Bz 65[mm²](12[kN]) 일괄인류	470
	KRSB-24-S49	49		630
	KRSB-24-S62	62		800
27.4 (28)	KRSB-28-S36	36	Heavy Simple Catenary GT 150[mm²](14[kN])-CdCu 80[mm²](14[kN]) Bz 65[mm²](14[kN]) 일괄인류	470
	KRSB-28-S48	48		630
	KRSB-28-S60	60		800
29.4 (30)	KRSB-30-S39	39	Heavy Simple Catenary GT 170[mm²](15[kN])-CdCu 80[mm²](15[kN]) 일괄인류	470
	KRSB-30-S53	53		630
	KRSB-30-S63	63		800

※ 스트로크(Stroke) 길이 산출법

$$l = \frac{S}{2} \times \frac{to - t}{30} \times \frac{L}{Lo}$$

l : 스트로크 길이(인출량) : [mm]

S : 상기표상의 동작범위 : $S50 = 500$[mm]

to : 10[℃]

t : 외기온도(현재 측정온도)

L : 가선장력거리[m]

Lo : 상기 표상의 최대장력거리[m]

※ 상기 표상의 표준장력거리 ( ) 안 숫자는 설계시 기준

【산출예】 (대전조차장)

현재 온도 20[℃], 표준장력 28[kN](2.8[ton]) 실장력거리 765[m], $S60$인 경우

$$l = \frac{600}{2} \times \frac{10 - 20}{30} \times \frac{688}{800} = 300 \times \frac{-10}{30} \times \frac{765}{300} = -95.62[\text{mm}]$$

번호	대동기연도번	부 품 명	재 질	개수	질 량	비 고
1	DE504-070011-00	외스프링(우권)	SUP12V	2	35.38	
2	DE504-070012-00	외스프링(좌권)	SUP12V	2	35.38	
3	DE504-070021-00	내스프링(우권)	SUP12V	2	22.64	
4	DE504-070022-00	내스프링(좌권)	SUP12V	2	22.64	
5	DE504-070030-00	외통보조부품 (SUB ASS'Y)	STK400	1	49.07	
6	DE504-070032-00	스프링좌(A)	SS400	1	2.29	
7	DE504-070041-00	플레이트(A)	SS400	1	4.84	
8	DE504-070050-00	중통보조부품 (SUB ASS'y)	STK400	1	19.38	
9	DE504-070052-00	스프링좌(B)	SS400	1	2.12	
10	DE504-070053-00	스프링좌(C)	SS400	1	1.26	
11	DE504-070060-00	내통보조부품 (SUB ASS'Y)	STK400	1	10.37	
12	DE504-070062-00	스프링좌(D)	SS400	1	1.25	
13	DE504-070063-00	플레이트(B)	SS400	1	0.76	
14	DE504-070064-00	취부금구(A)	SS400	2	0.76	
15	DE504-070065-00	취부금구(B)	SS400	1	0.88	
16	DE504-070066-00	취부금구축	SS400	1	0.33	
17	DE504-070071-00	코터볼트	SS400	2	0.58	M20x80L
18	DE504-070072-00	6각너트	SS400	2	0.116	M20
19	DE504-070073-00	분할핀 (Split Pin)(코터볼트용)	SUS304	2	0.011	4x50L
20	DE504-070033-00	취부금구(C)	SS400	1	0.36	
21	DE504-070074-00	6각볼트	SS400	1	0.142	M16x65L
22	DE504-070075-00	6각너트	SS400	1	0.031	M16
23	DE504-070076-00	분할핀 (Split Pin)(6각볼트용)	SUS304	1	0.0045	4x40L
24	DE504-070080-00	눈금자 보조 부품 (SUB ASS'Y)	SUS304	1	1.88	
25	DE504-070077-00	명판 (영문)	SUS304	1	0.022	
26	DE504-070078-00	타입 나사못	SUS304	4	0.0016	명판고정용 No.4
27	DE504-070091-00	U-봉	SS400	1	0.98	Φ16
28	DE504-070092-00	가이드 플레이트	SS400	1	4.52	1070mm
29	DE504-070093-00	가이드	SS400	1	0.11	
30	DE504-070094-00	6각볼트	SS400	2	0.10	M10x55L
31	DE504-070095-00	6각너트	SS400	2	0.02	M10
32	DE504-070096-00	고정편	SS400	1	0.04	
33	DE504-070097-00	칼라 (Collar)	SUS304	2	0.06	

변화율 (%)	1 0
선 종	-
가선거리(m)	-

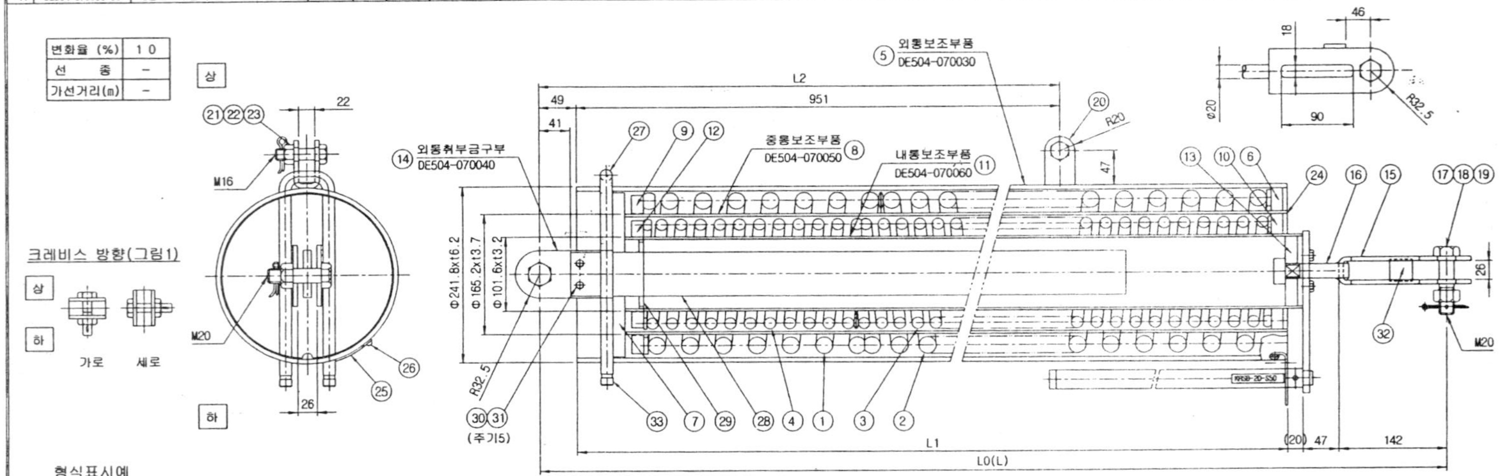

형식표시예

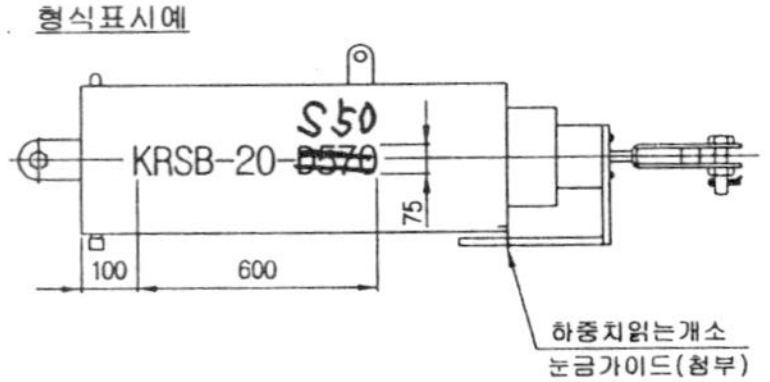

사 양 표

(SI 환산 1[kgf] : 9.8[N])

표준장력 [KN]([kgf])	조립시		표준장력시	내통길이	외통길이	스트로크	코일스프링				스프링정수	질량	하 중 특 성 KN ([kgf])			
	조립길이 Lo[mm]	취부길이 L2[mm]	표준길이 L[mm]	[mm]	L1[mm]	[mm]	종류	선경 Φ mm	코일평균경 Φ mm	직렬본수	[N/mm] ([kgf/mm])	[kg]	인장 내하중	조립시	최소시	최대시
19.60 (2000)	1621	1000	1987	1335	1363	500	외경	22.8	198.8	4	7.76 (0.792)	(220)	53.90 (5500)	16.76 (1710)	17.64 (1800)	21.56 (2200)
							내경	19.5	131.5	4						

주.

1. 본 그림은 조립시를 표시함.
2. 표면 처리 : 용융아연도금 (완성품)....HDZ61
   볼트, 너트류 : HDZ40
3. 형식표시
   문자크기 : 철도 재표용자체2호 (OF-8504) 50x75(mm)
   문자위치 : 반대편 포함 2개소
   색 : 흑색(래커계도료), 스프레이 사용
4. 크레비스의 방향은 가로,세로의 어느쪽으로도 동작가능할것.
   (그림1참조)
5. 성능검사 완료후, ㉚의 육각볼트의 나사부를 고정할 것.
6. 기타사양은 JR규격(tension balancer)에 준한다.

명 칭	스프링식 자동장력 조정장치	형 식	KRSB-20-S50
부품명	본체 조립도	축 척	NONE SCALE
도 번	DE504-0700000-00	일 자	04/12/31
관리부	기 연 / 작 성 / 검 토 / 승 인		(株) 大 同 技 術 團 DAEDONG ENGINEERING CO.,LTD

羽越本線 酒田～本荘

(우에쯔혼센:사카다~혼쇼우)

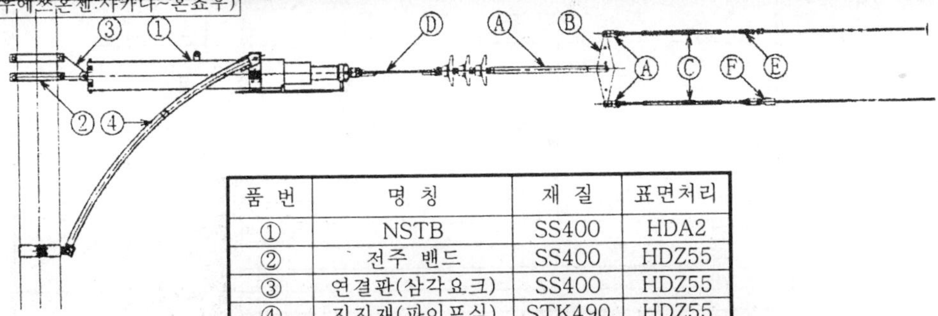

품 번	명 칭	재 질	표면처리
①	NSTB	SS400	HDA2
②	전주 밴드	SS400	HDZ55
③	연결판(삼각요크)	SS400	HDZ55
④	지지재(파이프식)	STK490	HDZ55
⑤	현가봉(Rod)	SS400	HDZ55
Ⓐ	연결금구	SS400	HDZ55
Ⓑ	요크(Yoke)	SS400	HDZ55
Ⓒ	와이어 터미널	ALBC2	
Ⓓ	인류봉(Rod)	SS400	HDZ55
Ⓔ	인류금구	FCMB310	HDZ55
Ⓕ	와이어 터미널	SS400	HDZ55
Ⓖ	조정스트랩	SS400	HDZ55

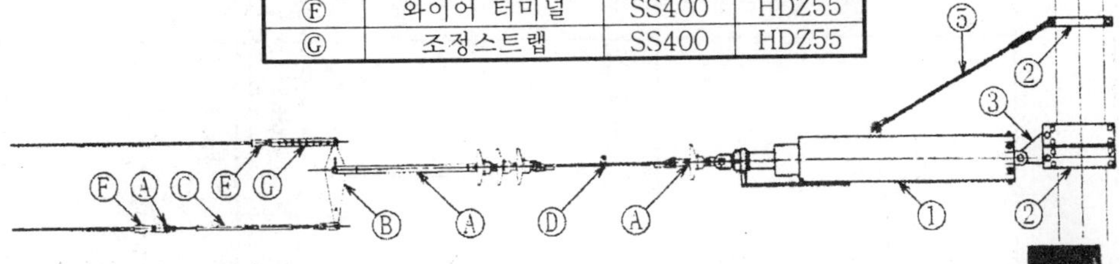

東北本線 大河原付近

(도우후쿠혼센:오오가와라부근)

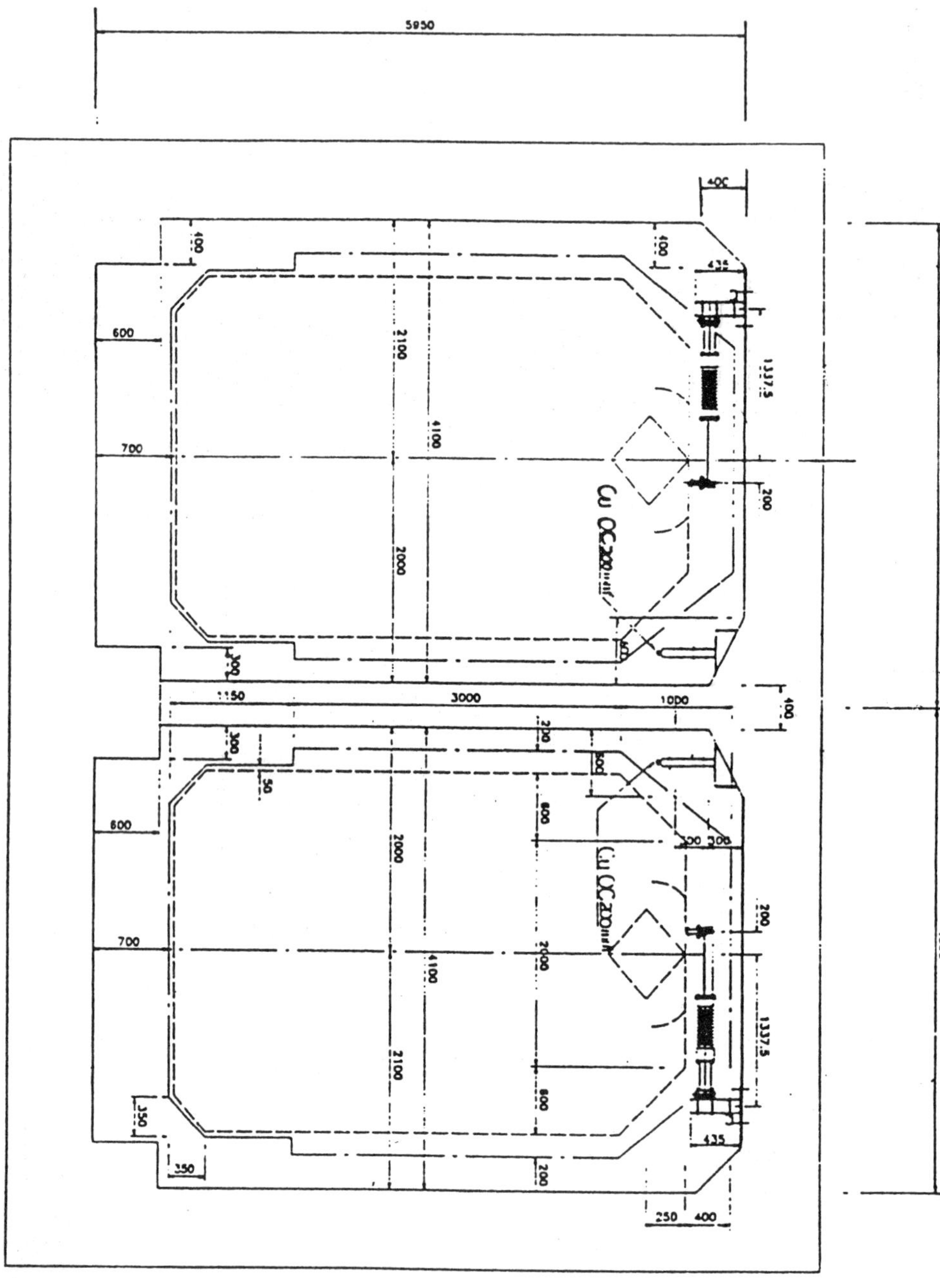

<table>
<tr><td rowspan="2">명칭</td><td>R-Bar Bracket 설치도</td><td>도면번호</td><td></td></tr>
<tr><td>Box 터널 - 직선구간</td><td>참　　조</td><td>OF-SW1</td></tr>
</table>

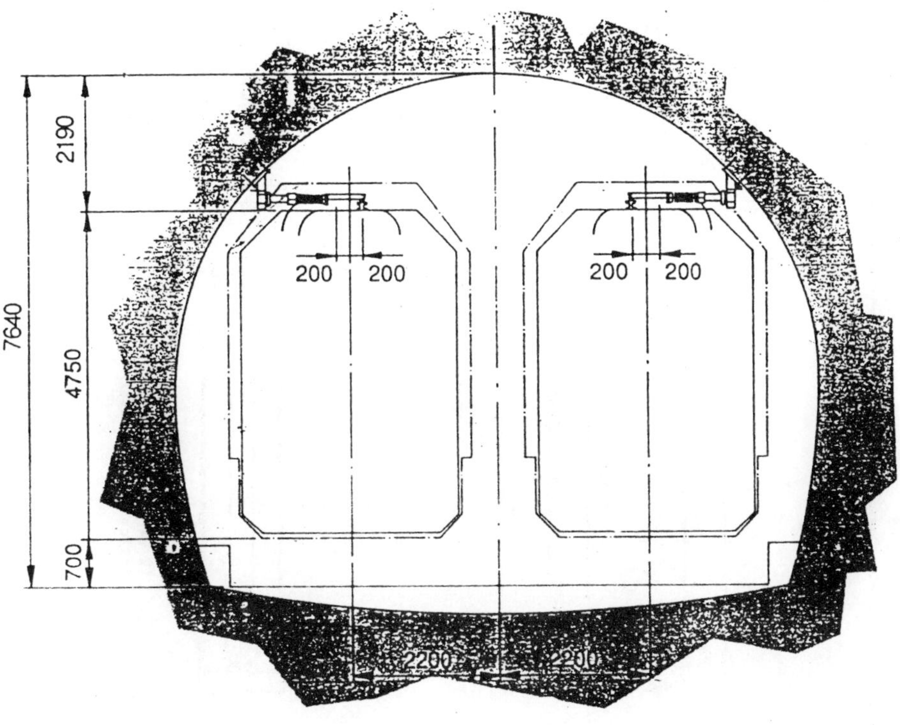

명칭	R-Bar Bracket 설치도	도면번호	
	(ARCH 복선터널 - 직선구간)	참 조	OF-SW2

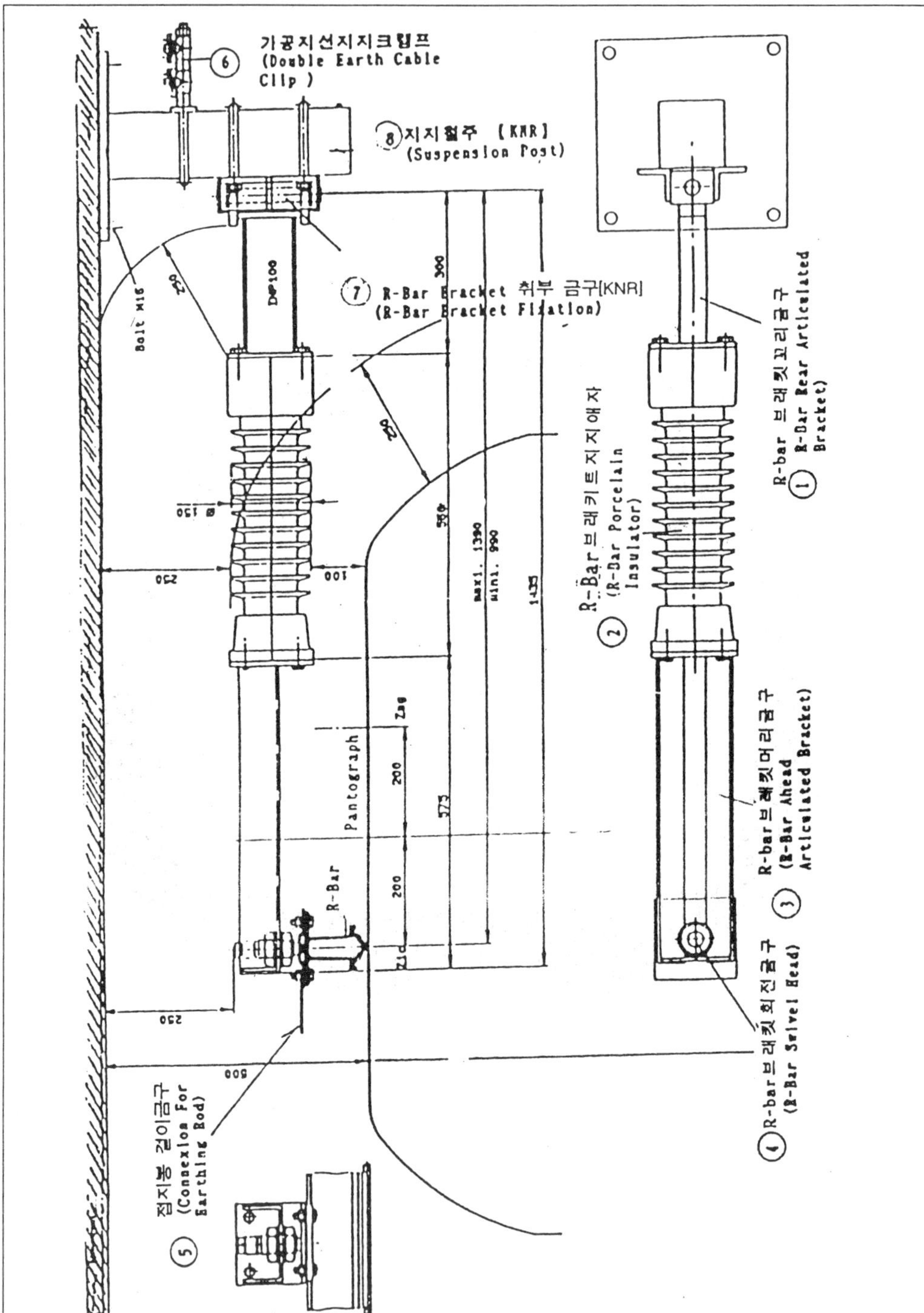

명칭	R-Bar Bracket 설치도	도면번호	
	(조립 및 각부분 명칭)	참 조	OF-SW5

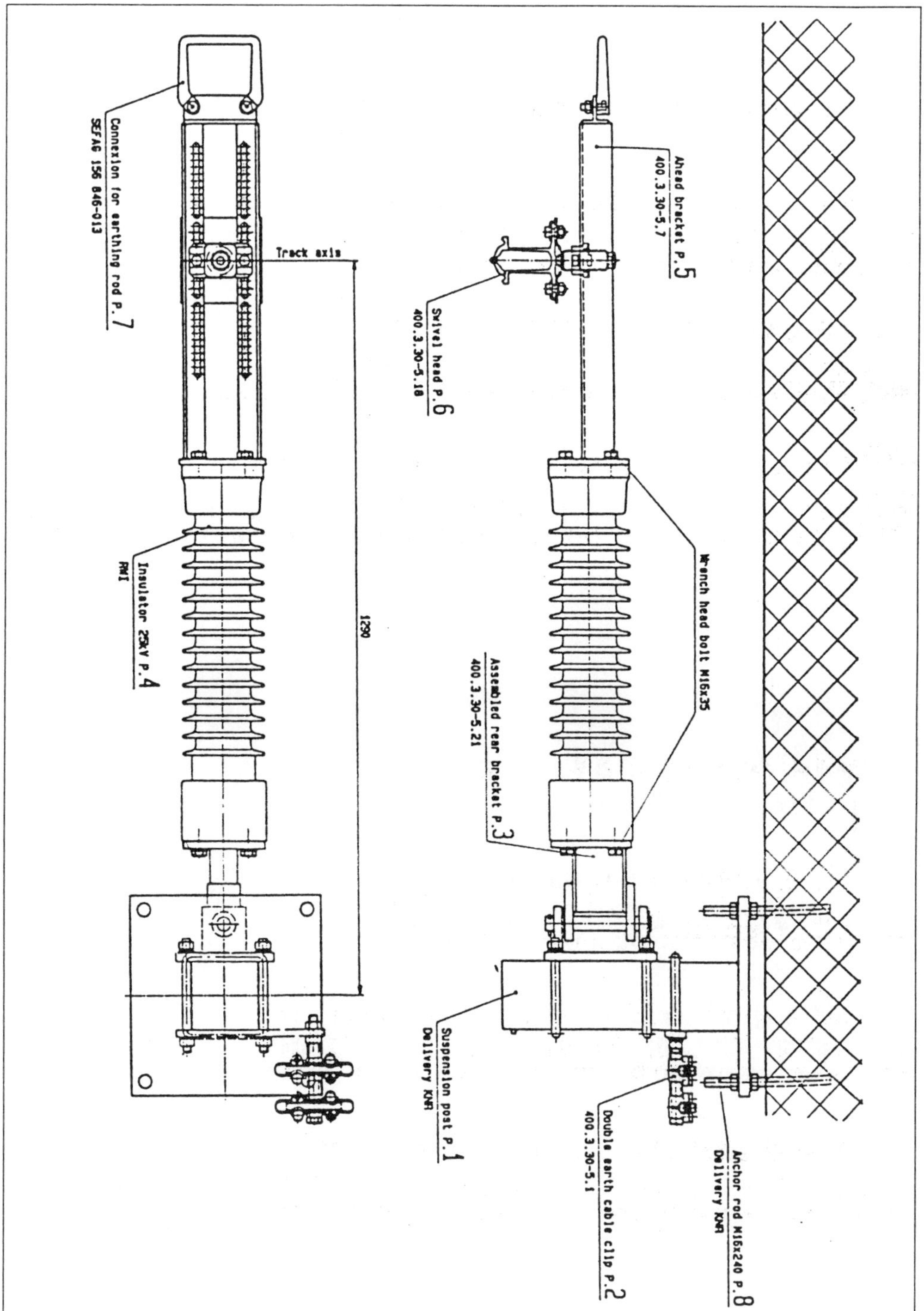

명칭	R-Bar Bracket	도면번호	400-3-30-5-31
	Assembled Articulated Bracket	참 조	BK - 1

전동열차 편성표

1. VVVF 전동차 (안산, 과천, 분당선)

가. 6량 편성(3M 3T) : Tc-M-M′-T-M′-Tc

나. 8량 편성(4M 4T) : Tc-M-M′-T-T-M-M′-Tc

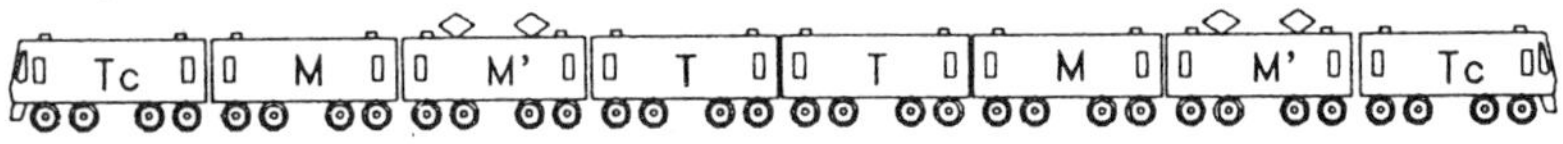

다. 10량 편성(5M 5T) : Tc-M-M′-T-M′-T1-T-M-M′-Tc

2. 저항제어 전동차 (경인, 경부, 경원선 등)

가. 6량 편성(4M 2T) : Tc-M-M′-M-M′-Tc

나. 8량 편성(6M 2T) : Tc-M-M′-M-M′-M-M′-Tc

다. 10량 편성(8M 2T) : Tc-M-M′-M-M′-M-M′-M-M′-Tc

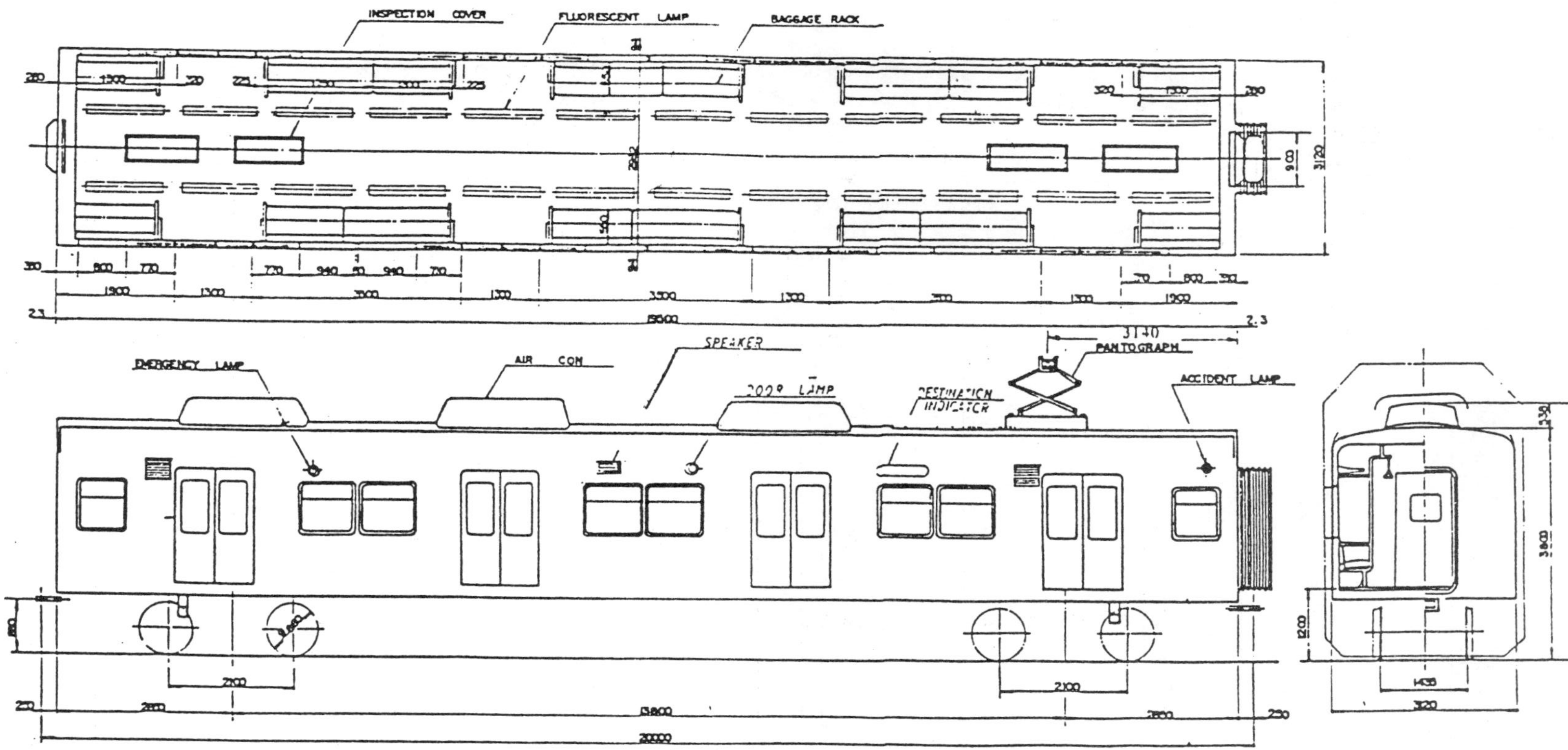

GENERAL ARRANGEMENT (M' Car)

PASSENGER CAPACITY	SEATING	54 PERSONS
	STANDING	106 PERSONS
	TOTAL	160 PERSONS
MAXIMUM SPEED		110 KM/H
ELECTRIFICATION SYSTEM		D.C 1500 V A.C 25 KV 60HZ

VVVF 전동차

I-1-11

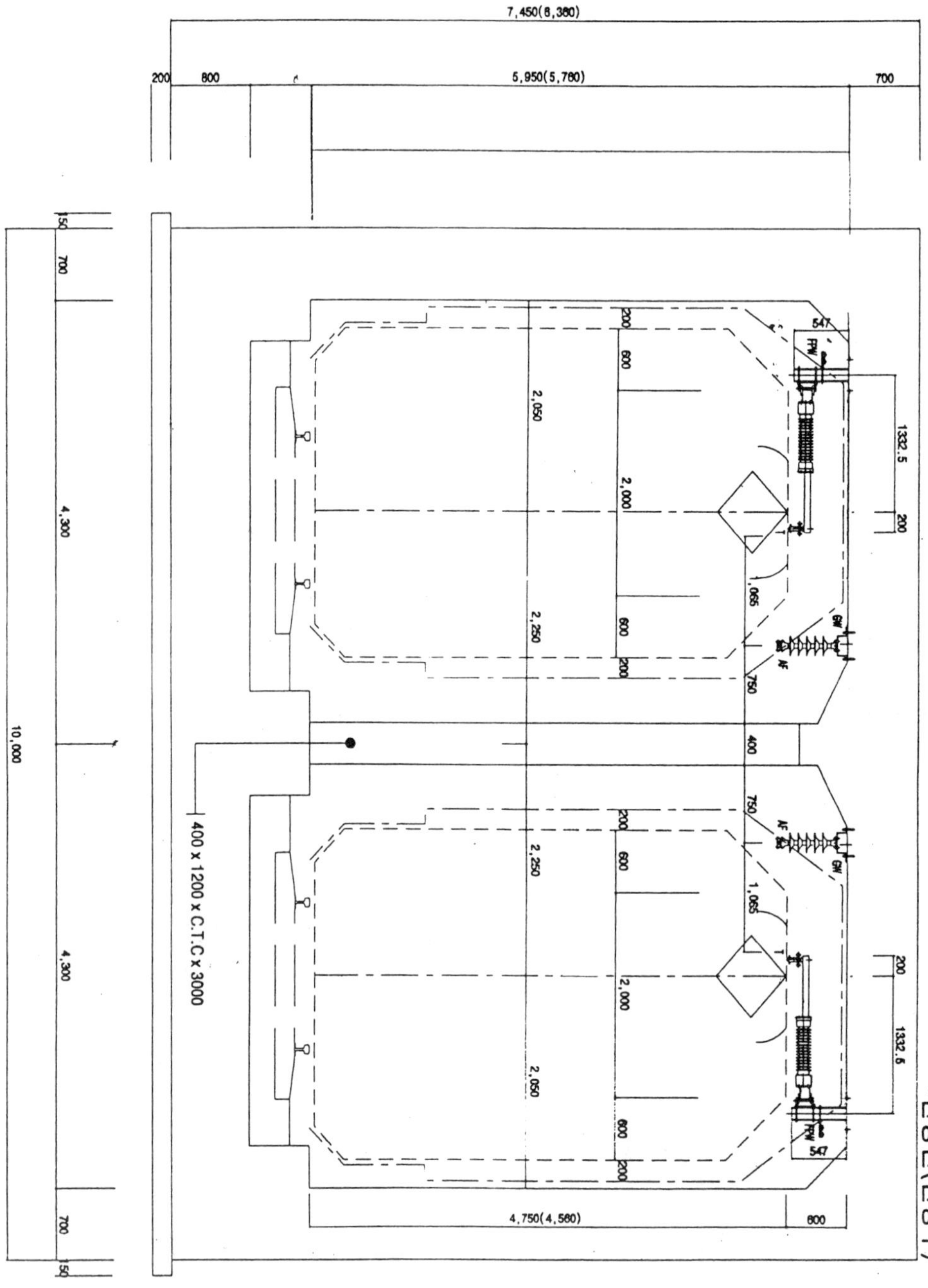

*변경전(변경후)

인천국제공항철도 E & M공사 IIAR E & M PROJECT	TITLE	CROSS SECTION OF CUT-OFF STRAIGHT SECTION(R-BAR BRACKET)
	DWG. NO.	E&M-OCS-0079
	FILE NAME	OCS-0079
	SCALE	1 : 60

ARCH터널 시설 배치도

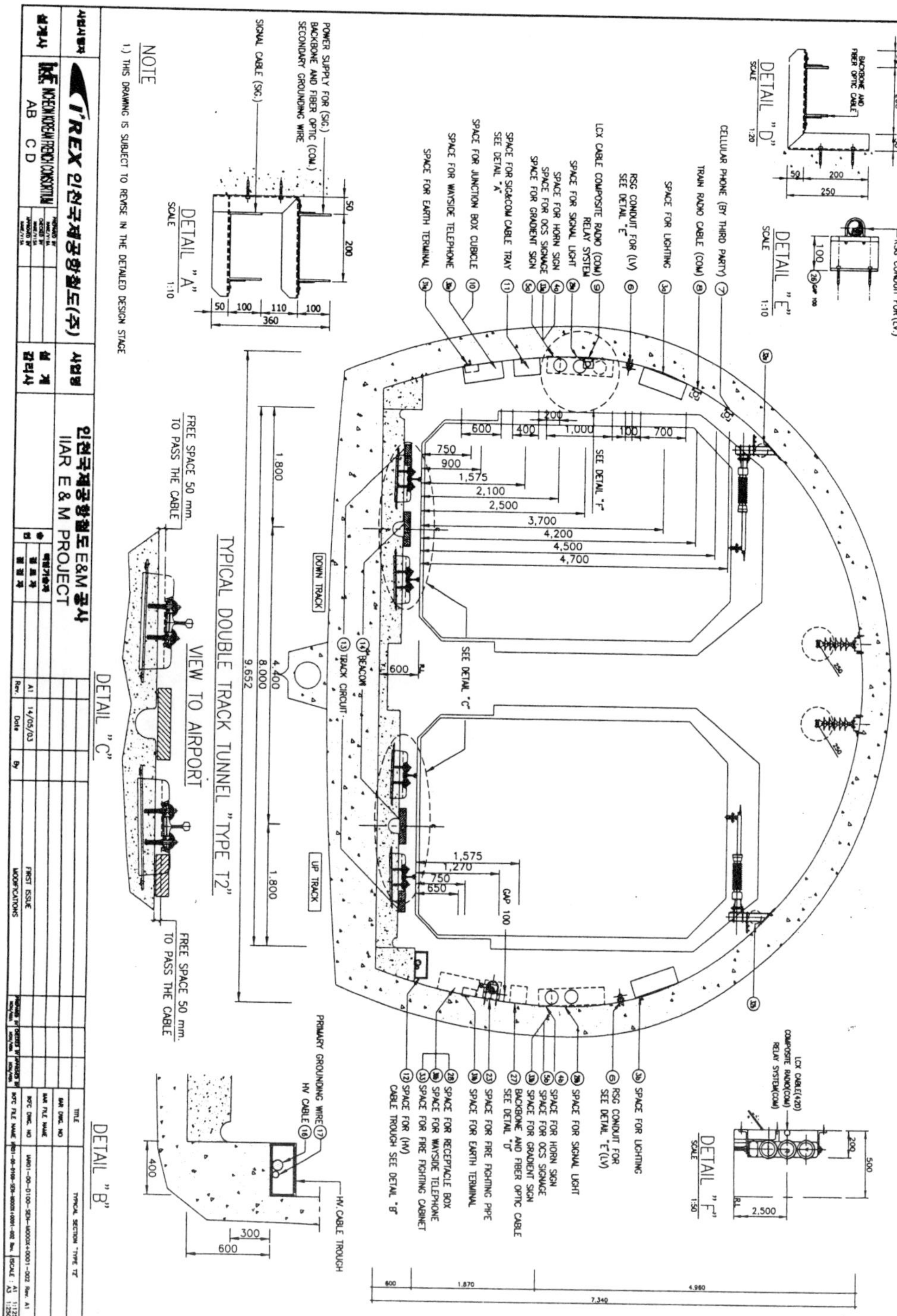

참고자료

1. 수도권전철화(전차선로)설계시공표준, JART(1974)
2. 수도권전철화(변전설비)설계시공표준, JART(1974)
3. 전차선로공사표준시방서, JART(1974)
4. 고속철도전차선로(I), 철도청 철도경영 연수원(2000. 8)
5. 전철설비(AT방식) 설계시공자료, 철도청(1991)

펴낸이 소개

임금광(任金光)

·국립교통고등학교졸업
·경북전문대졸업
·국립서울산업대학교 전기공학과 및
동대학교 철도전문대학원 철도전기신호공학과 졸업
·대전지방철도청 대전전기사무소 기술과장
·부산지방철도청 전력과장
·서울지방철도청 전철과장
·철도청 전기국 계획담당관
·철도청 양평, 영주, 영등포 전기사무소장
·철도청 망우 제어사무소장
·인천국제공항철도(주) 기전본부장
·현 (주)대동기술단 기술연구소장

전기철도설비공학

2008. 1. 16 인쇄
2008. 1. 19 발행

저 자 : 임금광 저
발행자 : 이진권
발행처 : 도서출판 **태영문화사**

주 소 : 서울특별시 강서구 방화2동 589-19
전 화 : 2661-8751
F A X : 2661-8798
등 록 : 1998년 11월 12일 제 2-2682호

정가 23,000원